国家出版基金项目

“十四五”时期国家重点出版物出版专项规划项目

中国战略性新兴产业——前沿新材料

高熵合金

丛书主编　魏炳波　韩雅芳

编　　著　张　勇　周士朝　张蔚冉

中国铁道出版社有限公司
CHINA RAILWAY PUBLISHING HOUSE CO., LTD.

内容简介

本书为“中国战略性新兴产业——前沿新材料”丛书之分册。

本书基于国家自然科学基金群体创新项目等多项科研成果，针对具有颠覆性功能的前沿新材料——高熵合金，系统论述高熵合金的设计和制备、力学性能、磁学性能、抗辐照性能，并介绍高熵合金领域的最新研究进展，重点对相形成规律、相判据进行分析，并论述高熵合金的新领域——高熵合金的增材制造(3D打印)、高熵合金和轻质高熵合金用作硬质合金黏结相的研究进展。

本书适合材料领域科研人员、工程技术人员及高校、企业等相关专业人员参考。

图书在版编目(CIP)数据

高熵合金 / 张勇，周士朝，张蔚冉编著. -- 北京 ：中国铁道出版社有限公司，2024. 11. --（中国战略性新兴产业 / 魏炳波，韩雅芳主编）. -- ISBN 978-7-113-31607-5

Ⅰ. TG13

中国国家版本馆 CIP 数据核字第 202481ZS61 号

书　　名：高熵合金
作　　者：张　勇　周士朝　张蔚冉

策　　划：阚济存　李小军
责任编辑：倪英翰　阚济存　　**编辑部电话：**(010)51873133
封面设计：高博越
责任校对：安海燕
责任印制：高春晓

出版发行：中国铁道出版社有限公司(100054，北京市西城区右安门西街8号)
网　　址：https://www.tdpress.com
印　　刷：北京联兴盛业印刷股份有限公司
版　　次：2024年11月第1版　2024年11月第1次印刷
开　　本：787 mm×1 092 mm 1/16　**印张：**12.25　**字数：**256千
书　　号：ISBN 978-7-113-31607-5
定　　价：128.00元

中国战略性新兴产业——前沿新材料

编　委　会

作者简介

魏炳波

中国科学院院士，教授，工学博士，著名材料科学家。现任中国材料研究学会理事长，教育部科技委材料学部副主任，教育部物理学专业教学指导委员会副主任委员。入选首批国家"百千万人才工程"，首批教育部长江学者特聘教授，首批国家杰出青年科学基金获得者，国家基金委创新研究群体基金获得者。曾任国家自然科学基金委金属学科评委、国家"863"计划航天技术领域专家组成员、西北工业大学副校长等职。主要从事空间材料、液态金属深过冷和快速凝固等方面的研究。获1997年度国家技术发明奖二等奖，2004年度国家自然科学奖二等奖和省部级科技进步奖一等奖等。在国际国内知名学术刊物上发表论文120余篇。

韩雅芳

工学博士，研究员，著名材料科学家。现任国际材料研究学会联盟主席、《自然科学进展：国际材料》(英文期刊)主编。曾任中国航发北京航空材料研究院副院长、科技委主任，中国材料研究学会副理事长、秘书长、执行秘书长等职。主要从事航空发动机材料研究工作。获1978年全国科学大会奖、1999年度国家技术发明奖二等奖和多项部级科技进步奖等。在国际国内知名学术刊物上发表论文100余篇，主编公开发行的中、英文论文集20余卷，出版专著5部。

张　勇

工学博士，福耀科技大学教授，北京科技大学新金属材料国家重点实验室教授、博士生导师。国家863项目、国家自然科学基金面上项目和青年基金项目、教育部博士点基金、新教授基金等评审专家。研究方向：高熵合金；大块金属玻璃；纳米线和MEMS相关材料；能量和信息的存储和转化材料；氮化镓单晶。社会兼职：中国材料研究学会金属间化合物与非晶合金分会理事、副秘书长，非晶合金分会理事长；《中国物理学报》《中国有色金属学报》《金属学报》《中国科学》，*Intermetallics*，*Materials Science and Engineering A*，*Journal of Non-Crystalline Solids*，*ElectroChemistry Communication* 等中外文期刊审稿人。

序

前沿新材料是指现阶段处在新材料发展尖端，人们在不断地科技创新中研究发现或通过人工设计而得到的具有独特的化学组成及原子或分子微观聚集结构，能提供超出传统理念的颠覆性优异性能和特殊功能的一类新材料。在新一轮科技和工业革命中，材料发展呈现出新的时代发展特征，人类已进入前沿新材料时代，将迅速引领和推动各种现代颠覆性的前沿技术向纵深发展，引发高新技术和新兴产业以至未来社会革命性的变革，实现从基础支撑到前沿颠覆的跨越。

进入21世纪以来，前沿新材料得到越来越多的重视，世界发达国家，无不把发展前沿新材料作为优先选择，纷纷出台相关发展战略或规划，争取前沿新材料在高新技术和新兴产业的前沿性突破，以抢占未来科技制高点，促进可持续发展，解决人口、经济、环境等方面的难题。我国也十分重视前沿新材料技术和产业化的发展。2017年国家发展和改革委员会、工业和信息化部、科技部、财政部联合发布了《新材料产业发展指南》，明确指明了前沿新材料作为重点发展方向之一。我国前沿新材料的发展与世界基本同步，特别是近年来集中了一批著名的高等学校、科研院所，形成了许多强大的研发团队，在研发投入、人力和资源配置、创新和体制改革、成果转化等方面不断加大力度，发展非常迅猛，标志性颠覆技术陆续突破，某些领域已跻身全球强国之列。

“中国战略性新兴产业——前沿新材料”丛书是由中国材料研究学会组织编写，由中国铁道出版社有限公司出版发行的第二套关于材料科学与技术的系列科技专著。丛书从推动发展我国前沿新材料技术和产业的宗旨出发，重点选择了当代前沿新材料各细分领域的有关材料，全面系统论述了发展这些材料的需求背景及其重要意义、全球发展现状及前景；系统地论述了这些前沿新材料的理论基础和核心技术，着重阐明了它们将如何推进高新技术和新兴产业颠覆性的变革和对未来社会产生的深远影响；介绍了我国相关的研究进展及最新研究成果；针对性地提出了我国发展前沿新材料的主要方向和任务，分析了存在的主要问题，提出了相关对策和建议；是我国“十三五”和“十四五”期间在材料领域具有国内领先水平的第二套系列科技著作。

本丛书特别突出了前沿新材料的颠覆性、前瞻性、前沿性特点。丛书的出版，将对我国从事新材料研究、教学、应用和产业化的专家、学者、产业精英、决策咨询机构以及政府职能部门相关领导和人士具有重要的参考价值，对推动我国高新技术和战略性新兴产业可持续发展具有重要的现实意义和指导意义。

本丛书的编著和出版是材料学术领域具有足够影响的一件大事。我们希望，本丛书的出版能对我国新材料特别是前沿新材料技术和产业发展产生较大的助推作用，也热切希望广大材料科技人员、产业精英、决策咨询机构积极投身到发展我国新材料研究和产业化的行列中来，为推动我国材料科学进步和产业化又好又快发展做出更大贡献，也热切希望广大学子、年轻才俊、行业新秀更多地“走近新材料、认知新材料、参与新材料”，共同努力，开启未来前沿新材料的新时代。

中国科学院院士、中国材料研究学会理事长 魏炳波

国际材料研究学会联盟主席 韩雅芳

2020年8月

前 言

"中国战略性新兴产业——前沿新材料"丛书是中国材料研究学会组织、由国内一流学者著述的一套材料类科技著作。丛书突出颠覆性、前瞻性、前沿性特点，涵盖了超材料、气凝胶、常温液态金属材料等10多种重点发展的前沿新材料。本册为《高熵合金》分册。

在人类社会的发展中，材料一直担任着举足轻重的角色，材料科学发挥了重要作用。纵观每一次技术革命，都是以材料为基础的创新，换句话说，材料的创新亦可能引领新一轮的工业革新。在众多材料中，金属材料由于具有优异的综合性能而占据了重要的地位。传统金属材料通常聚焦于相图边角区域，成分设计受限，即采用1种或2种元素为主要元素，通过添加少量其他元素进行性能优化，以满足工业应用的需求，而其发展由于受设计理念限制，已趋于瓶颈。因此，亟需颠覆性的新型合金打开局面。

高熵合金(high entropy alloys, HEAs)，也可称为多主元合金、复杂合金或强固溶体合金，是近些年涌现的一种具有极大应用潜力的新型高性能金属材料。高熵合金的概念是由台湾清华大学叶均蔚教授于2004年提出的。同年，英国的Cantor教授也独立发表了等原子比合金——CoCrFeMnNi高熵合金的研究成果。他们都聚焦于未开发的多主元相图的中心区域，多种合金元素集中在一起，没有明显的基本元素之分，颠覆了传统合金设计理念，是材料领域的重要创新。高熵合金的出现还暗示了位于相图的中间有大量区域可能还未被研究过，因此，开发性能更加优异的合金成为可能。经过20年的发展，高熵合金已有较多种类，如按晶体结构分类，可以分为具有较好的韧塑性而强度较低的单相面心立方(FCC)高熵合金，较高的强度而塑性较差的体心立方(BCC)高熵合金，还有近期开发的密排六方(HCP)高熵合金。在此基础上，演化出具有优异综合力学性能的高熵合金，如共晶高熵合金、沉淀强化型高熵合金等。不限于室温力学性能，高熵合金在低温和高温领域同样表现优异，具有广阔的应用前景。例如，部分

FCC 高熵合金(例如 CoCrFeNi 系)由于低温时更易触发 TRIP 效应,使其具有比室温更加优异的强塑性;部分 $L1_2$ 强化型高熵合金(例如 Ni-Fe-Co-Cr-Al-Ti 系)和 BCC 高熵合金具有较好的高温力学性能。除力学性能外,高熵合金在磁性能、抗辐照性能等领域也具有较好的前景。高熵合金因其多种主要组成元素的合金设计理念,突破传统合金设计束缚,不仅丰富了基础材料科学,同时也表现出较好的工业应用潜力,成为金属材料的重要研究领域。

本书基于国家自然科学基金群体创新项目等多项科研成果,针对具有颠覆性功能的前沿新材料——高熵合金,系统性论述了高熵合金的制备(第 1、2 章)、力学性能(第 3 章)、磁学性能(第 4 章)等特点,分析了相形成规律、相判据(第 2 章),论述了高熵合金的新领域——高熵合金的增材制造(3D 打印)(第 5 章)、高熵合金用作硬质合金黏结相(第 6 章)、高熵合金的辐照行为(第 7 章)、轻质高熵合金(第 8 章)和高熵合金的应用(第 9、10、11 章)。

具体分工如下:

张勇教授编著绪论、第 1~4 章和第 8 章并负责本书统稿工作;周士朝博士编著第 5 章、第 6 章和第 10 章;张蔚冉博士编著第 7 章、第 9 章和第 11 章。

本书理论与实践并重,不仅论述高熵合金的基础理论,如熵的概念、合金的设计原则与热力学分析,而向广大读者提供一个视野宽广、引发思考的跨学科视角,帮助广大研究人员从金属学、材料科学、物理学、数学、化学和工程学等多维度对高熵合金进行探究。另外,本书紧密结合实验研究与文献报道,全面展示高熵合金在实际应用中的潜力,包括在航空航天、能源、先进制备、生物医疗等领域的应用前景以及在极端环境下的性能表现,同时对实际应用中存在的问题与未来的研究挑战给予展望。

编著者

2024 年 1 月

目　　录

绪　论

高熵合金作为一类颠覆性的新材料，将在我国下一阶段的制造业发展中发挥举足轻重的作用。本书系统性论述高熵合金的设计、制备、性能等特点，并介绍高熵合金领域的最新研究进展。

在人类社会的发展中，金属材料一直起着举足轻重的作用。随着科技的进步，人们对金属材料性能的要求也越来越高。而以 1 种或 2 种元素为主、添加少量其他元素来优化其性能的传统合金的发展已经趋于瓶颈，因此，急需颠覆性的新型合金设计理念。高熵合金(high entropy alloys，HEAs)就是近些年涌现的一种具有极大应用潜力的新型高性能金属材料。高熵合金的概念是由台湾清华大学叶均蔚教授于 2004 年提出的[1]。同年，英国的 Cantor 教授也独立发表了等原子比合金——CoCrFeMnNi 高熵合金的研究成果[2]。两者都聚焦于未开发的多主元相图的中心区域，多种合金元素集中在一起，没有明显的基本元素之分，颠覆了传统合金设计理念。但是，高熵合金诞生之初并没有引起广大学者的关注。

0.1　高熵合金的概念

在介绍高熵合金之前，首先要知道什么是熵。1854 年，德国科学家克劳修斯(Clausius)发表了名为《力学的热理论的第二定律的另一种形式》的论文，该论文给出了可逆循环过程中热力学第二定律的数学表示形式，并于 1865 年将其定义为熵。克劳修斯采用式(0-1)和式(0-2)的状态函数的数学表达形式，将熵带入了科学的研究世界里。

$$dS \geqslant \frac{dQ}{T} \tag{0-1}$$

$$S_a - S_b \geqslant \int_a^b \frac{dQ}{T} \tag{0-2}$$

式(0-2)中，a 和 b 分别表示始末两个状态；S_a 和 S_b 为始末两个状态的熵；dQ 为系统吸收的热量；T 为热源的热力学温度。当系统是孤立系统或者经历绝热过程时，$dQ=0$，$dS\geqslant 0$，此时，在孤立系统或者说是绝热过程中，熵总是增加，这就是熵增原理。熵增原理进一步说明一个孤立系统或者说是绝热系统不可能朝着熵减少的状态发展，即系统状态不会朝着有序状态进行，而是朝着无序的状态发展。这就是克劳修斯熵。

但是，“熵”这个概念被广泛应用，要归功于玻尔兹曼。1896 年，奥地利物理学家玻尔兹曼(Boltzmann)从统计学的角度建立了熵和热力学概率的关系

$$S = k\ln\omega \tag{0-3}$$

式中,k 是玻尔兹曼常数($k=1.38\times10^{-23}$ J/K);ω 是热力学概率,代表宏观态中包含的微观总数,可以代表分子运动或排列混乱程度的衡量尺度,ω 越大表示系统越混乱,无序。这就是玻尔兹曼熵,其明确了熵函数的统计学意义,即系统内分子热运动无序性的一种衡量尺度。

热力学中,熵是表征系统混乱度、无序度的参数。系统的熵值越大,说明系统混乱度越大,也可以说无序度越大。因此,熵在本质上可以说是一个系统的"内在混乱程度"的度量。高熵合金或者说多组元合金中提到的"熵",一般指混合熵,是基于规则溶体模型推导出的,组元随机互溶状态下的混合熵($\Delta S_{\rm mix}$),计算公式为

$$\Delta S_{\rm mix} = -R\sum_{i=1}^{n} c_i \ln c_i \tag{0-4}$$

式中,$R=8.314$ J/(mol·K),是摩尔气体常数;n 是多组元合金材料中的组元数;c_i 为第 i 个组元的原子分数。由式(0-4)可知,当 n 中元素以等原子比混合时,合金体系混合熵最大。因此,等原子比的多组元合金的混合熵计算公式为

$$\Delta S_{\rm mix} = R\ln n \tag{0-5}$$

通过式(0-5)可以计算出不同组元数目的等原子比合金的混合熵,结果见表 0-1。从表中可以看出,多组元合金的混合熵随着合金组元数 n 的增加而增加。

表 0-1　不同组元数目等原子比合金的混合熵

组元数目 n	1	2	3	4	5	6	7	…	25
$\Delta S_{\rm mix}/R$	0	0.69	1.10	1.39	1.61	1.79	1.95	…	3.21

由表 0-1 可知,以 1 种或 2 种元素为主的传统合金混合熵比较小,不过 $0.69R$;而当合金的组元数达到 5 种或 5 种以上时,混合熵大于 $1.61R$,这就是高熵合金称谓的来源。

因此,叶均蔚教授最初将高熵合金定义为包含 5 种及 5 种以上组成元素,且每个组元原子分数在 5%~35%之间的固溶体合金。从熵值角度来说,叶均蔚教授近似地将 $\Delta S_{\rm mix}=1.5R$,划分为高熵合金和中熵合金的界限,而 $\Delta S_{\rm mix}=1.0R$ 则为中熵合金和低熵合金的分界线。因此,从熵值的角度可以将合金材料分为 3 类:

(1)以 1 种或 2 种元素为主的传统合金,即低熵合金($\Delta S_{\rm mix}<1.0R$);

(2)以 3 或 4 种主要元素形成的合金,即中熵合金($1.0R\leqslant\Delta S_{\rm mix}<1.5R$);

(3)至少 5 种主要元素形成的合金,即高熵合金($\Delta S_{\rm mix}\geqslant1.5R$)。

值得注意的是,高熵合金发展至今,已不再严格地满足至少 5 种主元且等原子比的设计原则。随着进一步的研究发展,高熵合金的定义有所拓展,目前四元的近等原子比合金和非等原子比多组元合金也被认为是高熵合金[3]。总体来讲,高熵合金的发展经历了两代:第一代基础高熵合金,主要为等原子比成分的均一结构的高熵合金;第二代强化高熵合金,是针

对基础高熵合金的组织调控和性能优化，包括低成本高熵合金、非等原子比高熵合金和组元数量小于 5 的高熵合金。事实上，与传统合金相比，三元和四元的近等原子比合金同样具有较高的混合熵，因此高熵合金的定义是宽泛的。在此基础上，每个高熵合金都是一个新的合金基体，每个高熵合金基体都可以通过添加微量元素进行修饰，这又进一步扩展了高熵合金的范围。因此，高熵合金已由最初强调的单相固溶体结构发展为多相固溶体，包括金属间化合物等多相的微观结构。除了高熵合金这个称谓，此类多组元合金也常被称为成分复杂合金(compositionally complex alloy)、等原子比多组元合金(equiatomic multicomponent alloy)、多主元合金(multi-principal element alloy)等[4]。

那么，为什么会形成高熵合金呢？什么条件促进形成高熵合金？

起初，主要考虑了多主元导致熵增加的因素，大家认为是主元数量多导致熵增加，稳定了固溶体相，进而形成了高熵合金。但随着高熵合金的发展，科研人员发现并不是多主元就会形成无序固溶体结构。因此，除了混合熵外，还可能有其他因素左右固溶体相的形成。北京科技大学张勇提出了混合焓(ΔH_{mix})和原子尺寸差(δ)判据，即接近于 0 的混合焓(−15～5 kJ/mol)和较小的原子尺寸差异(小于 6.5%)能够促进固溶体相的形成。随后，众多学者在高熵合金相形成领域做了很多工作，Ω 参数、价电子浓度(valence electron concentration，VEC)、电负性等判据相继问世，为众多科研工作者在成分设计方面奠定了基础(这部分内容将在本书第 2 章做详细论述)。

0.2　高熵合金的发展历程

如图 0-1 所示为传统合金与第一、第二代高熵合金的组元构成及特点。传统合金主要由 1 种或 2 种主要元素构成；第一代高熵合金由 5 种及 5 种以上主要元素以等原子比或近等原子比构成，为单相固溶体结构；第二代高熵合金扩宽了成分范围，主要元素数量降低为 4 个，并且可以由双相甚至多相组成。

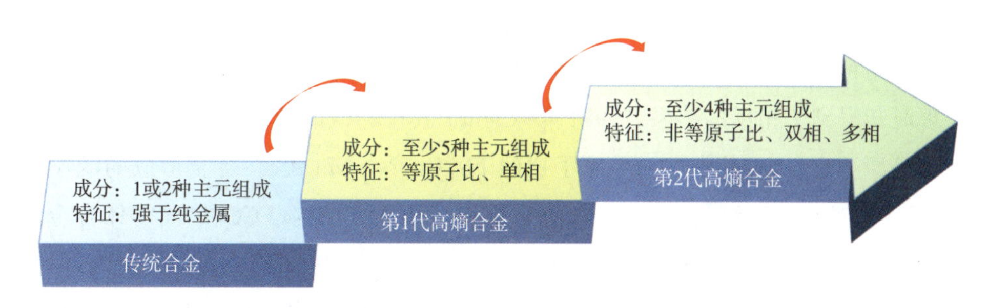

图 0-1　等原子比合金混合熵与组元数的关系

纵观合金的发展史，从青铜、铁到高温合金和非晶合金，直到 2004 年的高熵合金，材料的构型熵随时间而增大，如图 0-2 所示[5]。因此，高熵合金的发现也是历史所趋。

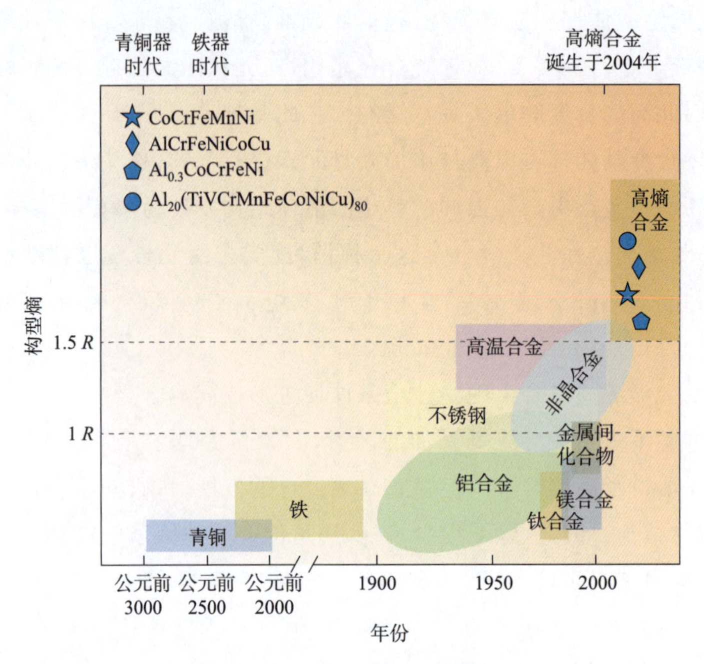

图 0-2　合金的构型熵与年代的关系

高熵合金的发现与非晶合金具有密切的关联，一定程度上也可以说高熵合金是在非晶合金的基础上发展起来的。非晶合金（又称金属玻璃），由金属原材料熔炼而成，却具有玻璃态结构。从理论上讲，玻璃是液态冷却成固体的过程中没有发生结晶过程的材料，没有进行有序排列的晶化。因此，熔体原子无序的混乱排列状态就被冻结下来。由于非晶合金具有独特的微观结构和优异的力学性能，因此备受关注，是物理、材料领域的研究热点。20 世纪 90 年代，科研工作者致力于寻找具有较高玻璃形成能力的大块非晶合金，总结了相关规律。根据日本学者井上的研究，形成大块非晶合金有三个经验原则：(1)合金系统通常包括至少 3 种元素；(2)两个组分的原子尺寸差异较大，至少大于 12%；(3)两个组分间的混合焓为负。类似地，英国剑桥大学的 Greer 教授提出了“混乱原理”，即合金成分越多，越混乱，形成无定形的能力越强。上述两种理论均表明，多个主要元素有助于非晶的形成。但是，英国的 Cantor 教授验证上述原理时却得到了相反的结果。1981 年，Cantor 教授和他的学生 Vincent 采用 20 种元素制备了多种等原子比合金，其中五元等原子比的 $Fe_{20}Cr_{20}Ni_{20}Mn_{20}Co_{20}$ 合金形成的既不是非晶结构，也不是吉布斯相律预测的多相结构，而是单相面心立方结构(FCC)的固溶体合金。但当时并没有将此结果发表出来。1998 年，Cantor 教授的另一名学生又做了类似的研究，但仅将结果发表在牛津大学。直到 2004 年，Cantor 教授的学生 Chang 再次重复了上述实验，并公开发表在 *Materials Science and Engineering A* 杂志，论文名为 *Microstructural development in equiatomic multicomponent alloys*，这就是 Cantor 教授发现高熵合金的历程，由于 CoCrFeMnNi 高熵合金是 Cantor 教授开发设计的，因此该合金常被称为“Cantor 合金”。

叶均蔚教授对高熵合金的研究始于1995年，根据叶均蔚教授当时的观点(高的混合熵能够减少合金相的数量)，其指导学生用电弧熔炼技术制备了约40种含有5～9种成分的等原子比合金，并对合金的铸态和退火态的组织、硬度、抗腐蚀性能进行了研究。该工作成果是1996年台湾清华大学的硕士毕业论文。随后，又有多项高熵合金的研究工作以硕士论文的形式发表，例如在铸态结构中发现了典型的枝晶结构；铸态或完全退火态的合金均具有590～890 HV的高硬度；完全退火处理一般保持铸态的硬度水平；元素种类越多，硬度越高，而九元合金的硬度或多或少有所下降；等等。但此时的高熵合金还未被世人所熟知。直到2004年，一篇名为 *Nanostructured high-entropy alloys with multiple principal elements: Novel alloy design concepts and outcomes* 的文章发表在 *Advanced Engineering Materials* 上，首次提出了高熵合金的概念，并介绍了高熵合金具有强度、硬度高、抗高温软化性能好等一系列优异性能，才引起了学者的广泛关注。

叶均蔚教授对高熵合金的定义是包含5种或5种以上的元素，如果减少组元会怎样呢？北京科技大学张勇教授在制备CoCrFeMnNi高熵合金中发现Mn元素易挥发，去除Mn元素后成功制备出了具有优异性能的CoCrFeNi高熵合金；而AlCoCrFeNiCu高熵合金中Cu元素易偏析，去除Cu元素后，AlCoCrFeNi具有较好的硬度和压缩性能。因此，在高熵合金的基础上，适当减少组元、降低熵值，也是高熵合金发展的一个方向。随后更多四元，甚至三元合金也被开发出来，例如具有优异力学性能的CoCrNi中熵合金。

如上文所述，和传统合金相比，高熵合金具有优异的抗氧化、抗高温软化性能，能否将高熵合金扩展到高温领域呢？众所周知，传统Ni基高温合金具有优异的高温性能，广泛应用于航空发动机领域。然而，即使添加W、Mo等难熔元素也很难使Ni基高温合金在1 150 ℃以上再有所提升。因此，急需新型合金设计理念突破这一瓶颈。2007年，哈尔滨工业大学苏彦庆教授指导硕士生林丽蓉[6]利用Ti、Zr、Hf、V、Nb、Ta及W七种高熔点元素制备了8种等摩尔比五元合金TiZrHfVNb、TiZrHfVTa、TiZrHfNbMo、TiZrVHfMo、TiZrVNbMo、TiHfVNbMo、ZrVMoHfNb、TiZrVTaMo，结果表明合金均形成简单的BCC、HCP或BCC+HCP结构，而ZrVMoHfTi及ZrVMoHfNb合金中则还含有Laves相。六组高熵合金的布氏硬度在334～522 HB之间，压缩强度在1 663～2 060 MPa之间。含有Laves相的ZrVMoHfTi合金及ZrVMoHfNb合金在压缩过程中几乎不经过塑性变形而直接以脆性解理断裂方式断裂的，其余几组合金均经塑性变形后断裂的。但仅限于室温力学性能测试，并未对其高温性能进行表征。2010年，美国空军研究实验室Senkov教授等制备出NbMoTaW和VNbMoTaW系列高熵合金，由于此类高熵合金以难熔元素为主，因此命名为难熔高熵合金(refractory high entropy alloys，RHEAs)。该类高熵合金具有较高的强度、优异的耐腐蚀性能、耐磨性能及高温力学性能，虽然在室温下压缩塑性较差，但随着温度的增加，塑性逐渐改善；当温度超过600 ℃后，合金的屈服强度变化较缓，尤其是在高于800 ℃时，屈服强度明显高于Inconel718和Haynes230合金。因此难熔高熵合金有望突破传统高温合金的性能极限，在高温领域具有非常好的应用前景[7]。

高熵合金具有优异的综合性能，但常见的单相固溶体高熵合金很难实现强度和韧性的兼顾。如单相 FCC 高熵合金具有良好的塑性，但其强度一般较低，比如最典型的 FCC 高熵合金 FeCoNiCrMn 断裂延伸率可达 50%，屈服强度却只有约 410 MPa；单相体心立方结构(BCC)的高熵合金具有较高的强度，但其塑性较低，比如 TaHfZrTi 具有 1.5 GPa 的高拉伸强度，但其塑性只有大约 4%。另外，由于包含多种高浓度的元素，高熵合金具有较差的流动性和可铸性，进而引起成分偏析，严重限制了其在工业上的应用。2014 年，大连理工大学卢一平等提出了共晶高熵的合金设计理念来解决上述问题，其制备出同时含有较软的 FCC 相和较硬的 BCC 相的 $AlCoCrFeNi_{2.1}$ 共晶高熵合金，实现了强度和韧性的兼顾，其微观组织如图 0-3 所示。共晶高熵合金为高熵合金领域的发展提供了新的研究方向[8]。

图 0-3　$AlCoCrFeNi_{2.1}$ 共晶高熵合金微观组织

在传统金属材料中，“亚稳工程”较好地提高了材料韧塑性。所谓“亚稳工程”就是孪晶诱导塑性变形(twinning induced plasiticity，TWIP)和相变诱导塑性变形(transformation induced plasticity，TRIP)。TWIP 效应是指材料在外力作用下变形时诱发产生形变孪晶，导致材料能在保持较高强度的同时，仍能保持很高的延伸率。TWIP 效应受材料的层错能影响，当层错能较低时，变形过程中合金的扩展位错的宽度较大，滑移过程中很难束集，因此阻碍了位错交滑移，在这种情况下，合金中诱发第二变形机制，即孪晶变形。2015 年，Deng 等[9]为了降低 CoCrFeMnNi 高熵合金的层错能，去除了高层错能元素 Ni，为了避免富 Cr 金属间化合物的生成，降低了 Co 和 Cr 的含量，设计出低层错能的 $Fe_{40}Mn_{40}Co_{10}Cr_{10}$ 高熵合金，该合金在室温变形过程中就会产生大量纳米孪晶，实现了 TWIP 效应，使该合金具有优异的力学性能。李志明等[10]设计了具有优异综合力学性能的 TRIP 双相高熵合金——$Fe_{40}Mn_{40}Co_{10}Cr_{10}$，合金变形机制由位错主导转变为相变诱导塑性变形，突破了强度-塑性的此消彼长(trade-off)。

随着高熵合金研究领域的发展，越来越多的高熵合金被开发出来，除上述合金外，还有高熵高温合金、高熵非晶合金、高熵陶瓷等。张勇教授在攻读博士学位期间(1994 年—1998 年)合成了由碳化铀(UC)、碳化钛(TiC)、碳化钨(WC)、碳化硅(SiC)和氮化硅(Si_3N_4)等组成的五元高熵合金(相当于现在的高熵陶瓷，如图 0-4 所示)。大部分的高熵合金研究工作集中于块体刚性材料方面，随着高新科学技术的发展，柔性的纤维、金属薄带、薄板等材料也越来越突显出重要性。因此，高熵合金纤维、薄膜也是高熵合金领域的研究热点，例如具有优异力学性能的 $Al_{0.3}CoCrFeNi$ 高熵合金纤维、Ti-Zr-Nb 系高熵合金薄膜以及 W-Ta-Fe-Cr-V 系光热转换薄膜。相信在众多学者的努力之下，高熵合金可以扩展到更多的领域。

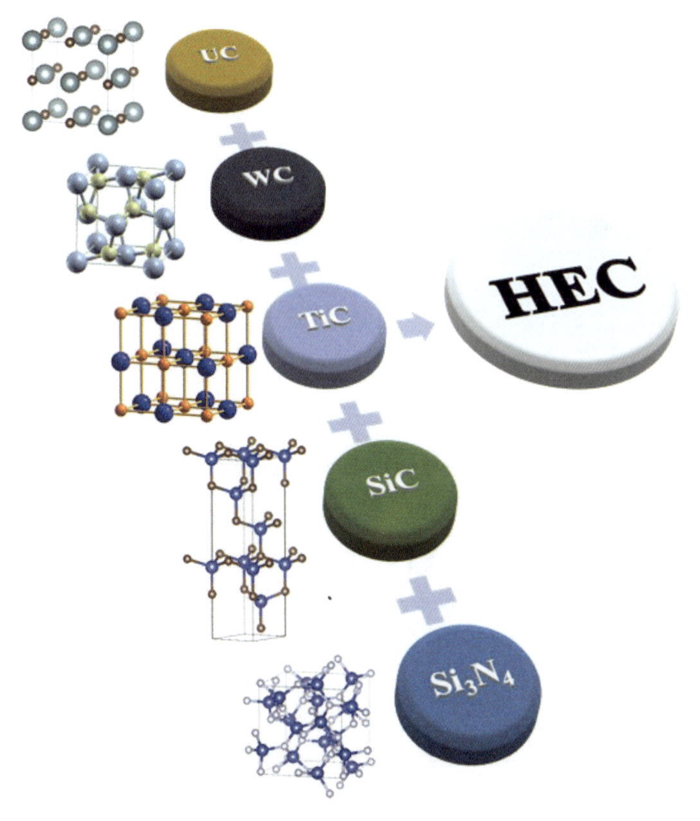

图 0-4　五元高熵陶瓷

从文献计量学的角度也可以看出高熵合金的快速发展。近期，浙江大学沈利华[11]采用文献计量学方法对高熵合金的研究进展进行了分析、统计，包括国内外研究现状及年度发展趋势等方面。数据显示,高熵合金相关研究在国内呈现上升态势,放眼全球亦是如此。2013 年至今为快速发展期,目前已成为材料科学领域的热点研究方向,而中国是该研究领域中活跃度和影响力非常大的地区。从该领域近三年的高被引和热点论文来看,合金相稳定性研究、合金设计中拉伸塑性与堆垛层错能的研究、相变、孪晶等微观组织演化机制的研究,以及位错、形变孪晶中应变硬化机制等研究是前沿的研究方向。

0.3　高熵合金的分类

0.3.1　分类

目前,高熵合金主要按晶体结构和合金体系分类,如按晶体结构分类,高熵合金可以分为单相面心立方(FCC,CoCrFeMnNi 高熵合金),该类高熵合金通常具有较好的韧塑性而强度较低;体心立方(BCC,AlCoCrFeNi 高熵合金),该类高熵合金通常具有较高的强度而韧塑性较差,只能做压缩性能;还有近期开发的密排六方(HCP)高熵合金,以及上述两相共存形成的双相高熵合金,例如,Al_xCoCrFeNi 系高熵合金、共晶高熵合金($AlCoCrFeNi_{2.1}$)。

按合金体系分类,高熵合金可以分为以下三类:以 Al 及第 4 周期元素 Fe、Co、Ni、Cr、Cu、Mn、Ti 为主的合金系;以难熔金属元素 Mo、Ti、V、Nb、Hf、Ta、Cr、W 等为主的难熔高熵合金系;轻质高熵合金、铜基高熵合金和稀土高熵合金。

0.3.2　特点

不同于单一主元的传统合金,具有多个主元的高熵合金由于成分的特殊性使其组织、性能表现出显著的特点。根据现有的金属学、金属物理和合金热力学等知识分析,由多种主要元素组成的高熵合金在平衡状态下将会形成多种金属间化合物或其他的有序相,使其具有复杂的组织结构,从而对合金的加工和进一步的理论分析造成极大的阻碍。然而,科研人员发现高熵合金在凝固过程中并没有形成大量的金属间化合物或其他复杂结构的相,而是倾向形成简单的固溶体相,即面心立方结构(FCC)、体心立方结构(BCC)和新近设计的密排六方结构(HCP),生成相的数量也远小于经典吉布斯相率的预测。因此,高熵合金具有组织结构的特殊性,这种特殊性进一步会影响合金的性能[12]。通常认为,高熵合金具有四大特点,也可以说是四大效应,即热力学的高熵效应、动力学的缓慢扩散效应、结构的严格晶格畸变效应和性能的“鸡尾酒”效应。

(1)热力学的高熵效应。高熵合金区别于传统合金的重要热力学特性是具有高的混合熵。由上文可知,高熵合金的熵值较高,较高的熵值能够促进固溶体相的形成,提高其稳定性。此外,高的混合熵使合金的混乱度增加,可以降低合金的有序度,抑制偏析的形成。

(2)动力学的缓慢扩散效应。高熵合金的原子种类较多,原子尺寸差异和化学活性差异提高了原子的扩散激活能,阻碍了组元间协同扩散的进行,进而限制了原子的有效扩散速率,因此新相较难形核、长大,有助于纳米晶和非晶相的形成。有研究表明,CoCrFeMnNi高熵合金中Mn、Cr、Fe、Co、Ni各元素的扩散系数均小于各单个元素形成的纯金属,也可以说各元素的扩散激活能均大于各单个元素形成的纯金属。还有研究表明,在AlFe、AlFeTi、AlFeTiCr、AlFeTiCrZn和AlFeTiCrZnCu五种合金中,5元合金和6元合金要经过较长的机械合金化才能形成稳定相,而2元合金和4元合金所需时间较短。这些均表明高熵合金具有缓慢扩散效应。此外,缓慢扩散效应还可能导致相变速率的降低、易形成过饱和固溶体、较好的抗蠕变能力以及较好的热稳定性等。

(3)结构的严重晶格畸变效应。高熵合金主元素较多,且每种元素随机占据晶体的点阵位置,因此所有原子既可以看作是溶质原子,也可以看作溶剂原子。但是不同元素的原子半径有差异,相互吸引、排斥的力也不同,进而导致严重的晶格畸变,形成无序结构。严重的晶格畸变效应使原子偏离平衡位置,引起势能的增加,使合金体系的自由能升高,降低了稳定性。严重的晶格畸变效应会使固溶强化的效果增加,增加合金的强硬度;此外,还会提高合金的内应力,使得电子、声子等粒子被散射得到概率增加,进而降低合金的电导率和热导率。严重的晶格畸变还会削弱合金X射线衍射峰的强度:当每种元素随机占据阵点时,各个衍射晶面凹凸不平,X射线易被散射,从而使得到的衍射峰强度下降。

(4)性能的"鸡尾酒"效应。鸡尾酒效应是指不同元素混合后的复合效应,由印度科学家较早提出。高熵合金的性能可以通过成分或元素的配比而改变,添加不同的元素或改变元素含量能够使高熵合金表现出不同的性能。

参考文献

[1] YEH J W,CHEN S K,LIN S J,et al. Nanostructured high-entropy alloys with multiple principal elements: novel alloy design concepts and outcomes[J]. Advanced Engineering Materials,2004,6(5):299-303.

[2] CANTOR B,CHANG I T H,KNIGHT P,et al. Microstructural development in equiatomic multicomponent alloys[J]. Materials Science and Engineering:A,2004,375-377:213-218.

[3] 吕昭平,雷智锋,黄海龙,等. 高熵合金的变形行为及强韧化[J]. 金属学报,2018,54(11):85-98.

[4] ZHANG Y,ZUO T T,TANG Z,et al. Microstructures and properties of high-entropy alloys[J]. Progress in Materials Science,2014,61:1-93.

[5] ZHANG W R,LIAW P K,ZHANG Y. Science and technology in high-entropy alloys[J]. Science China Materials,2018,61(1):2-22.

[6] 林丽蓉. 高熔化温度五元高熵合金组织及性能研究[D]. 哈尔滨:哈尔滨工业大学,2007.

[7] SENKOV O N,WILKS G B,MIRACLE D B,et al. Refractory high-entropy alloys[J]. Intermetallics,2010,18:1758-1765.

[8] LU Y P,DONG Y,GUO S,et al. A promising new class of high-temperature alloys: eutectic high-

entropy alloys[J]. Scientific Reports,2014,4:6200.

[9] DENG Y,TASAN C C,PRADEEP K G,et al. Design of a twinning-induced plasticity high entropy alloy[J]. Acta Materialia,2015,94:124-133.

[10] LI Z M,PRADEEP K G,DENG Y,et al. Metastable high-entropy dual-phase alloys overcome the strength-ductility trade-off[J]. Nature,2016,534:227.

[11] 沈利华,杨晓芳. 基于文献计量分析的高熵合金研究进展[J]. 材料导报,2020,34(6):11171-11178.

[12] 夏松钦. AlCoCrFeNi 系高熵合金抗辐照和抗氧化行为研究[D]. 北京:北京科技大学,2018.

第1章 高熵合金的制备

高熵合金是一类颠覆性的新材料，其制备过程虽然与传统合金相近，但同时存在特殊性，如高熵合金不宜在空气中熔铸，因其在空气中易引入杂质；由于所含元素较多且原子占比相近，通常需经多次熔炼、反复翻转才可保证其均匀性。目前，制备高熵合金的方法主要有真空电弧熔炼、真空感应熔炼、粉末冶金、磁控溅射、激光熔覆和电化学沉积等。根据合金制备时状态的不同，可将高熵合金的制备工艺分为液态法、气态法、固态法和电化学沉积法 4 大类。随着高熵合金的快速发展，目前不仅能够制备常规的块体，还有高熵合金薄膜、丝材、粉体甚至纳米尺度的颗粒等。

1.1 液态法制备高熵合金

液态法制备高熵合金是目前最常用的制备手段。其中，块体的制备以真空电弧熔炼技术为主，涂层的制备以激光熔覆和磁控溅射为主。

1.1.1 真空电弧熔炼技术

真空电弧熔炼技术是最早用来制备高熵合金的技术。2014 年，叶均蔚[1]采用真空电弧熔炼技术成功制备出 Al_xCoCrCuFeNi 系高熵合金，真空电弧熔炼设备如图 1-1 所示。传统的熔铸法一般在空气中进行，容易引起金属元素的氧化，从而带入杂质。而真空电弧熔炼具有制备速度快、合金损失少、不易引入杂质等优点，因此广泛的被用于制备高熵合金。其原

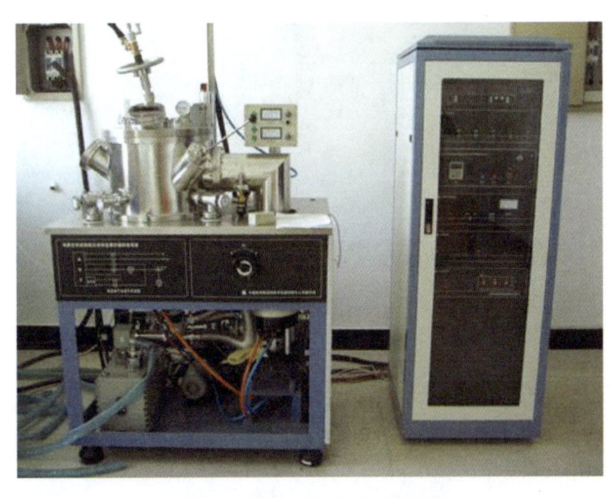

图 1-1 真空电弧熔炼设备

理为利用电极和坩埚两极间电弧放电产生大量热量熔化金属。该过程具体是将高纯金属按照设计比例混合置于坩埚中,然后反复抽真空并充入氩气作为保护气体,然后经 4～5 次熔炼以确保元素混合均匀,最后使金属液在水冷铜坩埚内冷却凝固成型。此方法的优点是熔炼温度较高,可以用于熔点高的金属(如 W 等),有利于去除易挥发的杂质;而缺点是易导致低沸点金属元素(如 Al、Mg、Zn 等)的挥发,从而产生气孔以及不能精确控制合金元素配比,且制备的合金尺寸较小,约为纽扣大小,适用于合金组织、性能的初步分析。目前大部分研究人员均使用真空电弧熔炼法制备高熵合金。

由于冷却速度较慢,直接采用电弧熔炼所得到的合金的铸态组织较为粗大,且冷却速率不均匀易引起不同微区组织的差异,因此后续一般采用铜模吸铸技术对合金的组织及性能进行优化。铜模吸铸工艺使合金在凝固过程中的冷却速度高达 10^2～10^4 m/s,凝固过程中合金的过冷度增大,晶体的形核速率提高,凝固时间缩短,大大改善合金的微观组织,使最终得到的组织更加细小、均匀。

1.1.2 真空感应熔炼技术

真空感应熔炼技术(vacuum induction melting,VIM)是在真空环境中,采用电磁感应在金属导体线圈内产生的涡流来加热原料的方法进行熔炼。在真空条件下进行熔炼,能够更好地脱气、除去易挥发物,避免金属杂质,不仅保证了高熵合金纯度,还大大提高了合金铸锭的尺寸,使制备的高熵合金满足后续加工、处理的条件。真空感应熔炼设备(图 1-2)还可在熔体的凝固过程中对其施加电磁搅拌,实现晶粒的细化,进而提高高熵合金的力学性能。Zhou 等[2]人采用真空感应熔炼法制备了 $Al_x(TiVCrMnFeCoNiCu)_{100-x}$ 高熵合金,该系列合金组织较为致密,压缩性能优异,其中 $Al_{11}(TiVCrMnFeCoNiCu)_{89}$ 压缩强度最高,可达 2.43 GPa。

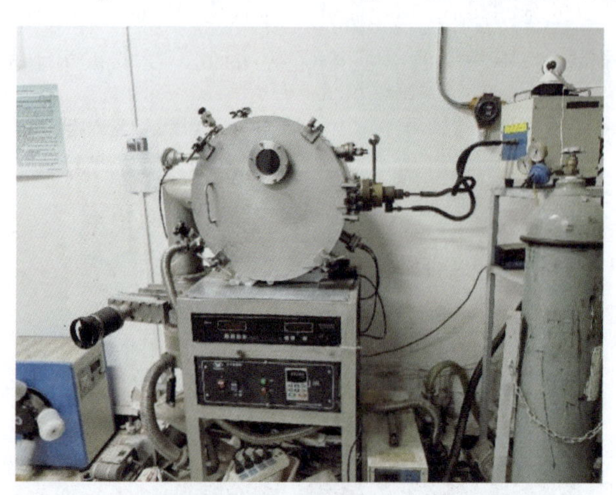

图 1-2 真空感应熔炼设备

高熵合金的微观组织与成分、凝固条件或者制备技术有着直接的联系。如上文所述,高熵合金由于各元素的熔点不同，且合金元素间的相互作用的差异，在感应熔炼或电弧熔炼后易形成树枝晶组织，进而导致晶内和枝晶间区域、先结晶和后结晶区域存在成分偏析，进而影响性能。

1.1.3　定向凝固技术

定向凝固技术（bridgman solidification，BS）是在凝固过程中采用强制手段，在凝固金属和未凝固熔体中建立起特定方向的温度梯度，从而使熔体沿着与热流相反的方向凝固，以获得具有特定取向柱状晶的技术。由于该技术较好地控制了凝固组织的晶粒取向，消除了横向晶界，大大提高了高熵合金的纵向力学性能。Ma 等[3]较早采用定向凝固技术成功制备了面心立方结构的 $CoCrFeNiAl_{0.3}$ 单晶高熵合金和体心立方结构的 CoCrFeNiAl 柱状晶高熵合金，如图 1-3 所示。

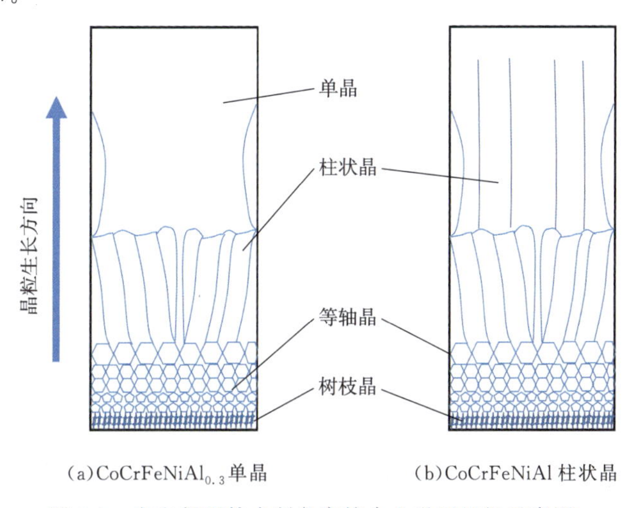

(a) $CoCrFeNiAl_{0.3}$ 单晶　　(b) CoCrFeNiAl 柱状晶

图 1-3　定向凝固技术制备高熵合金微观组织示意图

1.1.4　激光熔覆技术

相比于块体材料，高熵合金薄膜和涂层具有小尺度的特点，可有效避免块体高熵合金制备技术（电弧熔炼）的缺点，获得组织细小、成分均匀、成本低廉的高熵合金。基于此，高熵合金薄膜或涂层的相关研究也受到越来越多的关注。激光熔覆技术（laser cladding）是利用高能激光束为热源，将高熵合金粉末与基体表面同时熔化，并在随后的凝固过程中与基体达到冶金结合的制备方法。与其他涂层制备方法相比，激光熔覆具有很多独特的优势。首先，涂层的稀释率低、致密度高、与基体的结合性好；其次，它能制备出厚度大于 1 mm 的涂层，而其他方法制备的涂层厚度通常仅有 10～100 μm 左右。另外，激光熔覆的光斑质量好，稳定性高，制备的涂层性能可靠。因此，激光熔覆技术已经广泛应用于高熵合金涂层的制备。马明星[4]等较早采用激光熔覆技术制备了系列 $Al_xCoCrNiMo$ 高熵合金涂层，证实了激光熔覆技术制备 AlCoCrNiMo 高熵合金涂层的可行性，取得了良好的表面改性效果。

1.1.5 增材制造

增材制造(additive manufacturing,AM)又称 3D 打印,是近年来热门的成型技术。其基于离散/堆积成形原理,首先将三维 CAD 模型进行分层处理,随后热源按照特定的路径逐层扫描,使供给材料熔化、凝固,层层堆积,最终实现近净成形,如图 1-4 所示。该技术的主要优势为:(1)无需模具,节省开发时间及成本;(2)可成形复杂零部件,不受形状限制,无需后续焊接、铆接等连接工艺,直接一体化成形;(3)成形件组织致密,机械性能优良。目前常用于制备高熵合金的增材制造手段主要有激光熔化沉积技术、选区激光熔化技术和选区电子束熔化技术等。其中,基于激光熔覆技术发展而来的激光熔化沉积技术是现阶段最为成熟的制备高熵合金的方法。Sarswat 等[5]采用选区激光熔化技术成功制备了多种具有优异力学性能和抗腐蚀性能的高熵合金。Fujieda 等[6]采用选区电子束熔化技术应用于高熵合金的制备,成功制备出 AlCoCrFeNi 成分的高熵合金铸锭,并与电弧熔炼的合金铸锭的组织、性能进行了对比分析。结果发现,真空电子束熔炼的样品虽然强度略微下降,但是其塑性提高 20%左右。

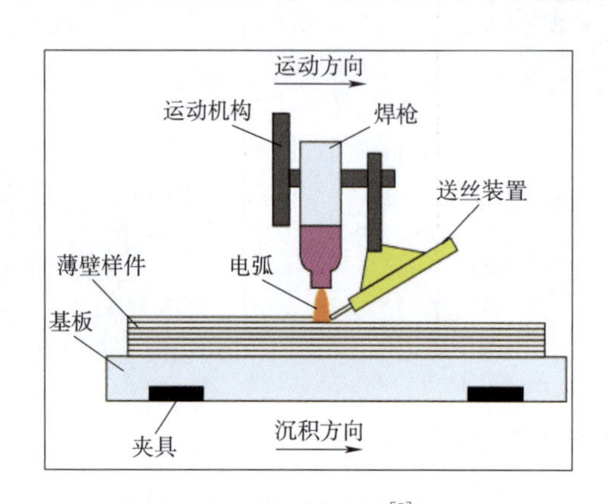

(a)电弧增材制造[7]

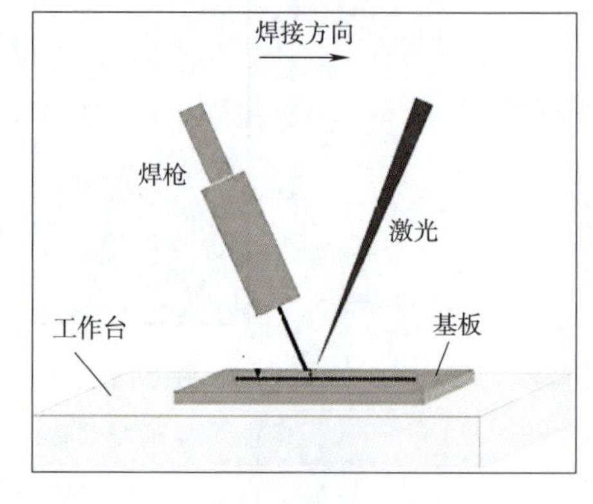

(b)激光—电弧复合[8]

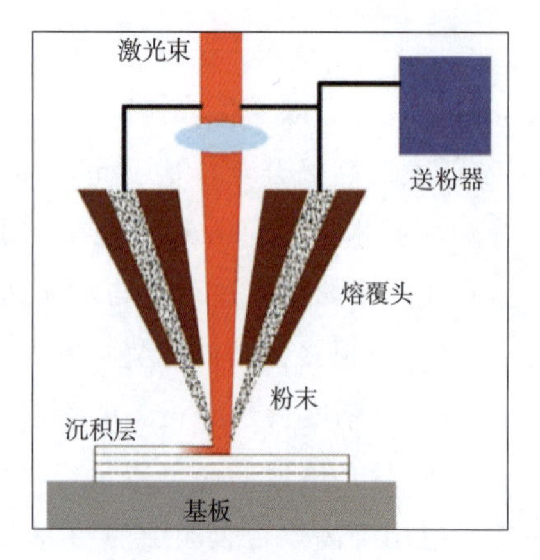

(c)激光熔化沉积[9]

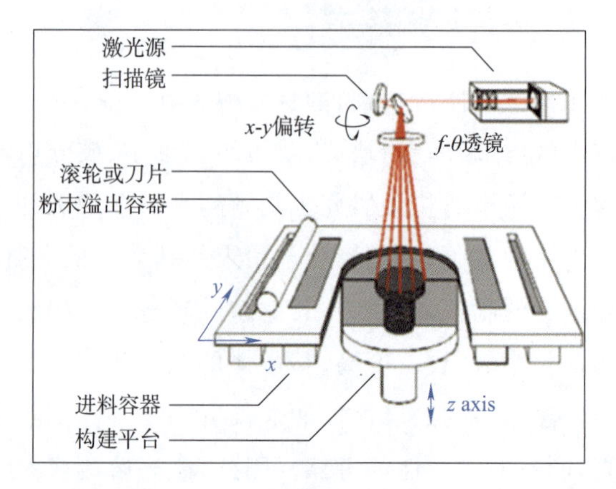

(d)选区激光熔化[10]

图 1-4 不同增材制造技术示意图

1.1.6　等离子弧熔覆技术

等离子弧熔覆技术(plasma thermal arc,PTA)与激光熔覆类似,只是热源不同。即采用等离子为热源,将高熵合金粉末与基体表面结合。Cheng 等[11]采用等离子弧熔覆技术成功制备了 CoCrCuFeNiNb 高熵合金涂层,该涂层由 FCC 基体和 Laves 相组成,具有高硬度、高弹性模量和优异的抗塑性变形能力,同时还有良好耐磨性和抗腐蚀能力的,与传统 304 不锈钢相比,具有明显优势。

1.1.7　气雾化法

气雾化法(gas atomization method)是采用雾化介质冲击金属或合金液体使其细化为小液滴再冷凝固化为粉体的制备技术,是制备高熵合金球形粉的常用技术,已获得广泛应用。Ding 等[12]采用气雾化法制备 $AlCoCrFeNi_{2.1}$(图 1-5)共晶高熵合金粉体,该粉体球形度好、成分均匀、为 FCC+BCC 双相结构(与电弧熔炼获得组织类似),且与 304 不锈钢粉体相比,在 10% HCl 和质量分数为 3.5%的 NaCl 腐蚀液中具有更优异的抗腐蚀性能。该雾化方法可制备多种高熵合金粉体,且球形度高,粒径分布较宽,可同时制备出满足选区激光熔化和激光熔化沉积 2 种技术的粉体,在大规模工业化生产具有很高的灵活性。

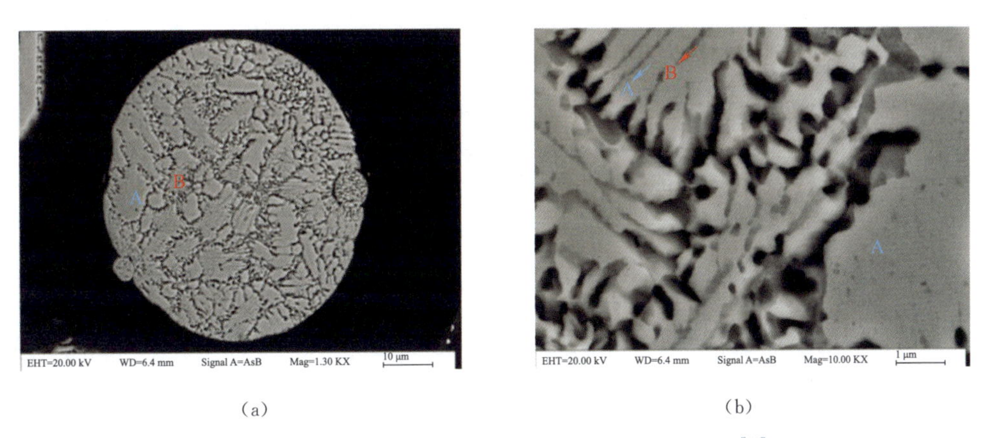

(a)　　(b)

图 1-5　$AlCoCrFeNi_{2.1}$ 共晶高熵合金粉体微观组织[12]

1.1.8　单辊法

单辊法是快速凝固的一种,可制得厚度为微米级的箔材。具体方法是将熔炼好的高熵合金经高频感应加热重熔,在氩气压力作用下使熔体冲出喷嘴射到高速旋转的铜辊表面,形成厚度为几十微米、宽度为毫米级的 HEAs 箔材[13]。与常规熔炼的合金相比,该箔材晶粒尺度大大减小,可作为焊料用于钛合金/钢材的异种焊接。

1.1.9 热喷涂技术

热喷涂技术(thermal spraying technology)是利用热源将原材料加热至熔化或半熔化状态,然后在高速气流的作用下使其雾化并沉积在基体上形成薄膜的制备方法。由于热喷涂技术设备简便,工艺灵活,因此适合用于高熵合金的制备。热喷涂技术按照热源的不同可分为等离子喷涂、火焰喷涂、电弧喷涂、气体爆炸式喷涂等,具体方法如下:

1. 等离子喷涂技术

等离子喷涂技术(plasma spraying)是采用直流驱动的等离子电弧作为热源对材料进行加热喷涂的技术。由于热源能量较高,因此,这种方法可用于高熔点材料的喷涂。2004 年,叶均蔚[14]将等离子喷涂技术应用于高熵合金涂层的制备,成功制备了成分为 $AlSiTiCrFeCoNiMo_{0.5}$ 和 $AlSiTiCrFeNiMo_{0.5}$ 高熵合金涂层,拉开了高熵合金相关研究的序幕。

2. 火焰喷涂技术

火焰喷涂技术(flame spraying)是利用乙炔-氧产生的火焰对材料进行喷涂的技术,该技术是众多热喷涂技术中最为经济的一种。朱海云[15]采用亚音速火焰喷涂技术成功制备出 AlFeCuNiCrTi、AlFeCuCoNiCrTi、AlFeCuCrCo、CuFeCo CrNi、AlFeCoNiVTi 等多种高熵合金涂层,涂层质量较高、孔隙孔洞较少、组织较为致密,但缺点是硬度较低,明显低于铸态的高熵合金。

3. 电弧喷涂技术

电弧喷涂技术(arc spraying)是利用连续给进的金属丝之间的电弧热将原材料熔化进行喷涂。由于采用这种方法制备高熵合金涂层工序复杂,因此目前应用较少。2013 年,Liang 等[16]利用电弧喷涂技术成功制备了 FeCrNiCoCuB 成分的高熵合金涂层。

1.1.10 冷喷涂技术

与热喷涂相对应的是冷喷涂技术(gas dynamic cold spray),其原理是利用喷嘴加速粉末颗粒,使其达到临界速度并撞击基体表面发生塑性变形,层层堆垛形成涂层。冷喷涂技术的低温、高速特性可使涂层保留喷涂粉末的组织和性能特点,且对涂层和基体的热影响较小,适用于镁合金等敏感基体。朱胜等[17]利用冷喷涂技术成功将 3 种高熵合金粉末喷涂至镁合金基板上,显著提高了镁合金的耐腐蚀性能。

1.2 气态法制备高熵合金

气态法制备高熵合金主要为磁控溅射法,除此之外还有电子束蒸发法。这两种方法通常用于制备高熵合金薄膜、涂层。由于高熵合金通常具有出色的腐蚀抗性、较高的硬度、优异的热稳定性及耐磨性能等优点,特别适合用作薄膜、涂层材料。

1.2.1　磁控溅射技术

磁控溅射技术(magnetron sputtering)是物理气相沉积(physical vapor deposition, PVD)的一种,也是目前制备高熵合金薄膜最常用的方法。其工作原理是电子在电场力的作用下与氩气原子发生碰撞,电离出的 Ar^+ 高速飞向阴极靶材,使靶材溅射出粒子,并沉积在基片上形成薄膜,如图 1-6 所示[18]。根据电流形式的不同,磁控溅射可分为直流磁控溅射和射频磁控溅射 2 种。直流磁控溅射法制备的涂层沉积率高,但涂层质量较差,射频磁控溅射法制备的涂层沉积率低,但涂层组织致密,性能较好。由于磁控溅射制备的高熵合金涂层基材温度低,对薄膜的损伤小,因此,能够保证薄膜与基体的良好结合。该方法制备的高熵合金薄膜厚度约为亚微米尺度,与激光熔覆等涂层制备方法相比仍较小[19]。图 1-7 为张勇教授课题组设计的高通量制备高熵合金薄膜技术,可同时制备 16 个样品,大大提高筛选成分的速度。

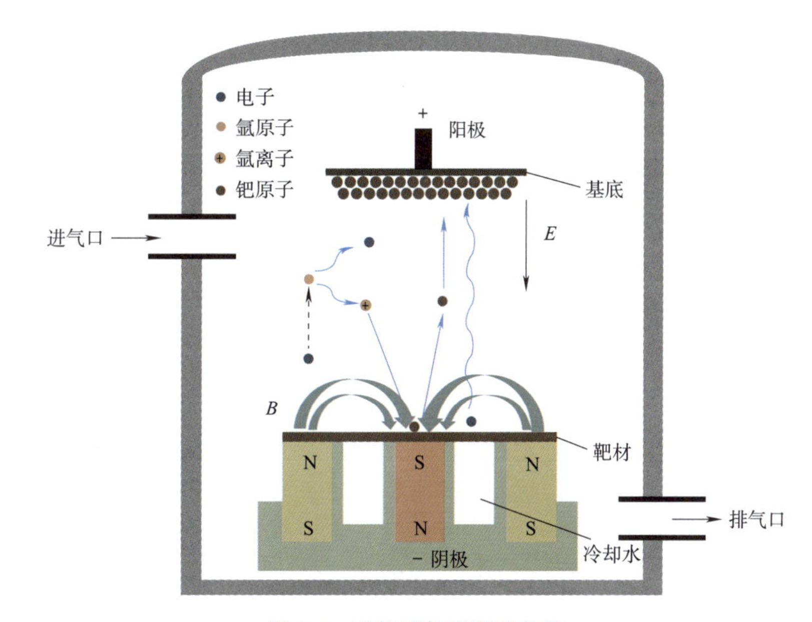

图 1-6　磁控溅射原理示意图

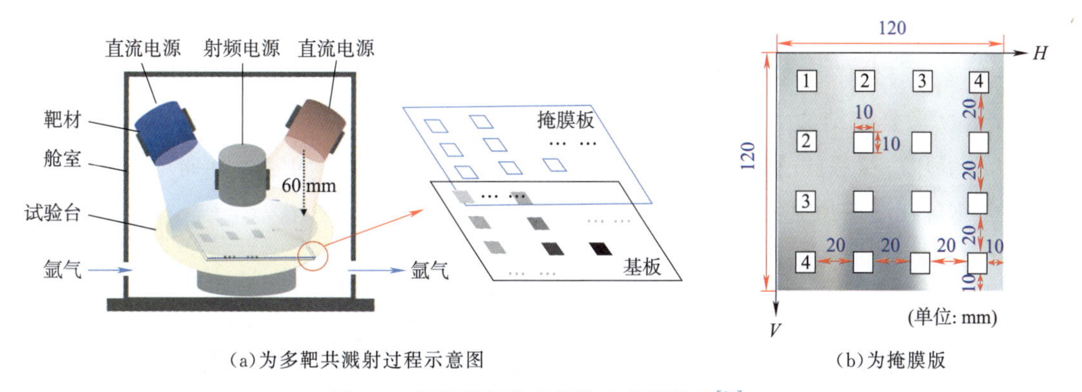

(a)为多靶共溅射过程示意图　(b)为掩膜版

图 1-7　高通量制备高熵合金薄膜技术[20]

1.2.2 电子束蒸发法

电子束蒸发法(electron beam evaporation)是真空蒸发镀膜的一种,是在真空条件下利用电子束直接加热使材料蒸发气化,并向基板输送,从而在基底上凝结形成薄膜的方法。电子束蒸发可以蒸发高熔点元素,且蒸镀速率快,质量较高。2013年,牛雪莲等[21]采用电子束蒸发法制备了具有优异的耐腐蚀性能的AlFeCoCrNiCu高熵合金涂层。

1.3 固态法制备高熵合金

固态法制备高熵合金具有组织致密、晶粒细小等优异特点。其主要有机械合金化法、粉末冶金法,其次还有燃烧合成法。

1.3.1 机械合金化法

机械合金化法(mechanical alloy,MA)是一种制备固态合金粉末方法,该过程是在高能球磨的作用下,粉末颗粒经过反复的冷焊、破碎和再焊接从而获得元素分布均匀、组织细小的粉体。该方法通常配合后续的粉末冶金技术制备合金块体。2008年,Murty[22]课题组采用机械合金化法制备了AlFeTiCrZnCu高熵合金粉体,并且证明其具有高的热稳定性和良好的机械性能,但该方法的缺点是粉体球形度较差。

1.3.2 粉末冶金法

粉末冶金法(powder metallurgy)是利用高压将粒度极小的金属粉末压成坯体,再通过不同的烧结工艺,如热等静压烧结、电火花等离子体烧结等烧结成块的技术。由于压制坯体时用的压力很大,颗粒之间结合得很紧密,金属彼此间接触面积很大,使得烧结时很容易发生反应。粉末冶金的最大优势是可改善高熵合金铸态样品中粗大、不均匀的铸造组织,避免内部的成分偏析,得到微米甚至纳米晶结构。粉末冶金还可实现近净成型和批量生产,大大提高工作效率,减少材料损耗。常用的粉末冶金法包括热等静压烧结法、真空热压烧结法、电火花等离子体烧结法和燃烧合成法。

1. 热等静压烧结法

热等静压烧结法(hot isostatic pressing,HIP)是对粉体材料的各个方向施加同等的压力,并在高温环境下加热保温,最终获得合金成品的制备方法。Tang等[23]采用热等静压烧结法成功制备了AlCoCrFeNi高熵合金。

2. 真空热压烧结法

真空热压烧结法(vaccum hot pressing,VHP)是指在真空中对高熵合金粉末同时施加压力和温度,从而快速完成烧结的方法。此过程中粉体处于热塑性状态,易发生塑性流动，能够获得致密的结构。Cai 等[24]利用真空热压烧结法成功制备出 NiCrCoTiV 高熵合金。

3. 电火花等离子体烧结法

电火花等离子体烧结(spark plasma sintering，SPS)是一种新兴的粉末冶金方法，其过程为脉冲电流直接对混合好的高熵合金粉体加热，同时对粉体施加压力，从而得到成品合金的技术。电火花等离子体烧结工艺具有升温速度快、烧结温度低、烧结时间短等特点，因此，采用这种方法制备的高熵合金样品组织致密。Fu 等[25]采用机械合金化加电火花等离子体烧结的方法成功制备了具有优异压缩性能的 $Co_{0.5}FeNiCrTi_{0.5}$ 高熵合金。

4. 燃烧合成法

燃烧合成法(combustion synthesis)是利用化学反应自身放热来制备样品的技术。该过程是将要反应的物料混合均匀，然后压制成密实的块体，在真空或者保护气体中通过外部热源点燃，制得所需的样品。根据点燃物料反应方式的不同，燃烧合成法可分为两种：一种是利用外部热源将试样一端点燃，然后利用反应热逐渐蔓延直至将整个样品完全反应的高温自蔓延法(self-propagating high-temperature synthesis，SHS)；另一种是将整个样品加热到点燃温度，所有反应物同时发生反应的热爆反应合成法(thermal explosion，TE)。王腾等[26]采用燃烧合成法成功制备出力学性能优异的 $FeCoNiCuAl_x$ 高熵合金。

由于固态粉末的流动性远低于液态金属的流动性，样品的成型过程需要在较大的压力下完成，且受设备条件限制，压模成本较高，因此，固态法高熵合金的制备更适用于大规模的工业化生产。

1.3.3　碳热振荡法

2018 年，Yao 等[27]开发出碳热振荡法(carbothermal shock，CTS)制备了多达 8 种不同金属元素组成的高熵合金纳米颗粒。该过程首先制备金属盐混合物，然后将其加载至碳纤维表面，通过改变基体、反应温度、升温和冷却速率等参数获得一系列不同成分且具有理想尺度和生成相的高熵合金纳米颗粒，如图 1-8 所示。该成果在学术期刊 *Science* 发表。

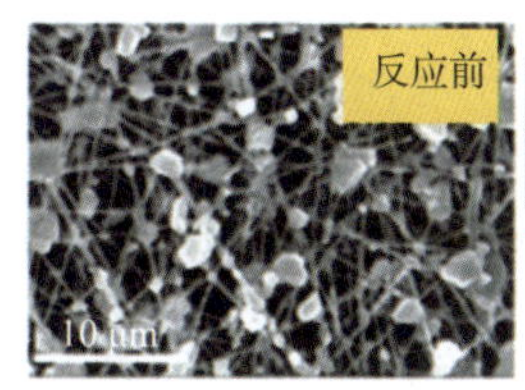

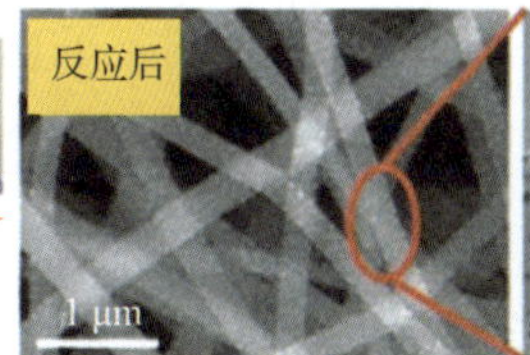

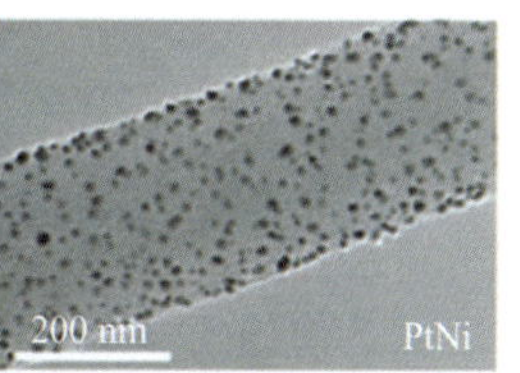

(a)

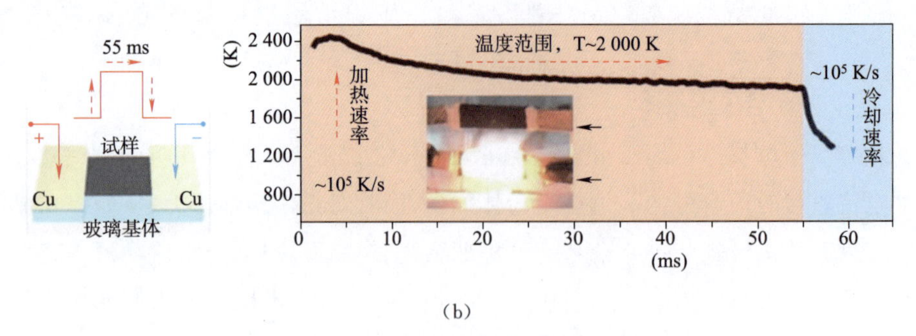

(b)

图 1-8　碳热振荡法制备高熵合金粉体示意图

1.4　电化学沉积法制备高熵合金

电化学沉积法是把基体材料作为阴极，置于包含有涂层元素阳离子的盐溶液中，金属阳离子在电场力的作用下向阴极附近运动并沉积在其上形成涂层的一种制备方法。电化学沉积法制备高熵合金涂层的优点在于涂层的成分及厚度可以精确控制且制得的薄膜或涂层晶粒细小，还有成本低、操作简单、组分可控等特点。但目前仅有较少科研人员采用此方法制备高熵合金，限制了其应用。2008 年，Yao 等[28]将化学沉积法应用于高熵合金的制备，并成功制备出了具有软磁性能的 Bi-Fe-Co-Ni-Mn 系高熵合金薄膜。通过电化学沉积制备高熵合金薄膜材料具有简单快捷的特点，并为进一步探索新型的高熵合金体系开辟了新的途径。

1.5　高熵合金纤维的制备

除上述介绍的高熵合金块体、薄膜、粉体甚至纳米颗粒，还有一个重要的领域就是高熵合金纤维、丝材。目前，高熵合金纤维、丝材的制备方法主要有热拔、冷拔和玻璃包覆拉丝等。2017 年，李冬月采用热拔工艺成功制备了直径 1～3.15 mm 的 $Al_{0.3}CoCrFeNi$ 高熵合金纤维，如图 1-9 所示。该纤维由 FCC 基体和少量 B2 析出相组成，同时在室温和 77 K 时表现出优异的力学性能。2020 年，Cho 等采用冷拔工艺制备了直径 1 mm 的 $Co_{10}Cr_{15}Fe_{25}Mn_{10}Ni_{30}V_{10}$ 高熵合金纤维，超细晶和纳米孪晶组织使其具有优异的力学性能。2021 年，Chen 等采用玻璃包覆拉丝法制备了直径 40 μm 和 100 μm 的 CoCrNi 中熵合金丝材，由于相变、纳米孪晶等机制的产生使其具有良好的强塑性匹配。

高熵合金自 2004 年诞生至今，已有多种制备手段，不仅可以成形性能优异的大尺寸块体，还可以用作耐磨、抗氧化涂层、高强韧的纤维以及用于增材制造和粉末冶金的粉体，为满足不同领域的需求提供了必要条件。

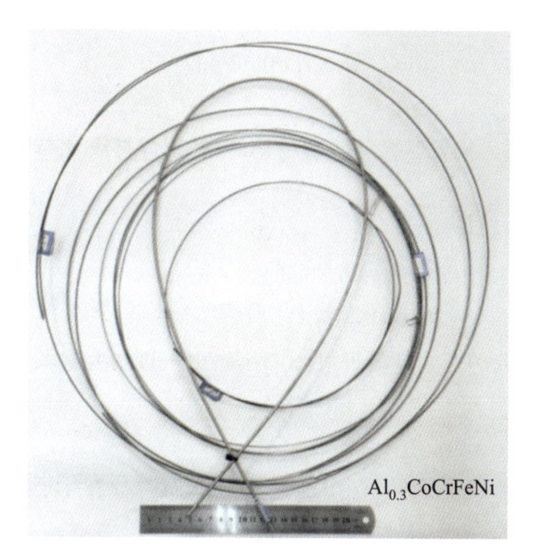

图 1-9　$Al_{0.3}CoCrFeNi$ 高熵合金纤维实物图

参考文献

[1] YEH J W,CHEN S K,LIN S J,et al. Nanostructured high-entropy alloys with multiple principal elements: novel alloy design concepts and outcomes[J]. Advanced Engineering Materials,2004,6(5):299-303.

[2] ZHOU Y J,ZHANG Y,WANG Y L,et al. Microstructure and compressive properties of multicomponent $Al_x(TiVCrMnFeCoNiCu)_{100-x}$ high-entropy alloys[J]. Materials Science and Engineering:A,2007,454:260-265.

[3] MA S G,ZHANG S F,GAO M C,et al. A successful synthesis of the $CoCrFeNiAl_{0.3}$ single-crystal high-entropy alloy by bridgman solidification[J]. JOM:The Journal of The Minerals,Metals and Materials Society,2013,65(12):1751-1758.

[4] 马明星,柳沅汛,谷雨,等. 激光制备 $Al_xCoCrNiMo$ 高熵合金涂层的研究[J]. 应用激光,2010,30(6).

[5] SARSWAT P K,SARKAR S,MURALI A,et al. Additive manufactured new hybrid high entropy alloys derived from the AlCoFeNiSmTiVZr system[J]. Applied Surface Science,2019,476:242-258.

[6] FUJIEDA T,SHIRATORI H,KUWABARA K,et al. First demonstration of promising selective electron beam melting method for utilizing high-entropy alloys as engineering materials[J]. Materials Letters,2015,159:12-15.

[7] 孙红叶,从保强,苏勇,等. Al-6.3Cu 铝合金电弧填丝增材制造成形与组织性能[J]. 航空制造技术,2017,533(14):72-76.

[8] 王鹏. 铝合金结构件激光电弧复合增材制造工艺分析[D]. 大连:大连理工大学,2016.

[9] 冯秋娜. 激光熔化沉积成形 AlSi10Mg 合金的工艺与组织性能研究[D]. 南京:南京航空航天大学,2017.

[10] KEMPEN K U,THIJS L U,YASA E U,et al. Microstructural analysis and process optimization for selective laser melting of AlSi10Mg[C]. Solid Freeform Fabrication Symposium,2011.

[11] CHENG J B,LIANG X B,XU B S. Effect of Nb addition on the structure and mechanical behaviors of CoCrCuFeNi high-entropy alloy coatings[J]. Surface and Coatings Technology,2013,240(7):184-190.

[12] DING P P, MAO A Q, ZHANG X, et al. Preparation, characterization and properties of multicomponent $AlCoCrFeNi_{2.1}$ powder by gas atomization method[J]. Journal of Alloys and Compounds, 2017, 721: 609-614.

[13] 徐锦锋，郭嘉宝，田健，等．基于焊缝金属高熵化的钛/钢焊材设计与制备[J]．铸造技术，2014(11)，2674-2676.

[14] HUANG P K, YEH J W, SHUN T T, et al. Multi-principal-element alloys with improved oxidation and wear resistance for thermal spray coating[J]. Advanced Engineering Materials, 2004, 6(1/2): 74-78.

[15] 朱海云．多主元高熵合金的探索性研究[D]．青岛：山东科技大学，2009.

[16] LIANG X B, GUO W, CHEN Y X, et al. Microstructure and mechanical properties of FeCrNiCoCu (B) high-entropy alloy coatings[J]. Materials Science Forum, 2011, 694: 502-507.

[17] 朱胜，杜文博，王晓明，等．基于高熵合金的镁合金表面防护技术研究[J]．装甲兵工程学院学报，2013, 27(6): 79-84.

[18] CHEN T K, SHUN T T, YEH J W, et al. Nanostructured nitride films of multi-element high-entropy alloys by reactive DC sputtering[J]. Surface and Coatings Technology, 2004, 188: 193-200.

[19] YAN X H, LI J S, ZHANG W R, et al. A brief review of high-entropy films[J]. Materials Chemistry and Physics, 2018, 210: 12-19.

[20] YAN X H, MA J, ZHANG Y. High-throughput screening for biomedical applications in a Ti-Zr-Nb alloy system through masking co-sputtering[J]. Science China Physics, Mechanics and Astronomy, 2019, 62: 996111.

[21] 牛雪莲，王立久，孙丹，等．电子束蒸发沉积 Al-Fe-Co-Cr-Ni-Cu 高熵合金涂层耐蚀性研究[J]．大连理工大学学报，2013, 53(5): 689-694.

[22] VARALAKSHMI S, KAMARAJ M, MURTY B S. Synthesis and characterization of nanocrystalline AlFeTiCrZnCu high entropy solid solution by mechanical alloying [J]. Journal of Alloys and Compounds, 2008, 460(1/2): 0-257.

[23] TANG Z, SENKOV O N, PARISH C M, et al. Tensile ductility of an AlCoCrFeNi multi-phase high-entropy alloy through hot isostatic pressing (HIP) and homogenization[J]. Materials Science and Engineering: A, 2015, 647: 229-240.

[24] CAI Z, JIN G, CUI X, et al. Experimental and simulated data about microstructure and phase composition of a NiCrCoTiV high-entropy alloy prepared by vacuum hot-pressing sintering[J]. Vacuum, 2016, 124: 5-10.

[25] FU Z, CHEN W, XIAO H, et al. Fabrication and properties of nanocrystalline Co0.5FeNiCrTi0.5 high entropy alloy by MA-SPS technique[J]. Materials and Design, 2013, 44: 535-539.

[26] 王腾．微波辅助燃烧合成 $FeCoNiCuAl_x$ 高熵合金的组织与性能研究[D]．南京：南京理工大学，2012.

[27] YAO Y G, HUANG Z N, XIE P F, et al. Carbothermal shock synthesis of high-entropy-alloy nanoparticles[J]. Science, 2018, 359(6383): 1489-1494.

[28] YAO C Z, ZHANG P, LIU M, et al. Electrochemical preparation and magnetic study of Bi-Fe-Co-Ni-Mn high entropy alloy[J]. Electrochimica Acta, 2008, 53(28): 8359-8365.

第2章 高熵合金的设计及相形成规律

与以1种或2种元素为主要元素的传统合金不同，高熵合金（HEAs）被宽泛地定义为含有5种或5种以上主要元素的合金，且每个主要元素原子分数在5%～35%之间。多种元素加上每种元素含量的变化，就会迸发出数量庞大的合金体系。以含5种主要元素的多组元合金为例，假设每10%的原子分数变化会产生不同的合金体系，那么将会产生906种；以含3～6种主要元素的多组元合金为例，将会产生5 920亿种新合金[1]。如此庞大数量的新合金，如果采用试错法，不仅工作烦琐、浪费人力、物力，而且效率低下[2]。因此，如何设计高熵合金，并预测其相组成尤为重要。

通常人们认为合金主要组元越多，越易形成非晶相[3]（根据混乱理论）或多种金属间化合物，进而影响合金性能；而高熵合金多由简单的固溶体相形成。这一反常的现象吸引了大量学者对其进行探究。相预测已由叶均蔚提出的高混合熵（ΔS_{mix}）判据发展至与混合焓（ΔH_{mix}）、原子尺寸差（δ）、电子结构（VEC、e/a、M_{d}）、相图计算（CALPHAD）等相关的多种判据。

2.1 物化参数的提出

物化参数主要包括混合熵（ΔS_{mix}）、混合焓（ΔH_{mix}）、原子尺寸差（δ）、电子结构（VEC、e/a、M_{d}）等。目前，物化参数是主要应用的相预测方法。

2.1.1 混合熵（ΔS_{mix}）判据

叶均蔚[4]认为，多组分合金中，随着组元数量的增加，其混合熵（主要为构型熵）也逐渐增加。而较高的混合熵降低了固溶体相的吉布斯自由能，促进了固溶体相的生成（尤其在较高温度下），因此形成高熵合金。高熵合金混合熵的计算公式为

$$\Delta S_{\text{mix}} = -R\sum_{i=1}^{n} c_i \ln c_i \tag{2-1}$$

式中，R为摩尔气体常数，$R=8.314$ J/(mol·K)；n为多组分材料的组元数；c_i为第i个组元的原子分数。由混合熵的计算公式可以发现，当n种组元的原子比为1时，合金体系形成的混合熵值最大。以三元合金为例，其熵值示意图（图2-1）更加直观地表明多组元合金以等原子比构成时，其混合熵值最大。

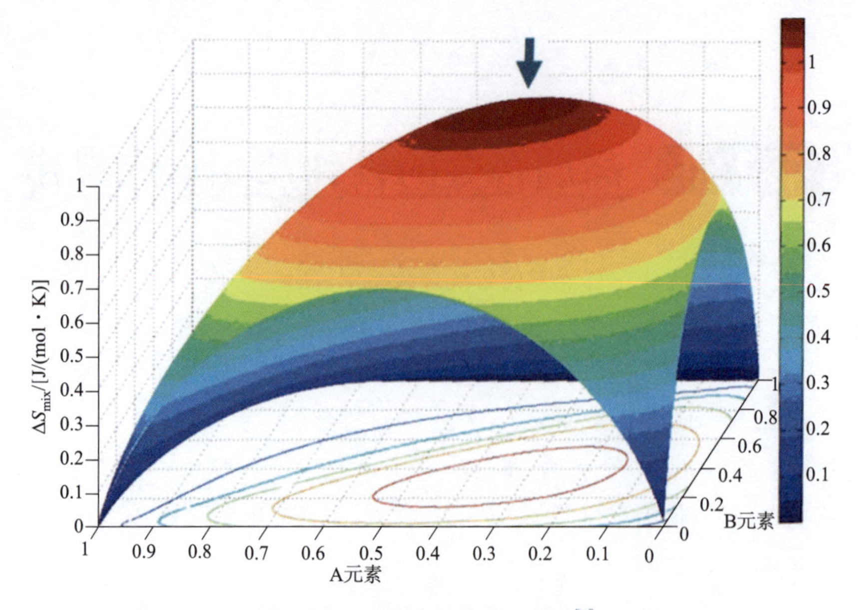

图 2-1　三元合金的熵值示意图[5]

由此，等原子比多组元合金混合熵的计算公式为

$$\Delta S_{mix}=R\ln n \tag{2-2}$$

通过式(2-2)可以计算出不同组元数等原子配比时混合熵的值，图 2-2 为等原子比合金混合熵与组元数的关系曲线。

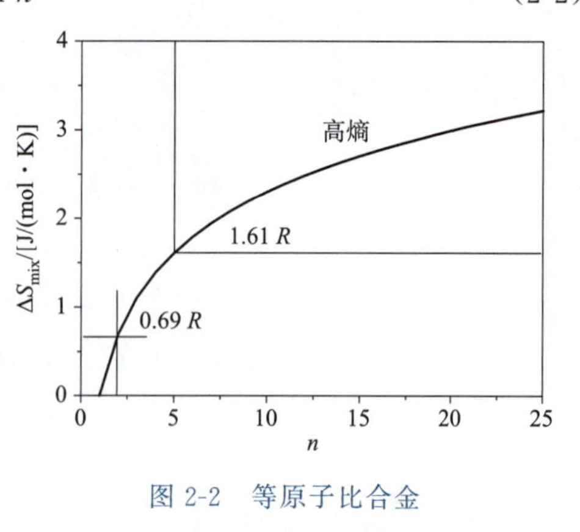

图 2-2　等原子比合金混合熵与组元数的关系

叶均蔚[4]认为 $\Delta S_{mix}=1.5R$ 是高熵合金形成的必要条件，因此 $\Delta S_{mix}=1.5R$ 为划分高熵和中熵的判据，$\Delta S_{mix}=1R$ 为划分中熵和低熵的界限。但是后续的研究发现，一些多组元合金，其熵值也很高，却并没有形成高熵合金。尽管任何固溶体的构型熵肯定会随着组分中元素的增加而增加，但引入额外的合金元素也会增加形成稳定的金属间化合物相的可能性。因此，只凭熵这一个参数预测高熵合金相的形成规律受到了质疑。

2.1.2　混合焓(ΔH_{mix})、δ 的提出

如果不考虑动力学因素，相的选择则是由热力学控制，即吉布斯自由能。吉布斯自由能公式为

$$\Delta G_{mix}=\Delta H_{mix}-T\Delta S_{mix} \tag{2-3}$$

由式(2-3)可以看出，除了混合熵(ΔS_{mix})对相选择有影响外，混合焓(ΔH_{mix})也是需要考虑的因素之一。因此，2008 年，张勇[5]将混合焓 ΔH_{mix} 参数考虑至相形成规律中，其公式为

$$\Delta H_{mix} = \sum_{i=1, i\neq j}^{n} c_i c_j \Omega_{ij} \tag{2-4}$$

其中，$\Omega_{ij} = 4\Delta H_{mix}^{AB}$，$\Delta H_{mix}^{AB}$ 是基于 Miedema 模型计算的二元(A-B)液态合金的混合焓，是表示组元间的化学相容性的参数。通常，混合焓负值越大，表明其越倾向形成金属间化合物，而非固溶体。

对于传统的二元固溶体来说，经典的 Hume-Rothery 准则能从原子尺寸、晶体结构、价电子浓度、电负性等本征特性来预测合金的相组成。而对于多主元高熵合金而言，很难确定传统意义上的“溶质和溶剂”，与传统二元合金具有较大区别，因此无法直接应用该准则。但借鉴该准则，同时考虑 Inoue 提出的非晶合金中原子尺寸效应，张勇提出了 Delta(δ)参数(原子尺寸差)，并将 Delta(δ)参数与混合熵(ΔS_{mix})、混合焓(ΔH_{mix})相结合，共同预测多组元合金的相形成。

Delta(δ)参数的公式为

$$\delta = 100\sqrt{\sum_{i=1}^{n} c_i \left(1 - \frac{r_i}{\bar{r}}\right)^2} \tag{2-5}$$

式中，$\bar{r} = \sum_{i=1}^{n} c_i r_i$；$c_i$ 和 r_i 分别是第 i 个元素的原子数分数和原子半径。由此提出了多组元合金的相形成规律，如图 2-3、图 2-4 所示。

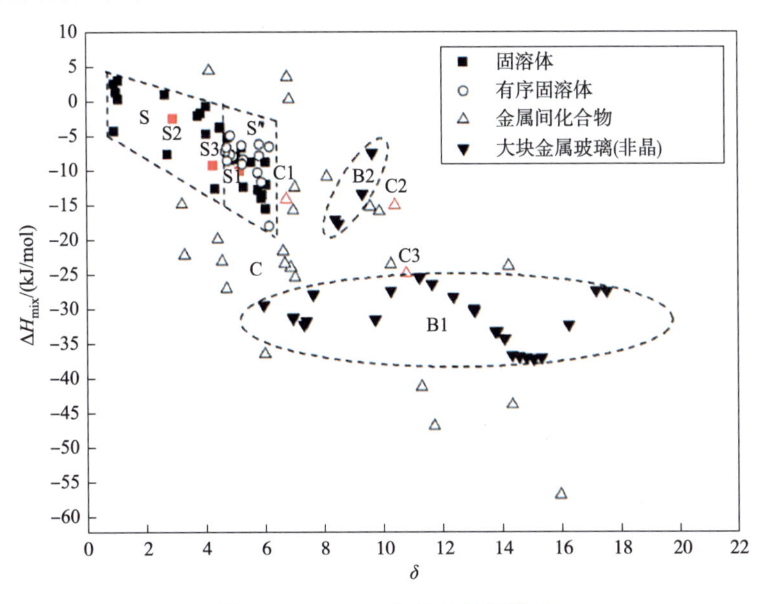

图 2-3　ΔH_{mix}-δ 与相选择的关系

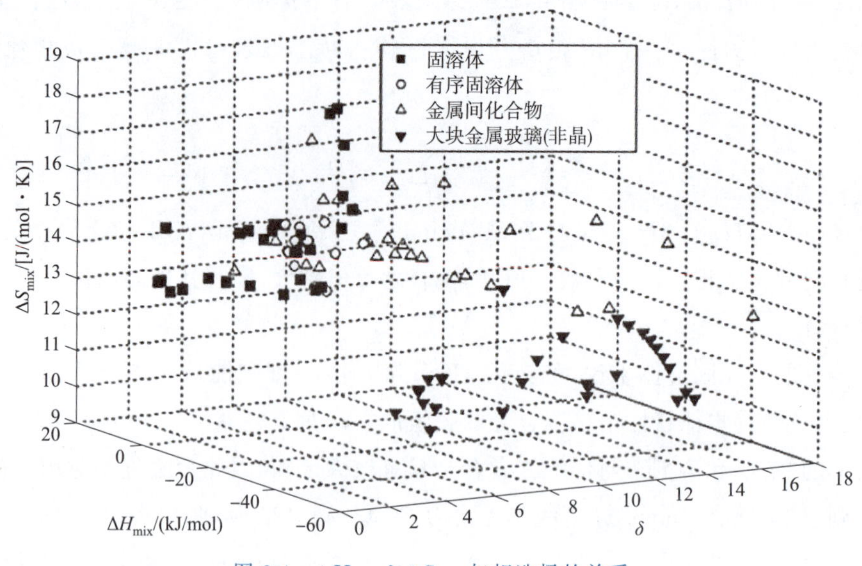

图 2-4　ΔH_{mix}-δ-ΔS_{mix} 与相选择的关系

由图 2-3 和图 2-4 可以看出，与固溶体相、金属间化合物相比，块体金属玻璃（非晶合金）的混合熵（ΔS_{mix}）较低、原子尺寸差异（δ）较大；接近于 0 的混合焓（$-15\sim5$ kJ/mol）和较小的原子尺寸差异（小于 6.5%）能够促进固溶体相的形成，即 S 区域；而随着混合焓（ΔH_{mix}）的减小，促进了部分有序相的形成，即 S′区域。由图还可发现，固溶体形成区域和块体金属玻璃区域被金属间化合物环绕，因此，该判据能够有效的将固溶体相与非晶相（块体金属玻璃）分离，但不易将金属间化合物与固溶体相分离。

鉴于张勇教授提出的高熵合金相形成判据有效地指导了高熵合金的设计，2011 年，郭晟[6]也采用 ΔH_{mix}、δ、ΔS_{mix} 参数进行相预测：等原子比合金中，不仅混合熵会影响固溶体的形成，原子尺寸差和混合焓也对其有影响，且原子尺寸差、混合熵、混合焓，三者同时满足条件才可形成固溶体相，即 -22 kJ/mol $\leqslant \Delta H_{mix} \leqslant 7$ kJ/mol，$0 \leqslant \delta \leqslant 8.5\%$ 且 $11 \leqslant \Delta S_{mix} \leqslant 19.5$ J/(K·mol)时，易生成固溶体相。随后又对判据进行了更新，2017 年郭晟[7]将 A、B 组元的混合焓 ΔH_{mix}^{AB} 替换为 ΔH_{mix}^{3AB}，则改进后的判据为 ΔH_{mix}^{3}-δ。更新后的判据可以更好的将固溶体相和金属间化合物分开，但该判据局限为 $CoCrFeNiM_x$（M 为 4d 过渡族金属）系高熵合金。

高熵合金有多种晶体结构，例如单相 FCC、BCC 以及新近开发的 HCP 结构，不同结构会导致性能的差异，BCC 高熵合金具有较高的强度而塑性差；恰恰相反，FCC 具有优良的塑性而强度低。随着对高熵合金研究的深入，不仅需要预测形成固溶体相的判据，还需要预测固溶体晶体结构的判据。2014 年，张勇[8]提出 ΔH_{mix}-δ 判据以区分 BCC 与 FCC 结构，如图 2-5 所示。此判据说明，当 $\delta<3\%$时，几乎均为 FCC 结构；随着 δ 的增加，结构逐渐由 FCC 向 FCC/BCC 及 BCC 转变；当 $\delta>6.6\%$时，全部为金属间化合物相；由图 2-4 还可知，

随着 δ 的增加，ΔH_{mix} 大致呈减小的趋势。

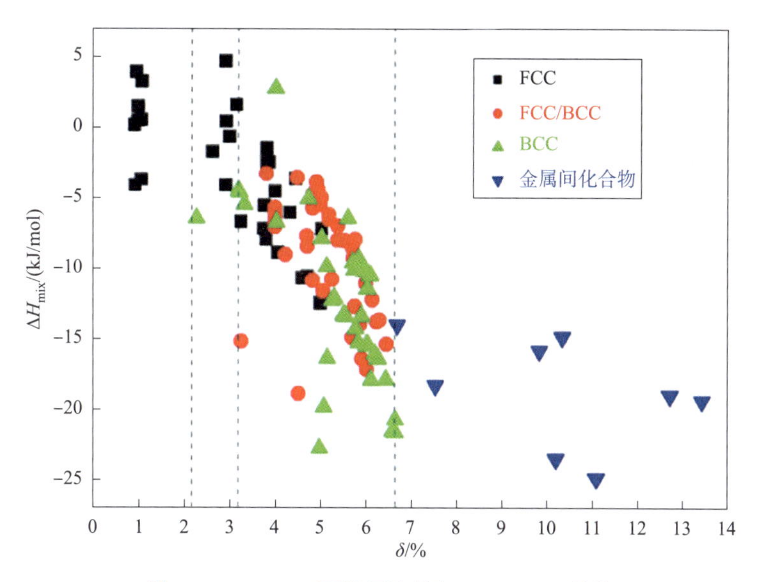

图2-5　ΔH_{mix}-δ 预测固溶体相FCC、BCC结构

针对铸态高熵合金相判据领域，张勇、郭晟等学者进行了较多的研究。随着高熵合金强韧化领域的发展，热处理态高熵合金表现出优异的性能，鉴于此，王志军[9]提出针对热处理态高熵合金的相形成规律(温度比范围为 $0.5<T/T_m<0.9$，T_m 为熔点)，在此温度下，由于构型熵效应的减小，平衡相位选择准则发生了变化。其仍采用 ΔH_{mix}-δ 参数，当 $\Delta H_{mix}>-7.5$ kJ/mol 且 $\delta<3.3\%$ 时，易形成固溶体相，超越这个区域易形成金属间化合物相和非晶相，然而此判据对于含Al的BCC HEAs不适用。

2.1.3　Ω 参数的提出

随着越来越多的新型多组分HEAs的开发，为了获得更精确的多组分HEAs相形成规律，张勇[10]对之前提出的相形成规律进行了更深入的研究。在更新的数据基础上，计算了相应的原子尺寸差、混合焓和混合熵，提出了多组分HEAs固溶体相形成规律。δ 是原子尺寸差，Ω 是原子平均熔化温度与混合熵的乘积再除以混合焓，其公式为

$$\Omega=\frac{T_m \Delta S_{mix}}{|\Delta H_{mix}|} \tag{2-6}$$

式中，$T_m=\sum_{i=1}^{n} c_i T_{mi}$，其中 T_{mi} 是第 i 个元素的熔点。δ-Ω 与相选择的关系如图2-6所示。

由图2-6可知，当 $\delta \geqslant 1.1\%$ 且 $\Omega \leqslant 6.6\%$ 时，多组分合金易形成固溶体相。该判据最大的优点是将尺寸差、混合焓和混合熵很好的结合起来且计算简单、方便。除了 δ-Ω 参数，

张勇[8]还提出了更为简便的Ω-n判据，其中n为组元数。如图2-7所示，对于多组分合金来说，当元素数量n越多时，对应的Ω也越大；固溶体相倾向于在n和Ω均较大时形成；金属玻璃倾向于n和Ω均较小时形成；而金属间化合物及固溶体相与金属间化合物复合相倾向于在n较大而Ω较小时形成。

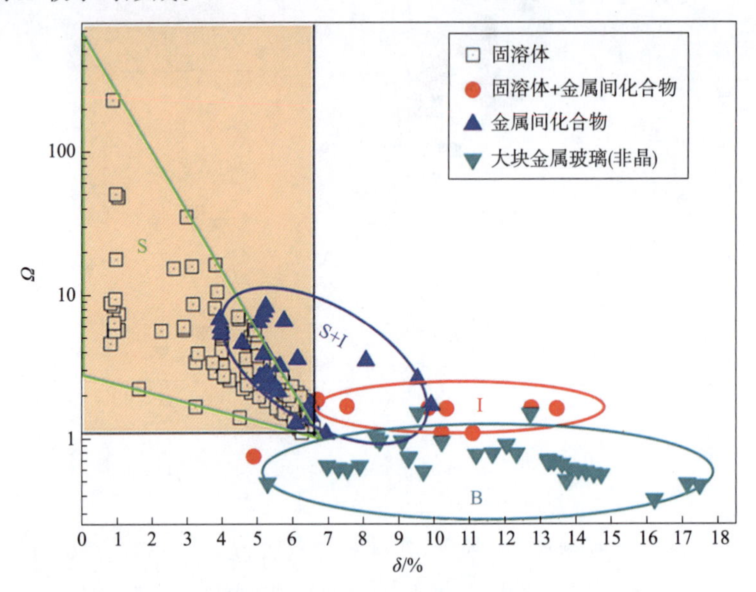

图2-6　δ-Ω与相选择的关系

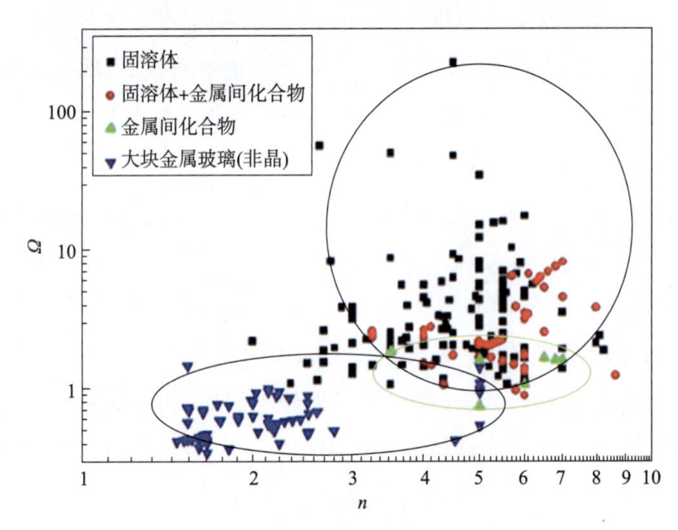

图2-7　Ω-n与相选择的关系

2.1.4　电子结构相关参数的提出

Hume-Rothery定律阐述了原子尺寸、晶体结构、价电子浓度、电负性对元素之间形成固溶体的影响及其规律。基于此定律提出的δ等参数，成功地归纳了高熵合金的相形成规律。那么电子结构参数是否也能对固溶体相做出判断呢？电子结构相关参数主要包括 e/a、VEC、M_d、ΔX，在这里需要着重说明的是 e/a 和 VEC 均可称为电子浓度，更准确的说 e/a 为每个原子平均流动的电子数；而 VEC 为价电子浓度，为每个原子的价电子总数（包括价电子带中 d 电子在内的所有电子）。

2011，郭晟[11]提出采用 VEC 参数预测铸态 HEAs 中 FCC 和 BCC 相的形成判据，如图 2-8 所示。当 VEC≥8 时，易形成 FCC 结构的固溶体相；当 VEC<6.87 时，易形成 BCC 结构的固溶体相；当 6.87≤VEC<8 时，FCC+BCC 混合固溶体相。VEC 还可以用来预测 σ 相（一种 TCP 相）的析出。叶均蔚[12]提出采用 VEC 预测时效态 HEAs 中 σ 相的形成，判据显示：当 6.88<VEC<7.84 时，经适当的时效处理，HEAs 易出现 σ 相。但此判据只适用于含 Cr 或 V 元素的 HEAs。

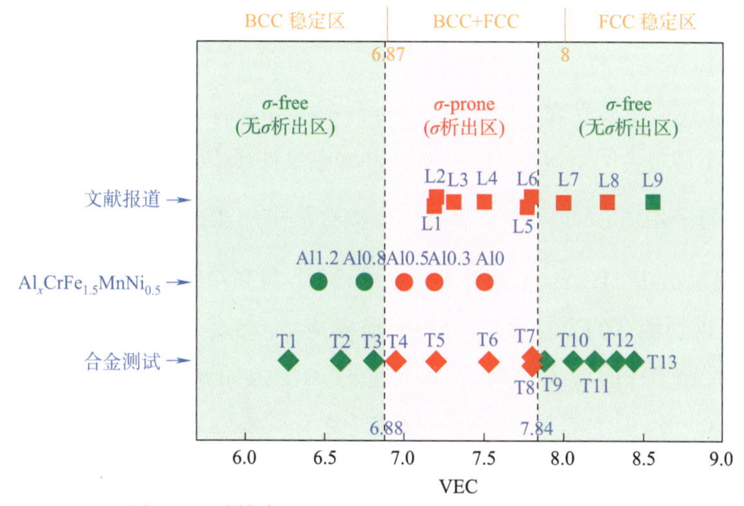

图 2-8　时效态 HEAs 的 σ 相析出与 VEC 的关系

Poletti 等[13]对 2 个电子结构参数：e/a 和 VEC 进行相形成规律的探究。研究发现，e/a-VEC 判据可以区分 HEAs 中 FCC 和 BCC 结构，相对较高的 e/a 和较低的 VEC 易形成 BCC 结构，而较低的 e/a 和较高的 VEC 易形成 FCC 结构。

电子结构相关参数不仅能对相形成规律进行预测，还可以对力学性能，例如对高熵合金硬度进行指导设计。2015 年，Tian 等[14]对近 100 种单相 FCC 和单相 BCC HEAs 的相形成规律进行总结后发现：当 4.33≤VEC≤7.55 时，HEAs 为单相 BCC 结构，而当 7.80≤VEC≤9.50 时，HEAs 为单相 FCC 结构。研究还发现，硬度随 VEC 的变化呈高斯分布，当 VEC≈6.8 时，硬度最高，达 650 HV，根据以上提出的经验判据，能够设计出所需硬度的 HEAs。

电子结构参数判据也适用于热处理态 HEAs。2014 年，王志军[9]采用 VEC 参数提出热处理态 HEAs 的相形成判据。当 VEC>7.8 时，易形成 FCC 相，与铸态形成判据差异较小；当 VEC<6.0 时，易形成 BCC 相，该区域与铸态 HEAs 相比，明显偏小。因此，热处理能够缩小 BCC 固溶体相的范围。

2011 年，Pauling(鲍林)电负性 Δx(描述原子吸引电子靠近自己的倾向)应用于 HEAs 的设计[15]，平均电负性 $\Delta x=\sqrt{\sum_{i=1}^{N} c_i(x_i-\overline{x})^2}$，$\overline{x}=\sum_{i=1}^{N} C_i x_i$，$x_i$ 是第 i 个元素的 Pauling 电负性。研究表明，当 ΔX 较小时易得到固溶体相，但同时金属间化合物及金属玻璃也能够生成。因此，该判据不易将固溶体相、金属间化合物及金属玻璃区分。高熵合金能够生成 TCP 相，且 TCP 相易提高 HEAs 硬度而降低延展性，因此探究 TCP 相的形成规律较为重要。卢一平[16]研究发现，Pauling(鲍林)电负性 Δx 与 TCP 相的稳定性具有很好的相关性，当 $\Delta x>0.133$ 时，HEAs(含有大量 Al 元素的除外)中易生成 TCP 相(包括 σ 相)；当 $\Delta x<0.117$ 时，无 TCP 相生成；而当 $0.117<\Delta x<0.133$ 时，TCP 的形成具有不确定性。

与上文鲍林电负性不同，Polettti[13]提出 Allen 电负性 Δx_{Allen}，并与原子尺寸差参数 δ 共同预测固溶体相形成规律，判据显示，当 $1\%<\delta<6\%$，且 $3\%<\Delta x_{\text{Allen}}<6\%$ 时，只有固溶体相形成。Yurchenko[17]将上述 2 个参数(Δx_{Allen} 和 δ)用于 Laves 相的预测，通过对大约 150 种 HEAs 的 Laves 相形成规律的研究发现：当 $\delta>5\%$，$\Delta x_{\text{Allen}}>7\%$ 时，才有 Laves 相生成，该判据只有个例不满足。Yurchenko 还发现，Allen 电负性比 Pauling 电负性预测更准确。

d 轨道能级的平均值：$\overline{M_{\text{d}}}=\sum_{i=1}^{n} c_i M_{\text{d}i}$，该参数最早用于 Fe 基、Co 基、Ni 基等高温合金 TCP 相形成判据。由于 HEAs 含有大量过渡族金属，与高温合金类似，因此，张勇[18]提出将其用于高熵合金以预测 TCP(包括 σ 相)相的形成。$\overline{M_{\text{d}}}$ 与金属元素的半径和电负性有较大关系，其随金属元素半径的增大而增大，随电负性的增大而减小。如图 2-9 所示，此判据显示当 $\overline{M_{\text{d}}}$ 大于 1.09 时，可生成 TCP 结构，但对于含有较多的 Al、V 元素的 HEAs 不适用，相关机理仍需进一步研究。

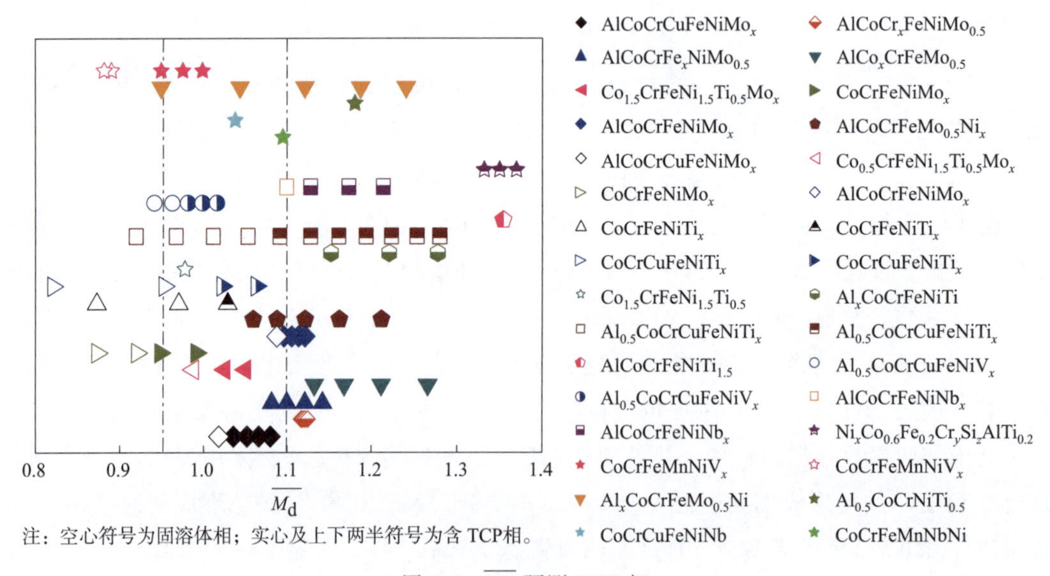

图 2-9 $\overline{M_{\text{d}}}$ 预测 TCP 相

2.1.5　其他物化参数的提出

2015 年，杨勇[19]提出参数 ϕ，其公式为

$$\phi=\frac{S_c-S_H}{|S_e|} \tag{2-7}$$

式中，$S_H=|H_a|/T_m$；S_c 为理想气体状态下的混合熵；S_e 为原子排列、原子半径差异导致的混合熵。该判据用于区分单相和多相固溶体：当 $\phi>20$ 时，为单相固溶体；当 $\phi<20$ 时，为多相固溶体。

同年，王志军[20]提出 γ 参数，γ 是一种反映原子填充不匹配和拓扑不稳定性的指标，公式为

$$Y=\omega_{min}/\omega_{max} \tag{2-8}$$

式中，$\omega_{max}=1-\sqrt{\dfrac{(r_{max}+\bar{r})^2-\bar{r}^2}{(r_{max}+\bar{r})^2}}$；　$\omega_{min}=1-\sqrt{\dfrac{(r_{min}+\bar{r})^2-\bar{r}^2}{(r_{min}+\bar{r})^2}}$。

r_{max} 和 r_{min} 分别为最大和最小原子半径。该判据显示：当 $\gamma<1.175$，多组分合金更易形成固溶体相，相反则易形成非金属间化合物和非晶相。Hume-Rothery 固溶体形成准则中，最大原子半径差异为 15%时，对应的原子堆积错配值 $\gamma=1.167$，也在此判据内。此判据为形成固溶体相的必要条件，而非充分条件，其他参考因素如混合焓、电负性和电子浓度也应考虑进去。杨勇[21]通过计算固有残余应变(实验确定的晶格常数或使用理想的原子填充分数作为近似值)，将单相固溶体、多相固溶体和非晶区分，该参数本质与 δ 类似，公式为

$$\langle\varepsilon^2\rangle^{1/2}=\sqrt{\sum_{j=1}^{n}c_j\varepsilon_j^{\,2}} \tag{2-9}$$

当残余应变均方根 $\langle\varepsilon^2\rangle^{1/2}$ 小于 5%时，均为单相固溶体；当残余应变均方根大于 10%时，为非晶(金属玻璃)；介质两者之间为多相结构。King[22]提出了参数 Φ 预测单相固溶体，其公式为

$$\Phi=\frac{\Delta G_{ss}}{-|\Delta G_{max}|} \tag{2-10}$$

ΔG_{ss} 指由单个元素的混合物形成完全无序的固溶体时吉布斯自由能的变化值；ΔG_{max} 指二元体系形成的最低(金属间化合物)或最高(元素分离)的吉布斯自由能。该方法基于 Miedema 模型计算混合焓，对于现有的 185 个合金体系，成功预测出 177 个。该判据为：当 $\Phi>1$ 时，能够形成稳定的固溶体；当 $\Phi<1$ 时，形成金属间化合物或多相结构。将不同尺寸和电子亲和性的原子混合在一起就会导致严重的晶格畸变，进而引起原子间距的不同，此过程也与晶体局部弹性变形有关。因此，2016 年，Caraballo[23]提出两个新参数 S_m、K_m。S_m 为原子间距的错配度；K_m 为块体模量的错配度。研究发现：K_m 和 S_m 参数能够将块体金属玻璃(BMG)、金属间化合物(IM)与固溶体相(SS)区分开来，即当 $S_m>1.5\%$时，更易形成

BMG;原子间距错配与原子尺寸错配表现出相似的行为;块体模量错配 K_m 能够较好的识别HEAs的晶体结构,当其较高时($K_m>4$)更倾向于形成BCC结构。

高熵合金的微观组织可能含有多种不同的相,包括固溶体相、金属间化合物相甚至非晶相。Xu等[24]认为其取决于合金的成分和凝固时的冷却速率,应在此背景下讨论高熵合金中固溶体相、金属间化合物相和非晶相之间的相选择。其对 Al_xCoCrCuFeNi HEAs相形成规律进行探究,熔化旋转速率(冷却速率:动力学参数)和Al含量的变化(混合焓)对相形成有一定影响。研究发现,随着Al含量的增加,结构由FCC为主向BCC为主转变;FCC、BCC的体积分数则强烈依赖于冷却速率。

综上所述,物化参数在相预测方面发挥着重要的作用。还可以发现,构型熵不总是主要参数,还有混合焓、原子尺寸差异、电子结构等,将各参数有效的组合在一起,能够提高相预测的准确性。物化参数有一定借鉴意义,可以粗略估计多组分合金的生成相,但因其来源于某一确定系统中的实验数据,它不一定可以应用于其他系统,因此需要更为全面的方法来克服系统的变化。目前对FCC、BCC研究较多而HCP、斜方晶等结构研究较少。

2.2 计算、模拟的方法

2.2.1 第一性原理和分子动力学计算

第一性原理是指预测物性不用试验参数,仅通过电荷、电子质量和普朗克常数计算。这里所指的第一性原理是指基于密度泛函理论(density functional theory,DFT)的第一性原理,该计算方法能够从理论计算角度系统地研究高熵合金,这对于加深对HEAs的理解和认识十分必要。基于密度泛函理论框架下的精确糕模势轨道(exact muffin-tin orbitals,EMTO)通过采用优化的交叠势球构型和全电荷密度来分别描述单电子势函数和计算体系的总能量,此方法不仅可以提高计算效率,同时也能保证具有足够的计算精度。而相干势近似模型(coherent potential approximation,CPA)可以解决第一性原理计算过程中的多主元置换型固溶体的无序性模型问题。因此,EMTO-CPA相结合的方法是有效解决多主元复杂合金第一性原理计算问题的方法之一。

基于量子力学的从头算分子动力学模拟(ab initio molecular dynamics,AIMD)可以预测液态原子结构,更好地理解复杂合金的凝固行为。Santodonato等[25]的AIMD模拟结果表明,在 $Al_{1.3}$CoCrCuFeNi高熵合金凝固过程中,短程有序对(Al-Ni、Cr-Fe和Cu-Cu)在液相中可能为B2有序相的形核点,AIMD能够预测短程有序相的形成趋势。与传统的分子动力学(MD)模拟相比,AIMD模拟不需要通过实验得到原子间的相互作用势,可行性更高,使用更方便。Feng等[26]采用DFT计算方法预测二元、三元和四元体系中实际成分的生成焓。对于 $L2_1$ 相,计算得出 $AlFe_2Ti$ 的生成焓为−44 kJ/mol,$AlMn_2Ti$ 的生成焓为−19 kJ/mol,

$AlCr_2Ti$ 的生成焓为－4 kJ/mol，其中 $AlFe_2Ti$ 相是稳定的三元相；当采用 Fe 或 Mn 替代 Cr 元素时，相应的生成焓线性增加，DFT 计算结果与实验结果相吻合。丁欣恺[27]采用第一性原理方法对 $NbMoTaWV_x$ 高熵合金的相与结构进行了预测，研究结果表明：当 $0\leqslant x\leqslant 1.5$ 时，$NbMoTaWV_x$ 高熵合金在平衡态中的最稳定构型为 BCC 结构；随着组元 V 含量的增加，其密度、晶格尺寸和体心立方相的稳定性逐渐减小。

2.2.2　CALPHAD 相图计算

虽然通过实验方法来确定二元和简单三元合金相图是必要且可行的，但这对于较大范围成分变化和温度变化的多元合金仍有较大困难。为解决这一问题，Kaufman 和 Bernstein 在 1970 年提出相图热力学计算（calculation of phase diagrams，CALPHAD）的方法。该方法的本质是根据实验或理论计算的研究对象热力学参数以及已知的相图数据，建立描述体系中各相的热力学模型和相应的自由能表达式，最终获得热力学体系自洽性的相图或描述各相热力学性质的相关函数。CALPHAD 方法最大的优势是通过对其组成的二元系统或三元系统来预测、推导多组元系统相图。与传统的只关注一个或两个主要组分区域的热力学数据库不同，HEAs 热力学数据库需要覆盖一个多组分系统的几乎整个组分空间。大量的研究结果表明，采用 CALPHAD 方法得到的计算结果和实验结果基本吻合，其可以作为高熵合金设计的参考。相图形象地表示了系统中各种相的关系，它提供了相作为成分构成、温度、压力函数的一些细节信息，是材料科学工程在合金设计和发展中的指导图。采用 CALPHAD 方法可研究多组元合金的 FCC 和 BCC 相的形成。由于 FCC 比 BCC 结构的动力学效应更大，因此采用 CALPHAD 方法来预测 FCC 相组成精确性要差一些。CALPHAD 方法还可以预测 $Al_xCoCrFeNi$ 高熵合金铸态和热处理态 FCC/BCC 相转变[28]。近期，Gao 和 Senkov 等使用 CALPHAD 相图设计了大量高熵合金。如新型 HCP 结构高熵合金：CoFeMnNi、CuNiPdPt、CuNiPdPtRh[29] 和单相 BCC 难熔高熵合金：HfMoNbTiZr、HfMoTaTiZr、NbTaTiVZr、HfMoNbTaTiZr、HfMoTaTiVZr 和 MoNbTaTiVZr[30]。因此，学者 Gao、Senkov 等认为 CALPHAD 是设计 HEAs 最直接的方法。

Senkov[31]研究了组元数对不同相体积分数的影响，研究发现：随着主成分数量的增加，固溶体相（SS）的体积分数比例逐渐减小；而固溶体＋金属间化合物（SS＋IM）的体积分数比例逐渐增大，如图 2-10 所示。这表明，尽管增加主成分数量会使固溶体相的最大构型熵缓慢增加，但同时也会大大降低金属间化合物的形成焓，从而更有利于金属间化合物的形成。

Feng 等[26]利用 Al-Cr-Fe-Mn-Ti 体系热力学数据库对 BCC 相及 $L2_1$ 相的形成进行计算模拟。研究发现，基于 DFT 的 CALPHAD 能够很好地将 BCC 相和 $L2_1$ 相的形成规律计算出来，在 $Al_{1.5}CrFeMnTi$ 合金中，BCC 相首先在 1 403 ℃下形成，当温度介于 700～1 360 ℃时，为该合金中主要的生成相；$L2_1$ 相在 837 ℃以下可以稳定存在。并同时用实验验证了模拟结果。Coury[32]采用 CALPHAD 法设计了难熔 HEAs，研究发现：基于 TCHEA2 数据库的 CALPHAD 预测结果与实验结果吻合度较高。计算的 HfNbTaTi,MoNbTaTi,WNbTaTi 和 CrMoNbTi 合金具有大片单相 BCC 区域,与铸态和 1 400 ℃热处理后的实验结果一致,但含 Al 合金的计算有一定偏差。CALPHAD 方法也有局限性:数据库必须包括所有组分的二元和三元合金系统,当数据库未能包含所有二元和三元合金系统时,CALPHAD 模拟方法的准确性应降低。该方法对三元合金的描述与实验结果仍有差距,因此有待优化[33]。

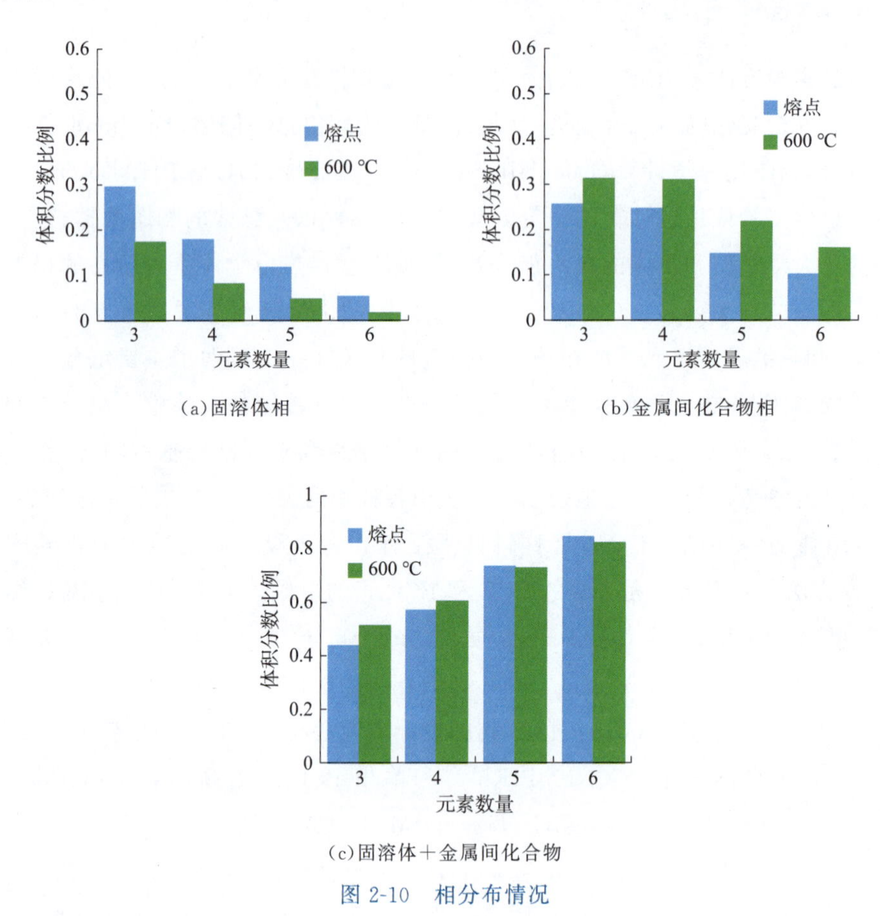

图 2-10　相分布情况

2.2.3　机器学习

Islama[34]采用人工神经网络(artificial neural network,ANN)算法对相选择进行预测,其训练的神经网络模型的准确率平均达 83%。随着学习的进行,准确率逐渐增大。四组交叉验证数据集的泛化准确率分别为 86.7%、83.3%、86.2%、75.9%,平均准确率为 83.0%。虽然 83.0%的预测精度是一个可以接受的水平,但通过更大的数据集推测可以获得更高的泛化精度。此外,训练后的神经网络参数表明,价电子浓度 VEC 在确定相的过程中起主导作用。由于密度泛函理论(DFT)计算非常耗时,而且在处理过渡金属原子的 d 轨道方面存在不确定性，而 HEAs 通常含有过渡金属。因此，Huang[35] 采用机器学习算法探索相形成准则。其分别采用最近邻算法（k-nearest neighbours，KNN）、支持向量机（support vector machine，SVM）、人工神经网络 3 种算法进行计算，检测精度分别达 68.6%、64.3%、74.3%。采用人工神经网络算法区分固溶体＋金属间化合物相与金属间化合物相时，测试精度达 94.3%，为 3 种机器学习算法中最佳的算法。Huang 还对 δ、VEC、ΔH_{mix}、ΔS_{mix}、ΔX 5 个参数的重要性进行评价，发现 δ、VEC 参数对相选择更为重要。

从上述相形成判据可以看出，经过众多学者的共同努力，已经开发了多种高熵合金的设计、相形成规律、相判据的方法。尤其针对不同类型的高熵合金提出了不同的相判据。根据多年的实验验证，ΔH_{mix}、δ、Ω、VEC 等相判据为高熵合金的设计提供了一定指导意义。新近采用的第一性原理、机器学习等方法对合金设计也有一定的指导作用。材料的成分和组织决定了材料最终的性能，多主元成分设计使得高熵合金相组成可能复杂，如何准确地预测出给定成分的合金的形成相，对高熵合金材料设计至关重要。随着高熵合金的快速发展，相判据、相形成规律领域可能还需要与时俱进地更新。

参考文献

[1] GORSSE S，COUZINIE J P，MIRACLE D B. From high-entropy alloys to complex concentrated alloys [J]. Comptes Rendus Physique，2018，19(8)：721-736.

[2] MIRACLE D B . High entropy alloys as a bold step forward in alloy development[J]. Nature Communications，2019，10(1)：1805.

[3] GREER A L. Confusion by Design[J]. Nature，1993，366：303-304.

[4] YEH J W. Alloy design strategies and future trends in gigh-entropy alloys[J]. JOM，2013，65(12)：1759-1771.

[5] ZHANG Y，ZHOU Y J，LIN J P，et al. Solid-solution phase formation rules for multi-component alloys[J]. Advanced Engineering Materials，2008，10(6)：534-538.

[6] GUO S，LIU C T. Phase stability in high entropy alloys：Formation of solid-solution phase or amorphous phase[J]. Progress in Natural Science：Materials International，2011，21：433-446.

[7] SHEIKH S，MAO H H，GUO S. Predicting solid solubility in $CoCrFeNiM_x$ (M= 4d transition metal) high-entropy alloys[J]. Journal of Applied Physics，2017，121：194903.

[8] ZHANG Y，LU Z P，MA S G. Guidelines in predicting phase formation of high-entropy alloys[J]. MRS Communications，2014，4：57-62.

[9] WANG Z J，GUO S，LIU C T. Phase selection in high-entropy alloys：from nonequilibrium to equilibrium[J]. JOM，2014，66(10)：1966-1972.

[10] YANG X，ZHANG Y. Prediction of high-entropy stabilized solid-solution in multi component alloys [J]. Materials Chemistry and Physics，2012，132：233-238.

[11] GUO S，NG C，LU J，et al. Effect of valence electron concentration on stability of fcc or bcc phase in high entropy alloys[J]. Journal of Applied Physics，2011，109：103505.

[12] TSAI M H,TSAI K Y,TSAI C W,et al. Criterion for sigma phase formation in Cr- and V-containing high-entropy alloys[J]. Materials Research Letters,2013,1(4):207-212.

[13] POLETTI M G,BATTEZZATI L. Electronic and thermodynamic criteria for the occurrence of high entropy alloys in metallic systems[J]. Acta Materialia,2014,75:297-306.

[14] TIAN F Y,VARGA L K,CHEN N X,et al. Empirical design of single phase high-entropy alloys with high hardness[J]. Intermetallics,2015,58:1-6.

[15] GUO S,LIU C T. Phase stability in high entropy alloys:formation of solid-solution phase or amorphous phase[J]. Progress in Natural Science:Materials International,2011,21:433-446.

[16] DONG Y,LU Y P,JIANG L,et al. Effects of electro-negativity on the stability of topologically close-packed phase in high entropy alloys[J]. Intermetallics,2014,52:105-109.

[17] YURCHENKO N,STEPANOV N,SALISHCHEV G. Laves-phase formation criterion for high-entropy alloys[J]. Materials Science and Technology,2016,33(1):17-22.

[18] LU Y P,DONG Y,JIANG L,et al. A criterion for topological close-packed phase formation in high entropy alloys[J]. Entropy,2015,17:2355-2366.

[19] YE Y F,WANG Q,LU J,et al. Design of high entropy alloys:A single-parameter thermodynamic rule[J]. Scripta Materialia,2015,104:53-55.

[20] WANG Z J,HUANG Y H,YANG Y,et al. Atomic-size effect and solid solubility of multicomponent alloys[J]. Scripta Materialia,2015,94:28-31.

[21] YE Y F,LIU C T,YANG Y. A geometric model for intrinsic residual strain and phase stability in high entropy alloys[J]. Acta Materialia,2015,94:152-161.

[22] KING D J M,MIDDLEBURGH S C,MCGREGOR A G,et al. Predicting the formation and stability of single phase high-entropy alloys [J]. Acta Materialia,2016,104:172-179.

[23] CARABALLO I T,RIVERA P E J. A criterion for the formation of high entropy alloys based on lattice distortion[J]. Intermetallics,2016,71:76-87.

[24] XU X D,GUO S,NIEH T G,et al. Effects of mixing enthalpy and cooling rate on phase formation of Al_xCoCrCuFeNi high-entropy alloys[J]. Materialia,2019,6:100292.

[25] SANTODONATO L J,ZHANG Y,FEYGENSON M,et al. Deviation from high-entropy configurations in the atomic distributions of a multi-principal-element alloy[J]. Nature Communications,2015,6:59-64.

[26] FENG R,GAO M C,ZHANG C,et al. Phase stability and transformation in a light-weight high-entropy alloy[J]. Acta Materialia,2018,146:280-293.

[27] 丁欣恺,孙琨,张猛,等. 利用第一性原理计算方法对 $NbMoTaWV_x$ 高熵合金的研究[J]. 西安交通大学学报,2018,52(11):86-92.

[28] 赵雪柔,吕煜坤,石拓. 高熵合金相形成理论研究进展[J]. 材料导报,2019,33(4):1174-1181.

[29] GAO M C,ZHANG B,GUO S M,et al. High-entropy alloys in hexagonal close-packed structure[J]. Metallurgical and Materials Transactions A,2016,47(7):3322-3332.

[30] GAO M C,CARNEY C S,DOGAN O N,et al. Design of refractory high-entropy alloys[J]. JOM,2015,67(11):2653-2669.

[31] SENKOV O N,MILLER J D,MIRACLE D B,et al. Accelerated exploration of multi-principal element alloys with solid solution phases[J]. Nature Communications,2015,6:6529.

[32] COURY F G,BUTLER T,CHAPUT K,et al. Phase equilibria,mechanical properties and design of

quaternary refractory high entropy alloys[J]. 2018 Materials and Design, 2018, 155: 244-256.

[33] 姚宏伟. 耐高温高熵合金的成分设计和性能优化[D]. 太原:太原理工大学,2017.

[34] ISLAMA N, HUANG W J, ZHUANG H L. Machine learning for phase selection in multi-principal element alloys[J]. Computational Materials Science, 2018, 150: 230-235.

[35] HUANG W J, MARTIN P, ZHUANG H L. Machine-learning phase prediction of high-entropy alloys [J]. Acta Materialia, 2019, 169: 225-236.

第3章 高熵合金的力学性能

高熵合金受到广泛的关注，不仅是由于其多主元成分而形成简单的固溶体结构，还有其具有优异的力学性能，例如：较高的强度、硬度、抗高温软化、耐磨性、低温断裂韧性等。高熵合金的多主元特性使其在变形过程中表现出多重变形机制（包括：位错、孪生、相变）的协同，进而表现出上述优异的性能。因此，高熵合金被认为是极具应用潜力的新型高性能金属结构材料。本章将从硬度、压缩性能、拉伸性能、高温力学性能、疲劳和蠕变性能等五个方面对高熵合金的力学行为进行概述。

3.1 硬　　度

硬度是材料的一种力学性能，它表示材料对塑性变形的抗力，HEAs 的硬度通常选用维氏硬度表示，单位为 HV。由于合金体系的不同，HEAs 的硬度值跨度较大，由 130 HV 至 1 100 HV 不等[1]。由于高硬度、高强度的特点，受到学者们广泛的关注。2004 年，高熵合金一经问世，叶均蔚教授就比较了 HEAs 与其他各类合金的硬度（包括铸态和退火态）[1,2]。由图 3-1 可知，与不锈钢、钛合金等传统合金相比，HEAs 不仅硬度高，而且具有显著的抗退火软化特点。

通常来说，HEAs 由于较大的晶格畸变，易导致其硬度值较高，采用特殊工艺控制晶粒尺度或生成相，可能进一步提高其硬度值。Youssef 等[3]设计了 $Al_{20}Li_{20}Mg_{10}Sc_{20}Ti_{30}$ 轻质高熵合金，并通过机械合金化法制备，使其形成纳米晶结构（平均粒径约为 12 nm），显微硬度达 606 HV。Zhang 等[4]通过激光熔覆制备了高硬度的 $AlSiTiCrFeCoNiCuMoB_{0.5}$ HEAs，由于含有板条状马氏体相，该合金硬度高达 1 122 HV。Sanchez 等[5]通过 CALPHAD（相场）法开发设计了 $Al_{65}Cu_5Mg_5Si_{15}Zn_5X_5$ 和 $Al_{70}Cu_5Mg_5Si_{10}Zn_5X_5$（X＝Fe、Ni、Cr、Mn、Zr）两类轻质高熵合金，密度约为 3 g/cm^3。由于 Al_4MnSi 第二相强化的影响，导致其显微维氏硬度值与其他轻质材料相比较高，达 260 HV，为商用铝合金硬度的 2～3 倍。课题组采用超重力法设计并制备的 Al-Zn-Li-Mg-Cu 系轻质高熵合金硬度在 200 HV 以上，高于传统的铸造铝合金和 Al-Mg-Zn 铝合金[6]，如图 3-2 所示。

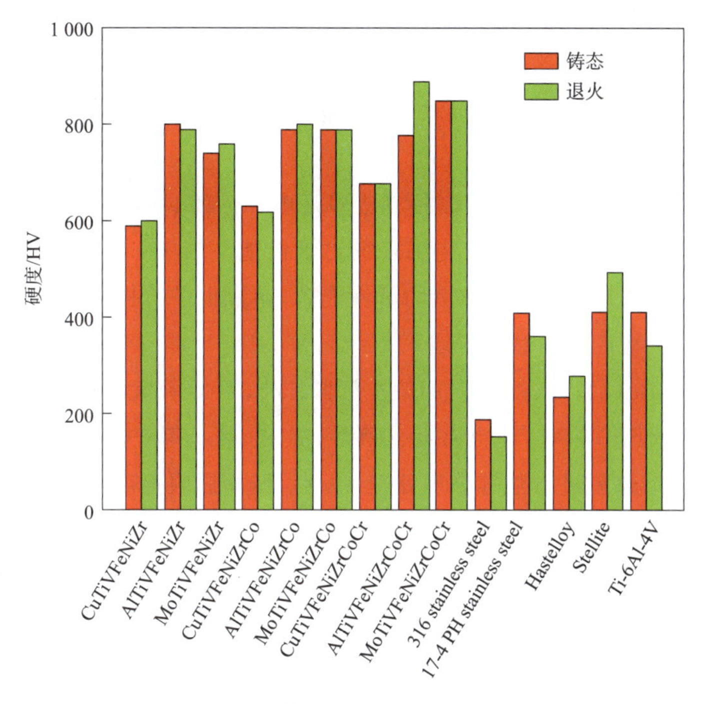

图 3-1　铸态与退火态硬度比较

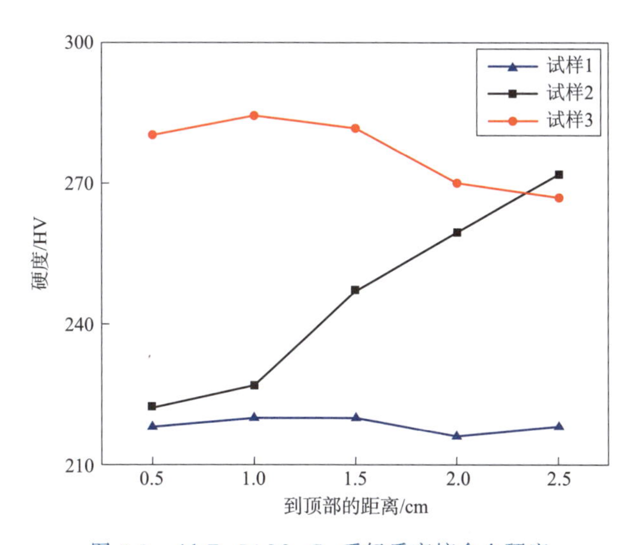

图 3-2　Al-Zn-Li-Mg-Cu 系轻质高熵合金硬度

Gorr 等[7]设计了 MoWAlCrTi 难熔高熵合金(RHEAs),其铸态具有双相结构,硬度较低且具有分散性;经 1 200 ℃热处理 40 h 后,变为均匀单相 BCC 结构,且硬度由铸态时最高的 685 HV 升高至 802 HV,显著提升。合金元素也对 HEAs 的硬度值有较大影响。He 等[8]对$(FeCoNiCrMn)_{100-x}Al_x$系列 HEAs 的力学性能进行了较为全面的研究,其微观结构随 Al 含量的增加由 FCC 向 BCC 过渡,硬度值也随 Al 含量的增加而逐渐增大,从 176 HV 增加至 538 HV,并将其分为 3 个区域:硬度缓慢增长区(Ⅰ)、快速增长区(Ⅱ)和稳定区(Ⅲ)。

3.2 压缩性能

在 HEAs 研究的初期阶段,由于制备方法多是电弧熔炼,所制样品尺寸有限,难以达到拉伸试样尺寸要求,因此多采用压缩测试表征力学性能。当 HEAs 塑性较差(例如大部分 BCC HEAs),不宜采用拉伸试验表征其力学性能时,通常也进行压缩测试。具体而言,压缩性能一般通过圆柱试样的压缩载荷评定。

大量研究表明,BCC HEAs 压缩屈服强度非常高,可以和大块金属玻璃媲美;而 FCC HEAs 的强度低,而延伸率高。但也有部分例外,如 Senkov 等[9]设计了 BCC TaNbHfZrTi HEAs,其真空电弧熔炼后进行热等静压处理 3 h 后,压缩屈服强度为 929 MPa,延伸率大于 50%,是少有的具有较好塑性的 BCC 结构 HEAs。

合金元素对 HEAs 压缩性能有较大影响,例如 Ti、Cu、Al 等。Zhou 等[10]研究发现,AlCoCrFeNi HEAs 中添加适量 Ti 元素构筑的 $AlCoCrFeNiTi_x$ HEAs 能够显著提高合金的强度,当 $x=0.5$ 时,$AlCoCrFeNiTi_{0.5}$ 合金屈服强度达 2.2 GPa,压缩延伸率为 25%。如此高的强度来源于 Ti 元素在 BCC 晶格中的固溶强化效果,因为 Ti 原子半径大于其他基体元素 Co、Cr、Fe 和 Ni 的原子半径,能够显著提高合金的晶格畸变能。随后,Zhou 等[11]在 $AlCoCrFeNiTi_{0.5}$ 体系的基础上探究了 Cu 含量对其压缩性能的影响,研究发现当 Cu 含量由 0 增大到 0.5 时,合金的屈服强度、断裂强度和断裂伸长率均减小。这是由于 Cu 的电负性较大,易导致偏析,从而形成枝晶结构所致。对于 $Al_xCoCrFeNi$ 和 $Al_xCoCrCuFeNi$ 体系,增加 Al 的含量会在 FCC 基体中形成 BCC 相,从而提高抗压强度,但同时降低了塑性。袁尹明月等[12]对 $Al_xCoCrCu_{0.5}FeNi$ HEAs 进行室温压缩试验,研究发现合金的抗压强度随着 Al 含量的增加而增加,由 1 584 MPa 增加到 2 083 MPa,但其塑性随之降低,断裂延伸率由 34%降低到 13%。这也是由于随着 Al 含量的提高,合金中 BCC 相增多所致。

不仅金属元素对 HEAs 的压缩性能有显著影响,非金属元素亦有之。彭振等[13]研究了 B(硼)含量对 $CoCrCu_{0.5}FeNiB_x$ HEAs 的室温压缩性能的影响,结果表明随着 B 含量的增加,合金中出现 CrFeB 的化合物脆性相,虽然合金强度显著提高,但塑性下降;当 $x=0.2$ 时,合金具有优异的综合力学性能,其屈服强度、断裂强度和延伸率分别为 1 300 MPa、1 400 MPa 和 16%。

对于压缩屈服强度相对较低的 FCC HEAs 来说,如 $Al_{0.1}CoCrFeNi$、CoCrFeNi、CoCrFeNiMn 等,表现出良好的塑性和加工硬化能力,有进一步提高其强度的潜力。Rogal 等[14]在 CoCrFeMnNi FCC HEAs 中添加纳米球形 SiC 颗粒以探索高熵合金复合材料的性能。研究发现,经过机械合金化、热等静压处理后,SiC 颗粒弥散分布于基体晶界处,压缩屈服强度由基体的 1 180 MPa 增加至 1 940 MPa,但塑性下降。这是由于第二相粒子与基体之间没有特定的晶体学位向关系，无法被位错线切割，在塑性变形过程中只能被位错线绕过，这类第二相粒子与基体间的界面能往往较高，在塑性变形中极易发生局部应力集中而萌生微裂纹。

上述主要介绍了 FCC、BCC HEAs，除此之外，还有少数 HCP 结构 HEAs。HCP HEAs 通常具有较高的强度而塑性较差的特点。Rogal 等[15]设计的 HCP 结构 HfScTiZr HEAs 在室温压缩下具有优异的加工硬化效果，其铸态的屈服强度为 698 MPa，断裂强度达 1 802 MPa；17%预变形处理后，屈服强度升高至 2 倍，达 1 410 MPa。该合金还具有优异的抗高温软化性能，在 1 000 ℃处理 5 h 后，压缩强度仅略微下降。

2019 年，Sanchez 等[5]通过 CALPHAD（相场）法设计了 $Al_{65}Cu_5Mg_5Si_{15}Zn_5X_5$ 和 $Al_{70}Cu_5Mg_5Si_{10}Zn_5X_5$（X＝Fe、Ni、Cr、Mn、Zr）两类轻质中熵合金，密度约为 3 g/cm^3。由于 Mg_2Si 相由块状转变为汉字形貌，导致其优异的强塑性匹配，最高压缩强度为 608 MPa，塑性变形量为 6%（图 3-3），为轻质合金中性能优异的材料。

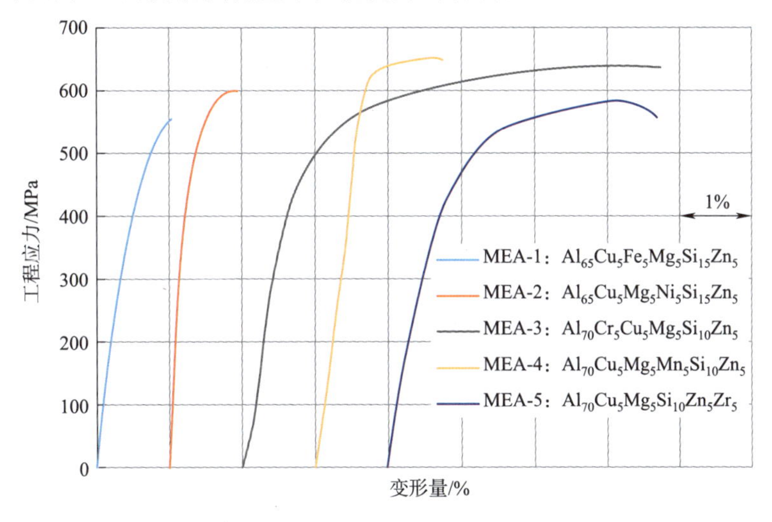

（a）压缩性能曲线

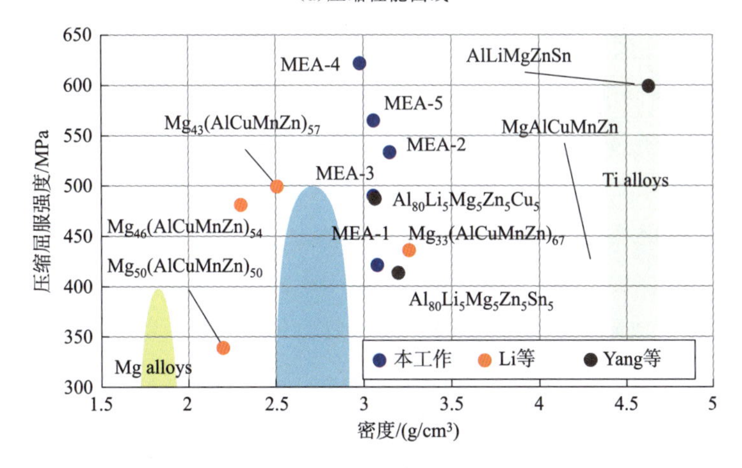

（b）压缩屈服强度

图 3-3　轻质高熵合金的压缩性能曲线及压缩屈服强度的比较

对于样品尺寸有限或塑性较差不宜进行拉伸的 HEAs 材料，通常采用压缩测试表征其力学性能。上文综述了 FCC、BCC、HCP 等不同结构 HEAs 的压缩性能，亦将轻质高熵合金、双相高熵合金的典型压缩性能进行了概述。

3.3 拉伸性能

与传统的高温合金和不锈钢相比，HEAs 在拉伸载荷作用下具有良好的力学性能，是结构应用的理想选择。HEAs 力学性能取决于组成元素和相的结构，同时金属间化合物（σ、Laves 相）对拉伸性能也有显著影响，很多金属间化合物相是脆性相，易成为断裂的起点[16]。

通常来说，在低温至室温范围内，随着温度的降低，合金的强度和变形能力是逐渐降低的。但 Otto 等[17]发现了反常的现象，其采用电弧熔炼、滴铸、轧制、退火工艺制备了等原子比 CoCrFeMnNi HEAs，根据退火温度的不同得到了不同晶粒尺寸（4.4 μm、50 μm、155 μm）的单相 FCC 等轴晶微观组织，并对其进行不同温度下的拉伸试验。研究发现：随着温度的降低，所有晶粒尺寸的 HEAs 屈服强度、抗拉强度、断裂延伸率均提高（由于发生孪生），在 77 K 时，其屈服强度、抗拉强度、断裂延伸率分别达 759 MPa、1 280 MPa、80%。Gludovatz 等[18]揭示了 CoCrFeMnNi HEAs 这一反常的现象。随温度的降低，由室温（293 K）的位错平面滑移为主转变为低温（77 K）的形变诱导纳米孪晶为主。使其在低温时抗拉强度达到 1 280 MPa，拉伸塑性大于 70%的反常力学性能。

金属元素对高熵合金的拉伸性能影响显著，He 等[7]对 $(FeCoNiCrMn)_{100-x}Al_x$，$x=0\sim20\%$ HEAs 的拉伸性能进行了探究，研究结果表明：随着 Al 含量的增加，合金延伸率逐渐减小而屈服强度和抗拉强度逐渐增加，且明显分为两个区域：强度缓慢增长区（也叫延伸率缓慢减小区，Ⅰ）和瞬变区（Ⅱ）。随着 Al 含量的增加，合金的屈服强度、抗拉强度和延伸率分别由 209 MPa、496 MPa、61.7%变为 832 MPa、1 174 MPa、7.7%。

间隙固溶强化是一种合金强化机制，指在基体中添加与基体原子半径差大于 41%的元素，使其进入基体晶格间隙中从而达到强化效果。常见的间隙固溶强化元素有 H、C、B、N、O 五种。由于间隙原子尺寸较小，在高熵合金中可以产生较大的晶格畸变，因而对高熵合金的强化效果会显著大于置换固溶强化。通常认为间隙 O 原子虽然能够显著提高合金强度，但同时会引起塑性的降低，而雷智锋[19]在高熵合金中发现了反常的结果。其在 TiZrHfNb HEAs 中加入特定浓度的 O 原子构筑 $(TiZrHfNb)_{98}O_2$ 合金，由于 O 原子倾向于占据富 Ti/Zr 的间隙位置，形成阻碍位错滑移的有序氧复合体结构，提高了位错形核和增值速率，改善了加工硬化能力，最终使合金表现出优异的拉伸性能。$(TiZrHfNb)_{98}O_2$ HEAs 也是少有的具有优良塑性的 BCC 结构 HEAs。一般来说，金属材料中充氢会导致氢脆效应，大大降低材料的塑性。但骆鸿等[20]发现，在 CoCrFeMnNi HEAs 中充入适量氢，不仅没有导致其变脆，反而提高了强度和韧性。这是由于充氢（氢合金化）降低了合金的层错能，促使纳米孪晶的产生，进而导致“动态 Hall-Petch”效应，提高了合金的加工硬化效果。当充氢 72 h 后，强度、塑性提升至最高，由未充氢的抗拉强度 545 MPa、延伸率 68%提升至 588 MPa、71%，如图 3-4 所示。

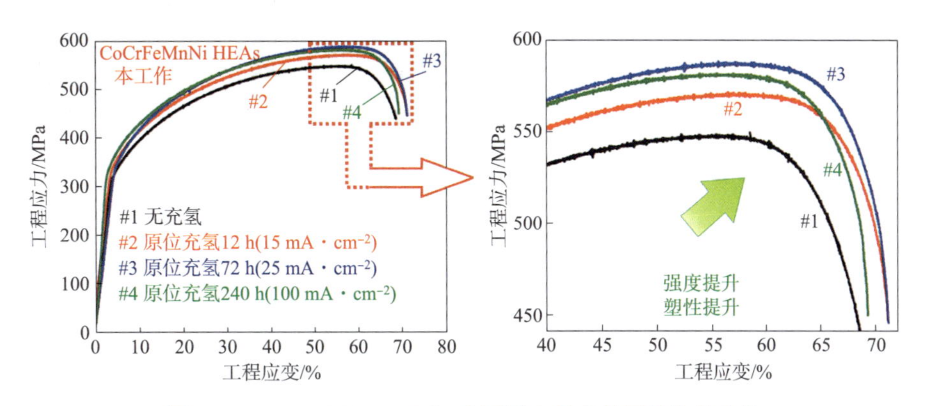

图 3-4　CoCrFeMnNi HEAs 在不同充氢条件下的拉伸曲线

孪晶变形受层错能的影响，降低合金的层错能可以促使合金变形方式由位错滑移变形转变为孪晶变形，进而提高合金的力学性能。Deng 等[21]在 FeCoNiCrMn HEAs 的基础上，将高层错能元素 Ni 去除，设计开发了 FCC 结构 $Fe_{40}Mn_{40}Co_{10}Cr_{10}$ 四元 HEAs。研究发现，经热轧、均匀化处理后，该合金屈服强度为 240 MPa，在 10%以下应变过程中以位错面滑移为主，在大于 10%应变时，变形孪晶也被激活（与 TWIP 钢相似），导致加工硬化率的提高，其抗拉强度为 489 MPa，断裂延伸率为 58%。Huang 等[22]利用亚稳设计策略，通过调控脆性 BCC TaHfZrTi HEAs 各组分相的稳定性，成功地实现了相变诱导延性和加工硬化能力（与 TRIP 钢相似）。传统的 TaHfZrTi 具有单相 BCC 结构，其室温抗拉强度为 1 500 MPa，但延伸率仅为 4%，随着 Ta 元素含量的减少，BCC 相的稳定性降低，合金由单相 BCC 结构向 BCC＋HCP 结构转变，当 Ta 含量分别为 0.6 和 0.5 时，其断裂强度依然接近 1 100 MPa，而延伸率分别增至 20%和 27%，有效解决了 TaHfZrTi BCC HEAs 塑性低的难题。Nene 等[23]设计开发了 $Fe_{42}Mn_{28}Co_{10}Cr_{15}Si_5$ FCC＋HCP 双相亚稳 HEAs（基体为 FCC 结构，占比约 90%），并采用搅拌摩擦工艺细化晶粒。与未细化晶粒的铸态合金相比，屈服强度由 400 MPa 提高至 950 MPa，比李志明设计的双相 HEAs 的强度更高，如图 3-5 所示。

高熵合金中引入纳米结构可以大幅提高强韧性。薛云飞等[24]开发设计了近等原子比 FCC 无序固溶体基体＋高含量韧性 Ni_3Al 型有序纳米颗粒 $Al_{0.5}Cr_{0.9}FeNi_{2.5}V_{0.2}$ HEAs，并且调控至低错配度的共格结构。研究发现，与此 FCC 基体（ST）相比，该结构（有序沉淀相＋无序 FCC 固溶体）提高强度约 1.5 GPa（＞560%），实现了抗拉强度 1.9 GPa，延伸率大于 9%的优异拉伸性能，为目前强度、塑性最佳的 HEAs 之一，如图 3-6 所示。

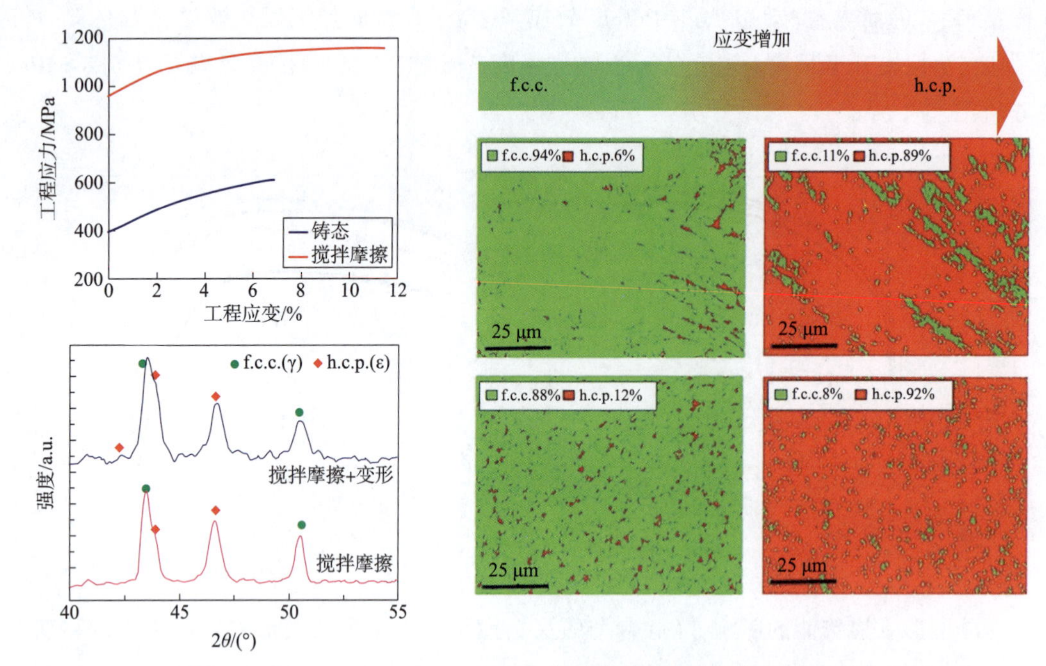

图 3-5 $Fe_{42}Mn_{28}Co_{10}Cr_{15}Si_5$ HEAs 拉伸曲线及拉伸起始态 EBSD 图

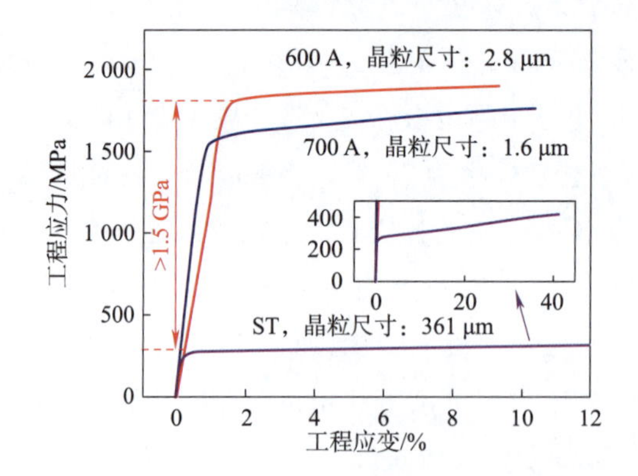

图 3-6 $Al_{0.5}Cr_{0.9}FeNi_{2.5}V_{0.2}$ HEAs 拉伸曲线

付志强等[25]采用机械合金化＋放电等离子体烧结的方法，成功设计并制备了具有高密度的分级纳米结构沉淀相（一级纳米沉淀相 γ'，二级纳米沉淀相 γ^*）FCC 基体＋ BCC 相的 $Fe_{25}Co_{25}Ni_{25}Al_{10}Ti_{15}$ HEAs，大大改善了 FCC HEAs 强度低的问题，其屈服强度、抗拉强度、断裂延伸率分别达 1.86 GPa、2.52 GPa、5.2%。Yang 等[26]设计了 $(FeCoNi)_{86}$-Al_7Ti_7 HEAs，通过多阶段加工硬化行为以及引入高密度韧性纳米颗粒实现了合金的强韧化，其室温拉伸断裂强度达 1 500 MPa，延伸率达 50%，为拉伸性能最优的 HEAs 之一。

卢一平[27]将共晶合金概念引入高熵合金的设计，提出了共晶高熵合金（eutectic high-entropy alloys，EHEAs）的设计理念，不仅有效解决了高熵合金铸造流动性差、成分偏析严重的问题，还同时提高了合金的强度和塑性。卢一平利用共晶合金流动性好的特点，以低成本的铸造方式成功制备出公斤级别的高强、耐高温多主元共晶高熵合金 $AlCoCrFeNi_{2.1}$，该合金的微观组织由软的 FCC 相和硬的 BCC 相组成，以实现强度和塑性的匹配，在常温下铸态时的真应变抗拉强度高达 1.2 GPa，拉伸塑性超过 22%，600 ℃时抗拉强度高达 800 MPa，如图 3-7 所示。

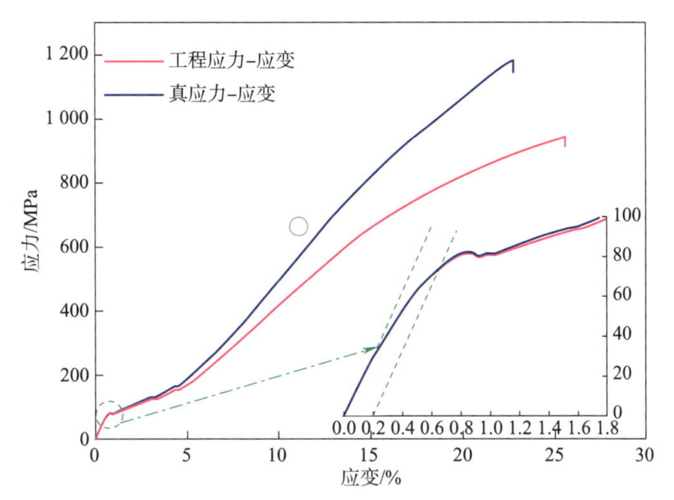

图 3-7　$AlCoCrFeNi_{2.1}$ 共晶高熵合金拉伸性能

时培建[28]基于卢一平设计的共晶高熵合金 $AlCoCrFeNi_{2.1}$ 成分，使用简单可工业化的熔炼-轧制-热处理工艺，首次制备出双相异质层片超细晶结构，实现了共晶高熵合金同时提高强塑性的愿景，其屈服强度可达到 1.5 GPa，塑性达 16%，如图 3-8 所示。分析表明，力学性能的改善可主要归于结构上的约束变形效应以及自生微裂纹捕捉机制。论文首次提出的双相异质层片结构强化机制，为高性能结构材料如高熵合金、轴承钢、工模具钢、高温合金、铝合金、铜合金、钛合金等的强度和塑性提升提供了全新思路。

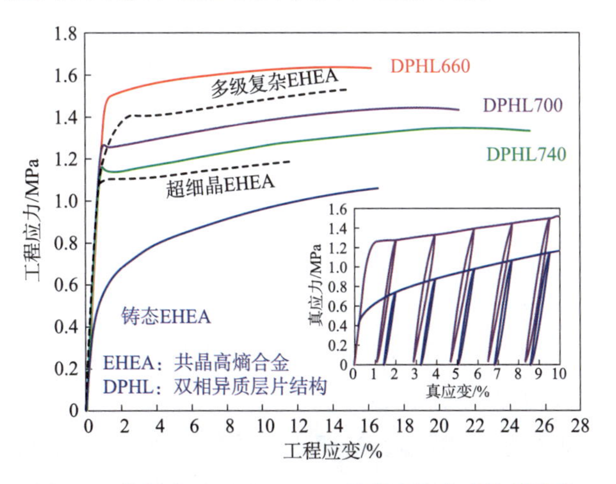

图 3-8　轧制态 $AlCoCrFeNi_{2.1}$ 共晶高熵合金拉伸性能

Jin[29]开发设计了 $Fe_{20}Co_{20}Ni_{41}Al_{19}$ 共晶 HEAs(EHEAs),其具有纳米片层结构,FCC($L1_2$,层厚约 900 nm,占比 60%)相与 BCC(B2,层厚约 700 nm,占比 40%)相交替出现。$L1_2$ 相塑性好,B2 相强度高,再加上具有大量界面的纳米片层结构能够阻碍位错运动,以此实现抗拉强度 1 103 MPa,延伸率 18.7%,兼具 BCC HEAs 的高强度和 FCC HEAs 的高塑性。后续热加工处理仍有提升力学性能的空间。

难熔高熵合金通常具有较高的强度和较差的塑性,Senkov[30]开发设计了可被冷轧的 BCC 结构难熔高熵合金 RHEAs-HfNbTaTiZr HEAs。之所以称为难熔高熵合金,是因为该类高熵合金是由几种高熔点元素组成,具有高的熔点以及优异的高温稳定性。其经 86.4%冷轧处理后,拉伸强度为 1 295 MPa,断裂延伸率为 4.7%,经 1 000 ℃退火后,拉伸强度为 1 295 MPa,断裂延伸率提高至 9.7%,为少有的具有拉伸延展性的 BCC 结构 HEAs。近期,Wu 等[31]对 $Al_x(HfNbTiZr)_{100-x}$ 系 RHEAs 进行了系统探究,经冷轧和热处理后,该合金为 BCC 结构,其抗拉强度为 915 MPa,断裂延伸率为 31.5%,其延伸率可与 FCC 结构 HEAs 相比。

除上述大量的 FCC、BCC 高熵合金外,还有少数 HCP 结构的高熵合金,例如以镧系稀土元素为主的 YGdTbDyHo 高熵合金和以 TiZrHf 系中熵合金。整体来说,HCP 高熵合金的相关研究较少。TiZrHf 系高熵合金的拉伸屈服强度、抗拉强度、延伸率约为 800 MPa、1 GPa、20%,具有较好的强度和塑性。TiZrHfSc 高熵合金屈服强度约为 700 MPa,延伸率接近 20%,与 TiZrHf 系中熵合金性能接近[32]。除了上述力学性能的强韧化方面,高熵合金的力学行为还有一个特点:在变形过程中可能会出现锯齿流变现象[33]。锯齿流变行为是指材料的塑性变形过程中产生的应力或应变垮塌现象,是变形过程中材料局部失稳的外在表现,是材料变形过程中典型的不均匀变形的特征。材料在受到外场作用下产生的锯齿流变现象在时间和空间上呈现出无序的分布,它的形成与材料流变结构单元体紧密相关。作为材料内部流变单元体在时空关联领域无序响应的典型特征,锯齿流变现象在低碳钢、铝镁合金等材料中广泛存在。材料在塑性变形过程中的锯齿流变现象,客观反映了其变形机制和强化机制的特征,例如:间隙溶质原子或置换溶质原子与位错的交互作用、局部剪切失稳、晶界迁移、孪晶及相变的产生等;同时,锯齿流变还受到多种其他因素的影响,例如:温度、应变速率等。对于低碳钢在屈服时的锯齿现象,目前一般认为是碳、氮间隙溶质原子和位错的交互作用(即柯氏气团的影响);对于铝镁合金中的锯齿现象,一般认为是代位溶质原子和位错的交互作用;对于 TRIP 钢来说,其锯齿现象一般认为是应力诱发马氏体相变导致。而对于非晶合金来说,锯齿行为产生的机制争论较多。

关于锯齿流变的研究,较早由 Portevin 等发现。其观察到 Al-Cu 合金在应力-应变曲线上(时域上)表现为连续反复跌落的锯齿屈服现象(serrated yielding)。由于 Portevin A 和 Le Chatelier F 首次提出了这种连续锯齿屈服现象的概念,所以该现象也被称为 Portevin-Le Chatelier(PLC)效应。PLC 效应可以用动态应变时效理论来解释。动态应变时效理论

(dynamic strain aging,DSA)表示在一定的温度和应变速率下,溶质原子可扩散至可动位错线周围,起到钉扎位错作用而阻碍其运动,当外加应力增加到可以克服这种阻力时,可动位错将突然挣脱溶质原子气团的束缚而自由运动,直到再次被扩散的溶质原子钉扎。位错与溶质原子气团之间"钉扎"和"脱钉"的反复进行,宏观上表现为流变应力的锯齿形振动。根据锯齿表现形式的差异,可以分为 A、B、C、D 和 E 五种类型。A 型锯齿是来自重复变形带的周期性锯齿,该变形带始于试样的同一端并沿着标距长度相同方向传播。其特征在于突然上升,然后下降到应力-应变曲线的一般水平以下,主要在应变速率较大或温度较低时出现。B 型锯齿在应力应变曲线水平方向上的波动振幅较小,由移动位错与变形带的不连续传播导致。B 型锯齿通常与 A 型锯齿同时存在,一般在高温和低应变率下锯齿状屈服开始时发生。C 型锯齿是在应力应变曲线波动水平以下发生的屈服下降,因此被认为是由于位错摆脱溶质原子钉扎引起的。与 A 型和 B 型锯齿相比,C 型锯齿通常在更高的温度或更低的应变速率下发生。由于带状传播与 Luders 带相似,因而在移动带前沿没有加工硬化或应变梯度,所以 D 型锯齿在应力应变曲线上是接近平滑的。与 A 型锯齿相似,D 型锯齿通常单独出现或与 B 型锯齿一起出现。E 型锯齿在较高的应变下出现,锯齿特征与 A 型相似,但在传播过程中几乎不产生加工硬化,如图 3-9 所示。A、B、C 三种锯齿类型在大多数合金材料中都能观察到。

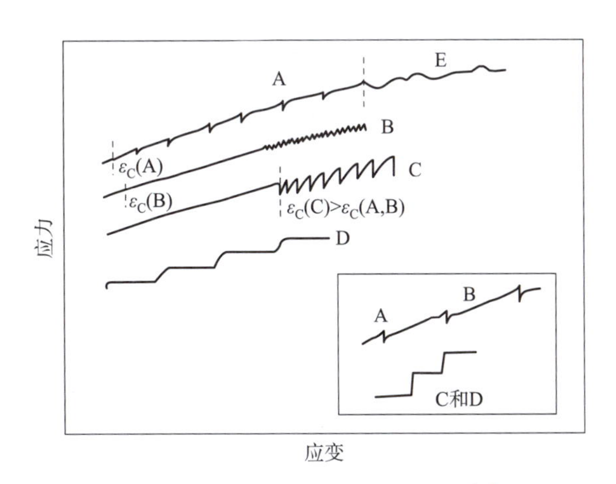

图 3-9 锯齿流变现象的 5 个分类[34]

高熵合金作为新型颠覆性材料、新型结构材料,将在下一阶段我国的装备制造中发挥重要作用,因此对高熵合金锯齿流变行为的研究极为重要。陈淑英等[35]率先在室温下观察到了高熵合金的锯齿流变现象,其制备了系列 Al_xNbTiMoV 高熵合金,在 4 元的 NbTiMoV 高熵合金的变形过程中,多种应变率下,屈服点附近发现了锯齿流变现象,并得出了与柯氏气团对位错的锁定、解锁相关,如图 3-10 所示。课题组对轻质高熵合金的锯齿流变行为进行了研究,结果表明:移动位错与溶质原子的交互作用对锯齿流变行为有较大影响。而加入

Zn 后，合金的锯齿行为减弱，振幅降低，并且随着 Zn 含量的增加，这种趋势越明显。Cu 元素的引入，导致合金中溶质原子大多以析出相的形式存在，从而削弱了与位错之间的交互作用，导致合金的锯齿行为消失。

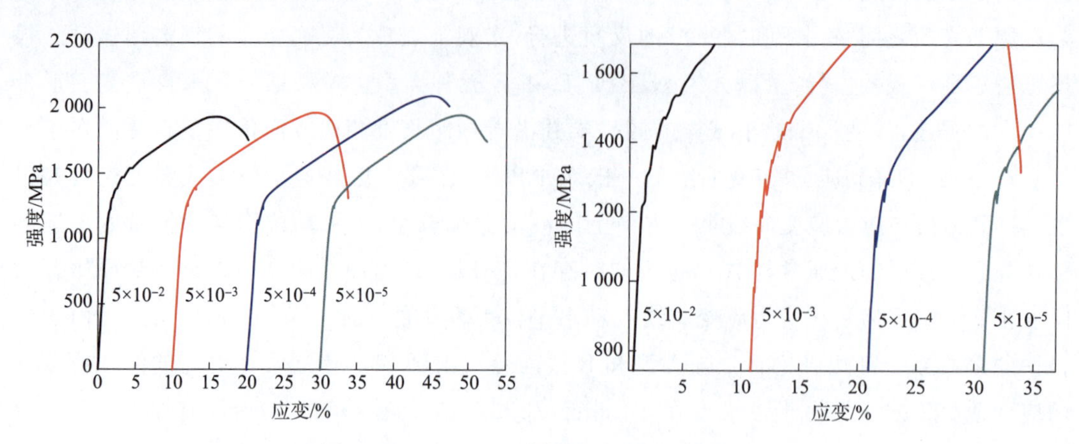

图 3-10　NbTiMoV 高熵合金应力应变曲线

在低温下，高熵合金也有可能出现锯齿流变现象。2013 年，Laktionova 等[36] 发现 AlCoCrCuFeNi 高熵合金在极低温度（7～9 K）下压缩时出现了明显的锯齿流变现象，在此条件下可能是由低温导致塑性变形机制向孪晶转化导致。Antonaglia 等[37] 发现 $Al_{0.5}CoCrCuFeNi$ 高熵合金中也有锯齿流变现象。在 7 K、7.5 K、9 K，应变率 4×10^{-4}/s 时观察到了明显的锯齿流变现象，如图 3-11 所示。

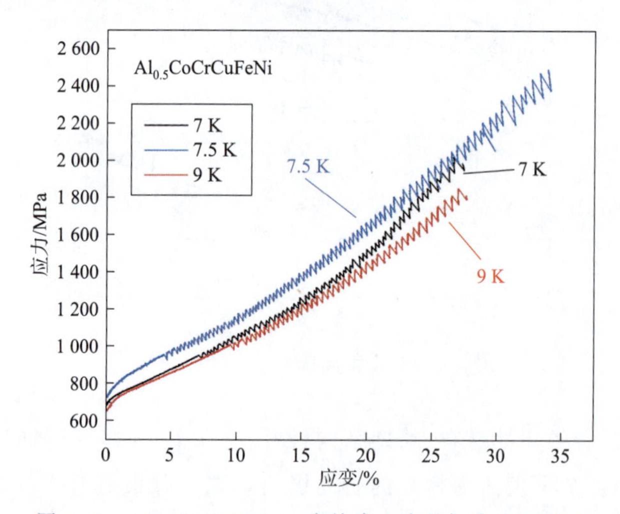

图 3-11　$Al_{0.5}CoCrCuFeNi$ 高熵合金中的锯齿流变现象

高温下，高熵合金也会出现锯齿流变现象。Antonaglia 等[37] 发现 $Al_5Cr_{12}Fe_{35}Mn_{28}Ni_{20}$ 高熵合金在高温（573～673 K）时出现了大量的锯齿流变现象，如图 3-12 所示。可以说 Antonaglia 等在高熵合金锯齿流变行为方面做了较为系统的工作，对不同成分的高熵合金

在低温、高温下的锯齿流变行为进行了较为系统的研究。

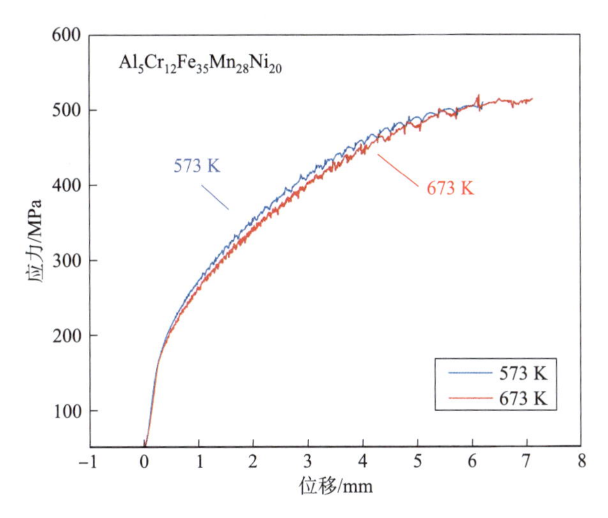

图 3-12　$Al_5Cr_{12}Fe_{35}Mn_{28}Ni_{20}$ 高熵合金的锯齿流变现象

以上研究结果表明，高熵合金在低温、常温、高温时均有可能出现锯齿流变现象，这种现象可能会对高熵合金的服役安全产生一定的影响。锯齿流变现象与材料本征的内因（如晶粒尺寸、第二相、错位及孪晶）和外因（如温度、加载条件）均有关。高熵合金作为新型颠覆性材料、新型结构材料，将在下一阶段我国的装备制造中发挥重要作用，因此对高熵合金锯齿流变行为的研究极为重要。但目前对高熵合金变形机制的研究多集中于变形机制、强韧化等领域，对其锯齿流变的研究较少。这就限制了高熵合金作为新型结构材料的开发及应用，对材料的服役安全造成了潜在隐患。

综上所述，HEAs 拉伸性能日益提高，不仅单一强度或塑性指标，强度-塑性的 trade-off 问题也得到了突破，实现了同时提高强度、塑性的愿景。

3.4　高温力学性能

高熵合金的迟滞扩散效应、较大的晶格畸变效应使其在高温条件下拥有更好的结构稳定性。相比传统合金，高熵合金可以在更高温度下依然保持较高的强度与硬度，展现出卓越的高温应用潜能。

提到高熵合金的高温性能，以难熔元素为组元的难熔高熵合金（RHEAs）是其发展中的里程碑。2007 年，哈尔滨工业大学苏彦庆教授指导硕士生林丽蓉[38]利用 Ti、Zr、Hf、V、Nb、Ta 及 W 七种高熔点元素制备了几种等摩尔比五元合金 TiZrHfVNb、TiZrHfVTa、TiZrHfNbMo、TiZrVHfMo、TiZrVNbMo、TiHfVNbMo、ZrVMoHfNb、TiZrVTaMo，结果表明合金均形成简单的 BCC、HCP 或 BCC+HCP 结构，并对其进行常温力学性能测试，但并未进行高温性能表征。2010 年，美国空军研究实验室 Senkov 以合金的高温性能为出发点，同样使用高熔点元素制备出系列高温性能优异的高熵合金，并将其命名为难熔高熵合金(refractory high entropy alloys，RHEAs)，发表在国际期刊，从此引起国内外学者的广泛关注[39]。

高熵合金为什么具有较好的高温性能呢？可以从吉布斯自由能角度理解。吉布斯自由能公式为

$$\Delta G_{\text{mix}} = \Delta H_{\text{mix}} - T\Delta S_{\text{mix}} \tag{3-1}$$

由式(3-1)可知，温度越高，HEAs 的吉布斯自由能越低，合金体系越稳定，因此从高温稳定性角度来说，HEAs 具有高温领域应用潜力。众所周知，合金相的软化通常发生在熔点 0.6 以上的温度。因此，提高合金熔点可以提高最高工作温度，而 RHEAs 的高熔点远远超过镍基高温合金。与传统高温合金相比，HEAs 优越的抗高温软化性能还可能归因于其缓慢扩散效应。

目前，RHEAs 高温性能的研究主要集中在硬度、高温压缩拉伸性能、抗高温氧化性等。李春玲[40]发现，与传统高温合金相比，RHEAs 在不同温度下的压缩性能均较高，MoNbTaVW 与 MoNbTaW RHEAs 在 1 600 ℃时压缩屈服强度依然可达 400 MPa 以上，明显高于 Inconel 718 和 Haynes 230 高温合金，但该两类 RHEAs 室温塑性差，密度过高，因此有待优化。Wu 等[41]成功制备了等原子比 HfNbTiZr RHEAs，其为单相 BCC 结构，并在 1 573 K 保温 6 h 后仍可保持稳定。该合金为少数能够在室温进行拉伸测试的 RHEAs，其抗拉强度为 969 MPa，断裂延伸率为 14.9%，具有较好的拉伸塑性。对于大多数 RHEAs 来说，屈服强度随着温度的升高而降低，当温度高于 800 ℃时，屈服强度显著降低。例如，CrNbTiVZr RHEAs 在 600 ℃和 800 ℃时的屈服强度分别为 1 230 MPa 和 615 MPa。但是，$AlMo_{0.5}NbTa_{0.5}TiZr$ RHEAs 在 1 000～1 200 ℃仍保持很好的力学性能，除迟滞扩散效应、合金元素熔点高以外，还可能由热稳定性好的纳米沉淀相导致。在 1 200 ℃以上，仅有 MoNbTaW 和 MoNbTaVW 两种合金具有较高的力学性能。例如，MoNbTaVW 在 1 200 ℃即表现出较弱的软化，而 MoNbTaW RHEAs 在 1 600 ℃仍具有较强的抗应变软化能力[42]。

高温氧化性也是 HEAs 高温性能的重要考核指标。Gorr 等[43]设计了 MoWAlCrTi RHEAs，虽然只含 40%的难熔元素(Mo、W)，但具有优异的抗高温氧化性。其在空气中，1 000 ℃下随曝光时间的延长，质量变化呈抛物线形状；曝光 40 h 后，氧化皮厚度仅为 23 μm，表明扩散速度较慢，抗氧化性能较好。但与先进镍基高温合金相比，其抗高温氧化能力仍有待提高。

除难熔高熵合金外，还有高熵高温合金(high entropy-superalloys，HESAs)具有优异的高温性能。Tsao 等[44]设计了 FCC 基体＋$L1_2$ 有序沉淀相的 Ni-Al-Co-Cr-Fe-Ti 系高熵合金，并称之为高熵高温合金(HESAs)。由于高体积分数的 γ' 沉淀相及其高的反相畴界能，使该 HESAs 在室温及高温下的拉伸屈服强度显著提高，虽尚不及镍基高温合金，但已超过多数 HEAs(图 3-13)，具有在高温领域应用的巨大潜力。

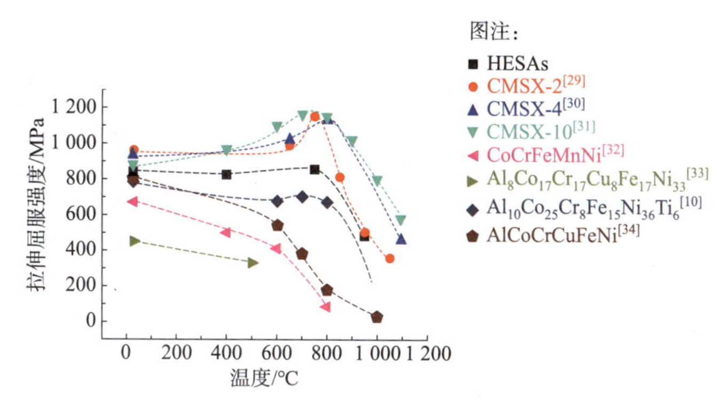

图 3-13　不同温度下 HESAs 与其他合金屈服强度比较

一般来说,具有纳米尺度晶粒或纳米晶的金属在环境条件下表现出较高的强度,但随着温度的升高强度显著降低,不适合在高温下使用。但 Zou 等[45]设计了一种纳米高熵合金,其在高达 600 ℃的温度下,屈服强度超过 5 GPa,比其粗晶形态高一个数量级,是其单晶同类材料的 5 倍。为航空航天、民用基础设施和能源等高应力和高温领域合金的设计提供一种新策略。

难熔高熵合金(RHEAs)和高熵高温合金(HESAs)具有优异的室温、高温力学性能,有望替代传统高温合金。

3.5　疲劳和蠕变性能

除上述有关 HEAs 的压缩性能、拉伸性能、高温性能等研究领域外,还有少量 HEAs 疲劳性能和蠕变性能的探究。

疲劳破坏过程通常分为疲劳裂纹萌生、疲劳裂纹稳定扩展、裂纹失稳断裂三个阶段。与合金的软化温度和熔点具有正相关性类似,合金的疲强度也随抗拉强度有关。因此,由于 HEAs 的抗拉强度较高,通常认为其疲劳强度也较高。Lewandowski 等[46]对铸态 Al-Cr-Fe-Ni 系 HEAs 的疲劳性能进行研究,发现其具有高的疲劳门槛值(20 MPa · $m^{1/2}$ 以上)。Hemphill 等[47]探究了 $Al_{0.5}$CuCoNiFeCr HEAs 的疲劳性能。研究发现,由于富含氧的 Al 原料导致其疲劳强度为 540～945 MPa 之间,有较大的离散性。因此,疲劳强度与抗拉强度比介于 0.402～0.703 之间,减少有关缺陷能够提高疲劳强度的最低值,使其更加优于不锈钢、钛合金、镍基高温合金和非晶合金等。Thurston 等[48]研究了温度对 CrMnFeCoNi HEAs 疲劳裂纹扩展行为的影响。研究结果表明,当温度由室温(293 K)降低至低温(198 K)时,疲劳门槛值由 4.8 MPa · $m^{1/2}$ 增加至 6.3 MPa · $m^{1/2}$,增幅超过 30%,且断口形貌由穿晶断裂向沿晶断裂转变,并揭示了低温下该合金强度高导致疲劳门槛值随温度的降低而升高这一现象的机理,如图 3-14 所示。上述研究均表明,高熵合金具有更加优异的疲劳性能。

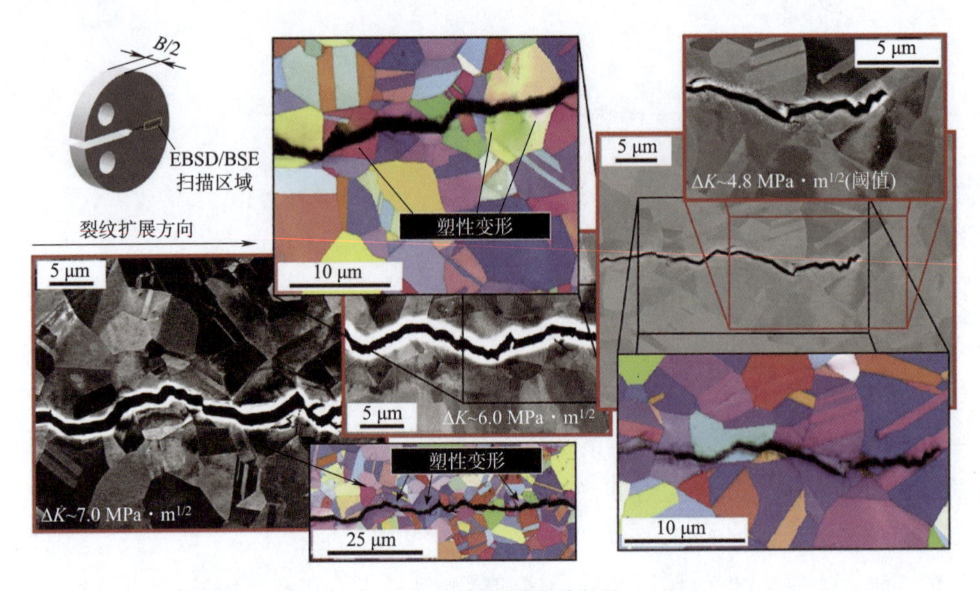

(a)293 K 时裂纹扩展路径图

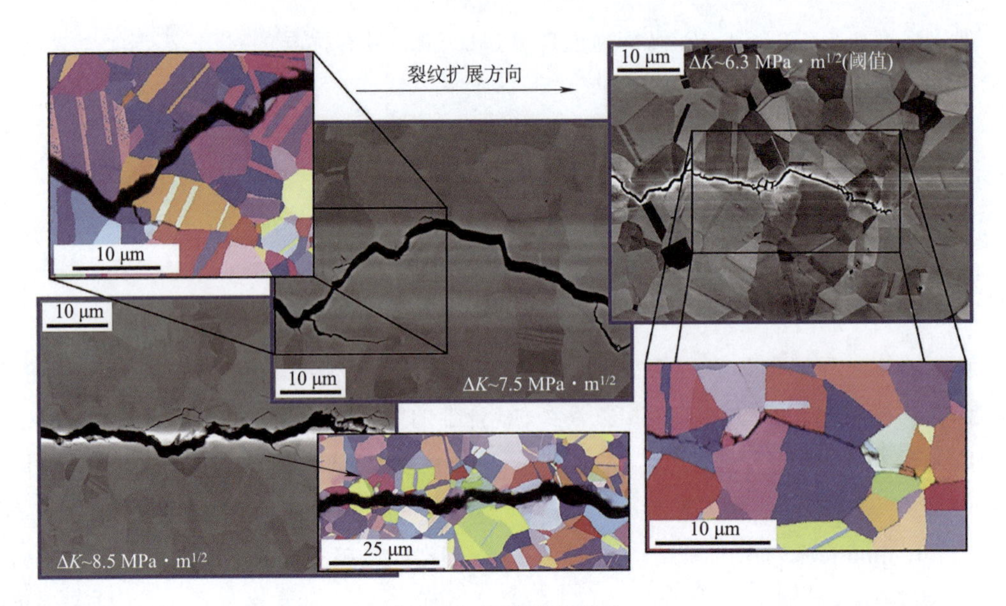

(b)198 K 时裂纹扩展路径

图 3-14 CrMnFeCoNi HEAs 疲劳裂纹扩展路径

合金的蠕变是指合金在一定的温度和一定应力作用下发生的缓慢速率的塑性变形。根据蠕变曲线的形状，可将恒应力下的蠕变分为三个阶段，即初始阶段、稳态阶段和加速阶段。一般来说，根据高温蠕变中溶质与位错的相互作用可以把固溶体类合金的蠕变行为分为两大类。当组元原子尺寸差异较大，相邻原子间的弹性模量差异较大，那么组元原子间的弹性交互作用能就较大，位错运动会受到溶质气团的拖拽，合金的蠕变速率受位错的黏滞性滑移过程控制。那么这种蠕变行为被称为第一类蠕变行为，应力指数通常在 $n=3$ 左右，蠕变激活能与固溶体的互扩散激活能相同。第二类是溶质与位错的弹性交互能小，位错的运动与纯金属类似，蠕变速率受攀移过程控制。这种固溶体的行为被称为第二类蠕变行为，其应力指数 $n=5$，蠕变激活能等于基体金属的自扩散激活能。

2017 年，付建新[49]对 CoCrFeNiMn HEAs 在 500～600 ℃温度区间的蠕变行为进行了探究。研究发现，低应力区和高应力区的蠕变应力指数分别为 5.5 和 10.6，两个区域的蠕变机制均由位错攀移主导，不同的是高应力区由动态再结晶和动态析出导致指数明显升高。Lee 等[50]利用球形纳米压痕蠕变装置系统地研究了纳米晶和粗晶 CrMnFeCoNi HEAs 的蠕变行为。研究发现，即使在室温下，粗晶和纳米晶 HEAs 也会发生蠕变，粗晶态和纳米晶态的蠕变指数分别为 3（位错主导，第一类蠕变行为）和 1（晶界扩散主导）。Tsao 等[44]对 Ni-Al-Co-Cr-Fe-Ti 系高熵高温合金（HESAs）的抗蠕变性能进行了表征。研究发现，由于其层错能低、蠕变活化能较高以及缓慢扩散效应，导致提高了其抗蠕变能力，因此 982 ℃下的抗蠕变性能能够和部分镍基高温合金媲美，如图 3-15 所示。

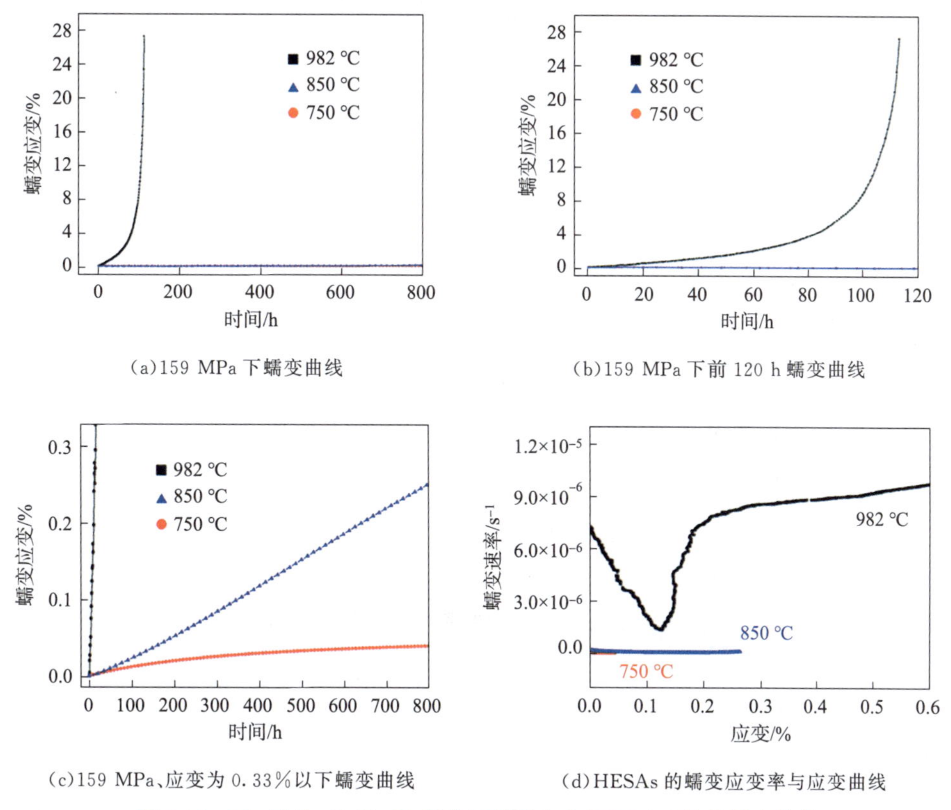

（a）159 MPa 下蠕变曲线　（b）159 MPa 下前 120 h 蠕变曲线

（c）159 MPa、应变为 0.33%以下蠕变曲线　（d）HESAs 的蠕变应变率与应变曲线

图 3-15　Ni-Al-Co-Cr-Fe-Ti 系高熵高温合金（HESAs）的抗蠕变性能

张正等[51]探究了 Al 元素含量对 Al_xFeCoNiCu HEAs 蠕变行为的影响，研究发现 Al 元素的增加促进了 BCC 相的形成，进而导致蠕变位移和蠕变应变速率减小，因此 Al_2FeCoNiCu HEAs 的蠕变量最小。Kang 等[52]研究了 CoCrFeMnNi HEAs 在中等温度(535～650 ℃)下的位错蠕变行为。研究发现，当应力由高降低时，蠕变机制由位错攀移向位错黏滞性滑移转变。高熵合金中，以位错主导的第一类蠕变行为主，其次还有晶界扩散等方式，合适的高熵合金成分能够提高其蠕变活化能，提高抗蠕变能力，甚至可以和部分高温合金相媲美，如图 3-16 所示。

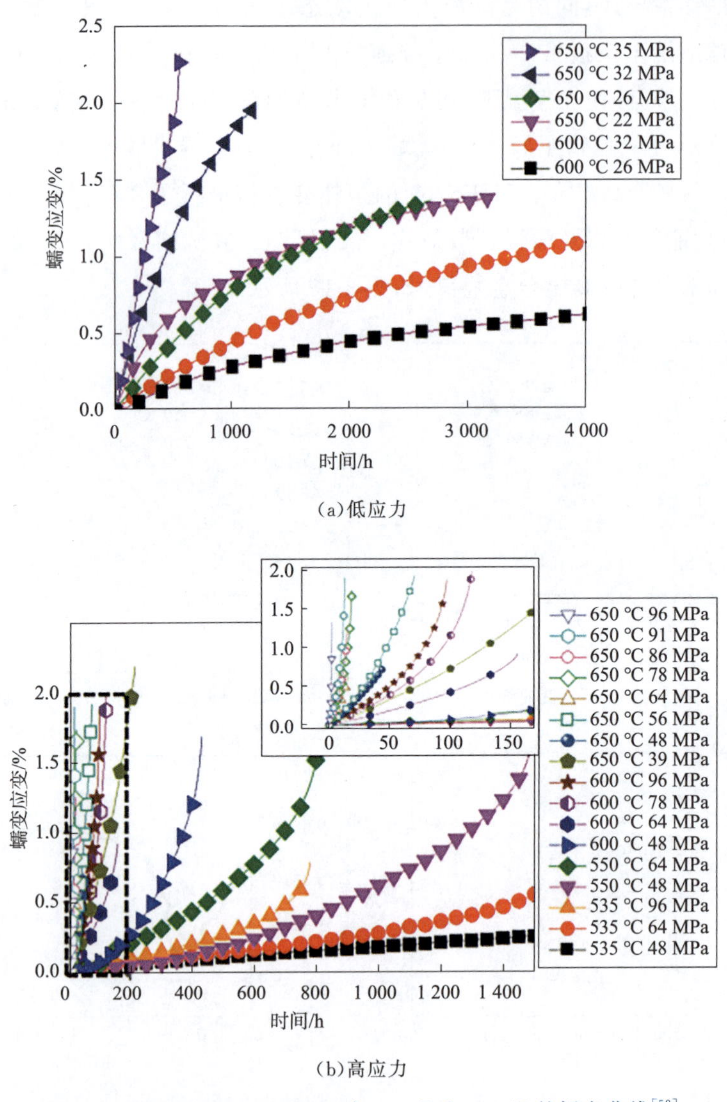

(a)低应力

(b)高应力

图 3-16 CoCrFeMnNi HEAs 在 535 ℃和 650 ℃的蠕变曲线[52]

传统合金的开发、设计通常位于相图的角落，而高熵合金的出现，将科研工作者的思路扩展到广阔的相图中心区域，极大地拓宽了工程材料开发的空间，为进一步提高合金的力学性能提供了条件。综上所述，由于多种强化机制（固溶强化、位错滑移增殖、孪晶、相变等）的作用，许多 HEAs 表现出优异的力学性能，例如 $Fe_{25}Co_{25}Ni_{25}Al_{10}Ti_{15}$ HEAs，其屈服强度、抗拉强度、断裂延伸率分别达 1.86 GPa、2.52 GPa、5.2%，为最高强度的 HEAs 之一；CoCrFeMnNi HEAs 具有优异的低温性能；MoWAlCrTi RHEAs 具有优异的抗高温氧化性能等。基于此，HEAs 具有广阔的应用前景，能够在一些传统材料性能达到极限而很难突破瓶颈的领域提供关键的高性能材料选择，例如高温高强领域（航空航天）、低温领域（船舶）。

参考文献

[1] YEH J W, CHEN S K, LIN S J, et al. Nanostructured high-entropy alloys with multiple principal elements: novel alloy design concepts and outcomes[J]. Advanced Engineering Materials, 2004, 6(5): 299-303.

[2] ZHANG W R, LIAW P K, ZHANG Y. Science and technology in high-entropy alloys[J]. Science China Materials, 2018, 61(1): 2-22.

[3] YOUSSEF K M, ZADDACH A J, NIU C N, et al. A novel low-density, high-hardness, high-entropy alloy with close-packed single-phase nanocrystalline structures[J]. Materials Research Letters, 2015, 3(2): 95-99.

[4] ZHANG H, HE Y Z, PAN Y. Enhanced hardness and fracture toughness of the laser-solidified $FeCoNiCrCuTiMoAlSiB_{0.5}$ high-entropy alloy by martensite strengthening[J]. Scripta Materialia, 2013, 69: 342-345.

[5] SANCHEZ J M, VICARIO I, ALBIZURI J, et al. Design, microstructure and mechanical properties of cast medium entropy aluminium alloys[J]. Scientific Reports, 2019, 9: 6792.

[6] LI R X, WANG Z, GUO Z C, et al. Graded microstructures of Al-Li-Mg-Zn-Cu entropic alloys under supergravity[J]. Science China Materials, 2018, 62(5): 736-744.

[7] GORR B, AZIM M, CHRIST H J, et al. Phase equilibria, microstructure, and high temperature oxidation resistance of novel refractory high-entropy alloys[J]. Journal of Alloys and Compounds, 2015, 624: 270-278.

[8] HE J Y, LIU W H, WANG H, et al. Effects of Al addition on structural evolution and tensile properties of the FeCoNiCrMn high-entropy alloy system[J]. Acta Materialia, 2014, 62: 105-113.

[9] SENKOV O N, SCOTT J M, SENKOVA S V, et al. Microstructure and room temperature properties of a high-entropy TaNbHfZrTi alloy[J]. Journal of Alloys and Compounds, 2011, 509: 6043-6048.

[10] ZHOU Y J, ZHANG Y, WANG Y L, et al. Solid solution alloys of $AlCoCrFeNiTi_x$ with excellent room-temperature mechanical properties[J]. Journal of Applied Physics, 2007, 90: 181904.

[11] ZHOU Y J, ZHANG Y, WANG F J, et al. Effect of Cu addition on the microstructure and mechanical properties of $AlCoCrFeNiTi_{0.5}$ solid-solution alloy[J]. Journal of Alloys and Compounds, 2008, 466: 201-204.

[12] 袁尹明月，彭坤，王海鹏，等．机械合金化方法制备 $Al_xCoCrCu_{0.5}FeNi$ 高熵合金组织结构和性能研究[J]. 材料导报，2016，30(8)：69-73.

[13] 彭振，刘宁，吴朋慧，等．硼元素对 $CoCrCu_{0.5}FeNi$ 高熵合金组织和性能的影响[J]. 金属热处理，

2017,42(6):153-156.

[14] ROGAL L, KALITA D, TARASEK A, et al. Effect of SiC nano-particles on microstructure and mechanical properties of the CoCrFeMnNi high entropy alloy[J]. Journal of Alloys and Compounds, 2017,708:344-352.

[15] ROGAL L,CZERWINSKI F,JOCHYM P T,et al. Microstructure and mechanical properties of the novel Hf25Sc25Ti25Zr25 equiatomic alloy with hexagonal solid solutions[J]. Materials and Design, 2016,92:8-17.

[16] LI Z,ZHAO S,RITCHIE R O,et al. Mechanical properties of high-entropy alloys with emphasis on face-centered cubic alloys[J]. Progress in Materials Science,2019,102:296-345.

[17] OTTO F,DLOUHY A,SOMSEN C,et al. The influences of temperature and microstructure on the tensile properties of a CoCrFeMnNi high-entropy alloy[J]. Acta Materialia,2013,61:5743-5755.

[18] GLUDOVATZ B,HOHENWARTER A,CATOOR D,et al. A fracture-resistant high-entropy alloy for cryogenic applications[J]. Science,2014,345(6201):1153-1158.

[19] LEI Z F,LIU X J,W Y,et al. Enhanced strength and ductility in a high-entropy alloy via ordered oxygen complexes[J]. Nature,2018,563:546-550.

[20] LUO H,LI Z M,RABBE D. Hydrogen enhances strength and ductility of an equiatomic high-entropy alloy[J]. Scientific Reports,2017,7:9892.

[21] DENG Y,TASAN C C,PRADEEP K G,et al. Design of a twinning-induced plasticity high entropy alloy[J]. Acta Materialia,2015,94:124-133.

[22] HUANG H L,WU Y,HE J,et al. Phase-transformation ductilization of brittle high-entropy alloys via metastability engineering[J]. Advanced Materials,2017,29(30):1701678.

[23] NENE S S, FRANK M, LIU K, et al. Extremely high strength and work hardening ability in a metastable high entropy alloy[J]. Scientific Reports,2018,8:9920.

[24] LIANG Y J, WANG L, WEN Y, et al. High-content ductile coherent nanoprecipitates achieve ultrastrong high-entropy alloys[J]. Nature Communications,2018,9:4063.

[25] FU Z Q,JIANG L,WARDINI J L,et al. A high-entropy alloy with hierarchical nanoprecipitates and ultrahigh strength[J]. Science Advances,2018,4:8712.

[26] YANG T, ZHAO Y L, TONG Y, et al. Multicomponent intermetallic nanoparticles and superb mechanical behaviors of complex alloys[J]. Science,2018,362:933-937.

[27] LU Y P,DONG Y,GUO S,et al. A promising new class of high-temperature alloys:eutectic high-entropy alloys[J]. Scientific Reports,2014,4:6200.

[28] SHI P J,REN W L,ZHENG T X,et al. Enhanced strength-ductility synergy in ultrafine-grained eutectic high-entropy alloys by inheriting microstructural lamellae[J]. Nature Communications, 2019,10:489.

[29] JIN X, ZHOU Y, ZHANG L, et al. A novel $Fe_{20}Co_{20}Ni_{41}Al_{19}$ eutectic high entropy alloy with excellent tensile properties[J]. Materials Letters,2018,216:144-146.

[30] SENKOV O N, SEMIATIN S L. Microstructure and properties of a refractory high-entropy alloy after cold working[J]. Journal of Alloys and Compounds,2015,649:1110-1123.

[31] WU Y D,SI J J,LIN D Y,et al. Phase stability and mechanical properties of AlHfNbTiZr high-entropy alloys[J]. Materials Science and Engineering:A,2018,724:249-259.

[32] 吕昭平,雷智锋,黄海龙,等. 高熵合金的变形行为及强韧化[J]. 金属学报,2018,54(11):85-98.

[33] 刘俊鹏. CoCrFeNi 系面心立方高熵合金的低温变形机制及锯齿流变行为[D]. 北京:北京科技大学,2018.

[34] RODRIGUEZ P. Serrated plastic flow[J]. Bulletin of Materials Science,1984,6(4):653-663.

[35] CHEN S Y,YANG X,DAHMEN K A,et al. Microstructures and Crackling Noise of AlxNbTiMoV High Entropy Alloys[J]. Entropy,2014,14:870-884.

[36] LAKTIONOVA M A,TABCHNIKOVA E D,TANG Z,et al. Mechanical properties of the high-entropy alloy Ag0.5CoCrCuFeNi at temperatures of 4.2-300K[J]. Low Temperature Physics,2013,39(7):630.

[37] ANTONAGLIA J,XIE X,TANG Z,et al. Temperature effects on deformation and serration behavior of high-entropy alloys(HEAs)[J]. JOM,2014,66(10):2002-2008.

[38] 林丽蓉. 高熔化温度五元高熵合金组织及性能研究[D]. 哈尔滨:哈尔滨工业大学,2007.

[39] SENKOV O N,WILKS G B,MIRACLE D B,et al. Refractory high-entropy alloys[J]. Intermetallics,2010,18:1758-1765.

[40] 李春玲,马跃,郝家苗,等. 难熔高熵合金的研究进展及应用[J]. 精密成形工程,2017,9(6):117-124.

[41] WU Y D,CAI Y H,WANG T,et al. A refractory Hf25Nb25Ti25Zr25 high-entropy alloy with excellent structural stability and tensile properties[J]. Materials Letters,2014,130:277-280.

[42] SENKOV O N,MIRACLE D B,CHAPUT K J,et al. Development and exploration of refractory high entropy alloys—A review[J]. Journal of Materials Research,2018:1-37.

[43] GORR B,AZIM M,CHRIST H J,et al. Phase equilibria,microstructure,and high temperature oxidation resistance of novel refractory high-entropy alloys[J]. Journal of Alloys and Compounds,2015,624:270-278.

[44] TSAO T K,YEH A C,KUO C M,et al. The high temperature tensile and creep behaviors of high entropy superalloy[J]. Scientific Reports,2017,7:12658.

[45] ZOU Y,WHEELER J M,MA H,et al. Nanocrystalline high-entropy alloys:a new paradigm in high-temperature strength and stability[J]. Nano Letters,2017,17(3):1569-1574.

[46] SEIFI M,LI D,YONG Z,et al. Fracture toughness and fatigue crack growth behavior of as-cast high-entropy alloys[J]. JOM,2015,67(10):2288-2295.

[47] HEMPHILL M A,YUAN T,WANG G Y,et al. Fatigue behavior of $Al_{0.5}$CoCrCuFeNi high entropy alloys[J]. Acta Materialia,2012,60(16):5723-5734.

[48] THURSTON K V S,GLUDOVATZ B,HOHENWARTER A,et al. Effect of temperature on the fatigue-crack growth behavior of the high-entropy alloy CrMnFeCoNi[J]. Intermetallics,2017,88:65-72.

[49] 付建新. CoCrFeNiMn 系高熵合金高温变形与断裂行为研究[D]. 合肥:中国科学技术大学,2017.

[50] LEE D H,SEOK M Y,ZHAO Y,et al. Spherical nanoindentation creep behavior of nanocrystalline and coarse-grained CoCrFeMnNi high-entropy alloys[J]. Acta Materialia,2016,109:314-322.

[51] 张正,于忠卡,程皓,等. Al 含量对 Al_xFeCoNiCu 高熵合金结构和纳米压痕蠕变行为的影响[J]. 热加工工艺,2019,48(12):62-65.

[52] KANG Y B,SHIM S H,LEE K H,et al. Dislocation creep behavior of CoCrFeMnNi high entropy alloy at intermediate temperatures[J]. Materials Research Letters,2018,6(12):689-695.

第4章 高熵合金的磁学性能

高熵合金(HEAs)除具有优异的力学性能外,在磁学性能方面也表现良好。例如通过成分设计及工艺优化,HEAs可以表现出非常高的电阻率、高的饱和磁化强度和低的矫顽力,是优异的软磁材料。此外,高熵合金还可以具有良好的力学性能,便于加工,也可以提高服役的可靠性。因此,高熵合金在软磁方面具有很好的应用前景。但是,目前对于高熵合金的磁性能的相关研究较少。

通常来说,磁性材料有以下两种分类:按照其内部结构及其在外磁场中的性状可分为抗磁性、顺磁性、铁磁性、反铁磁性和亚铁磁性物质;按用途又分为软磁材料、永磁材料和功能磁性材料。软磁材料(softmagnetic materials)在国民经济和日常生活中具有十分重要和非常广泛的应用,软磁材料的总体特征是磁导率高、矫顽力小、饱和磁化强度高、电阻率高。高的饱和磁化强度可以减小材料的使用体积,低的矫顽力使得材料的磁滞现象减小,而大的电阻率使得材料在高频条件下涡流损耗降低。软磁材料易于磁化,也易于退磁,典型的软磁材料可以用最小的外磁场实现最大的磁化强度,其矫顽力 H_c 不大于1 000 A/m。目前应用最多的软磁材料是铁硅合金(硅钢片)以及各种软磁铁氧体等。与软磁材料相对应的是硬磁材料(hard magnetic material),又称为永磁材料,是指难以磁化并且一旦磁化之后又难以退磁的材料,对于这种材料的基本要求是矫顽力 H_c 高,通常大于1 000 A/m。不同类型的磁性合金具有不同的特点和应用领域,同时也具有局限性,例如Fe-Si、Fe-Al合金加工困难;Fe-Co合金原材料昂贵;Fe-Ni合金电阻率较低等等。随着电子信息产业的高速发展,对磁芯的性能提出了更高的要求,如低功率损耗、高磁导率和良好的加工性能等。高熵合金作为一类颠覆性的新材料,由于全新的设计理念,有望突破传统合金的性能极限,解决高性能磁性材料的需求问题。下面,笔者从饱和磁化强度、矫顽力、加工性能等角度对高熵合金磁性能方面进行综述。

4.1 饱和磁化强度

饱和磁化强度(saturation magnetization)是指磁性材料在外加磁场中被磁化时所能够达到的最大磁化强度。铁磁性物质在外磁场作用下磁化,开始时,随着外磁场强度的逐渐增加,物质的磁化强度也不断增加,当外磁场增加到一定强度以后,物质的磁化强度便停止增加而保持一个稳定的数值,此时达到了饱和磁化状态。这个稳定的磁化强度数值就叫作这个物质的饱和磁化强度,用符号 M_s 表示。

高熵合金的磁学性能受组成成分的影响，而组成成分是通过调节所含磁性元素的比例来决定的。在高熵合金磁学性能研究中，其成分几乎均包含 Co、Fe、Ni 这几个铁磁性元素，通过改变这几个元素的配比或在此基础上添加其他元素能够产生不同的磁学性能[1]。三元等原子比的 CoFeNi 中熵合金具有单相 FCC 结构，其饱和磁化强度(M_s)较高，为 151 emu/g①。在 CoFeNi 中熵合金中加入不同的元素可以导致不同的微观组织，进而影响其磁学性能，通常来说其他元素的加入会降低其饱和磁化强度。左婷婷[1]发现，加入不同含量的 Al 元素后，随着 Al 含量的增加，Al_xCoFeNi 合金的晶体结构由 FCC 向 FCC+BCC/B2 相转变；加入不同含量的 Al 元素后，随着 Si 含量的增加，CoFeNiSi_x 合金的晶体结构由 FCC 向 FCC+硅化物转变，以上 Al 和 Si 含量的变化均导致饱和磁化强度的降低，如图 4-1 所示。张勇教授[2]发现，在 CoFeNi 合金中同时添加 Al 和 Si 元素后的$(AlSi)_x$CoFeNi 高熵合金具有优异的磁性能，如图 4-2 所示。虽然随着 Al 和 Si 元素的加入导致饱和磁化强度降低，但当 $x=0.2$ 时其饱和磁化强度、矫顽力、电阻率等综合性能最优，是一种极具有吸引力的软磁材料。

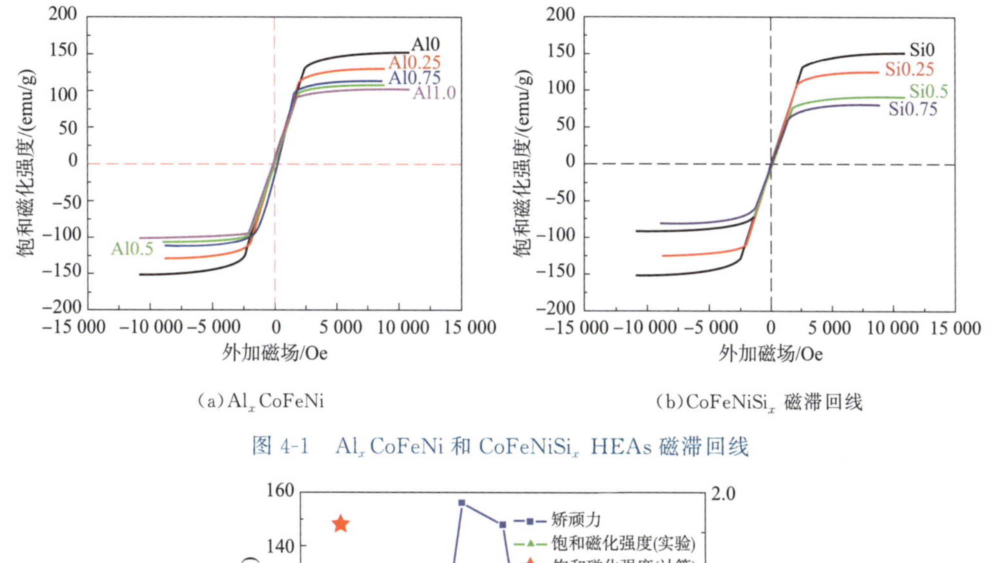

(a) Al_xCoFeNi　　(b) CoFeNiSi_x 磁滞回线

图 4-1　Al_xCoFeNi 和 CoFeNiSi_x HEAs 磁滞回线

图 4-2　$(AlSi)_x$CoFeNi HEAs 的磁性能

① $1\ \text{emu/g} \approx \frac{10^4}{\mu_0 \rho}$ T。其中 μ_0 是真空磁导率，约为 $4\pi \times 10^{-7}$ H/m；ρ 是材料的密度，以 g/cm³ 为单位。

Cr、Nb、B 等元素对高熵合金的磁性能亦有较大影响。Lucas 等[3]研究了 FeNi、CoCrFeNi、CoCrFeNiPd、$CoCrNiFePd_2$、$Al_2CoCrFeNi$ 和 AlCoCrCuFeNi 合金的磁性行为。研究发现，这些基于 CoCrFeNi 的 HEAs 与 Fe 和 FeNi 相比，由于反铁磁性元素 Cr 的添加，使其具有较低的饱和磁化强度和居里温度，表现出较差的软磁性。一般而言，反铁磁性元素 Cr 的含量越高，其饱和磁化强度越低。Chen 等[4]研究了 B 含量对 AlCoCrFeNi HEAs 磁性能的影响，结果表明，随着 B 含量的增加，饱和磁化强度和矫顽力均减小。Wang 等[5]研究了 Nb 添加量对 FeSiBAlNi HEAs 粉体磁性能的影响。结果表明，随着球磨时间的增加，FeSiBAlNiNb 粉体饱和磁化强度（M_s）降低，而 Nb 的加入对 FeSiBAlNi HEAs 的软磁性能影响极小。Wei 等[6]对成分更加复杂的 $Fe_{30}Co_{29}Ni_{29}Zr_7B_4Cu_1$ HEAs 进行了研究，发现其随温度的升高，由非晶态向 BCC 结构转变，最终向 FCC 结构转变，饱和磁化强度先升高后降低，分别为 115、125、115 emu/g。同时作者采用第一性原理计算的方法揭示了其相应机制。Wang 等[7]采用机械合金化＋电火花等离子烧结的方法制备系列 $FeSiBAlNiCo_x$（x＝0.2、0.8）HEAs，其饱和磁化强度随着 Co 含量的增加而增加，在 Co 含量为 0.8 时达到 26.1 emu/g，这可能是因为 Co 是铁磁元素，Co 的增加对磁性有积极影响。Co 含量为 0.2 和 0.8 时合金的矫顽力 H_c 分别为 370 Oe 和 53 Oe，表明半硬磁性向软磁性的转变。Ma 等[8]探究了 $AlCoCrFeNb_xNi$（x＝0、0.1、0.25、0.5 和 0.75）合金的磁性能，研究发现，随着 Nb 含量的增加，饱和磁化强度逐渐降低，如图 4-3 所示。

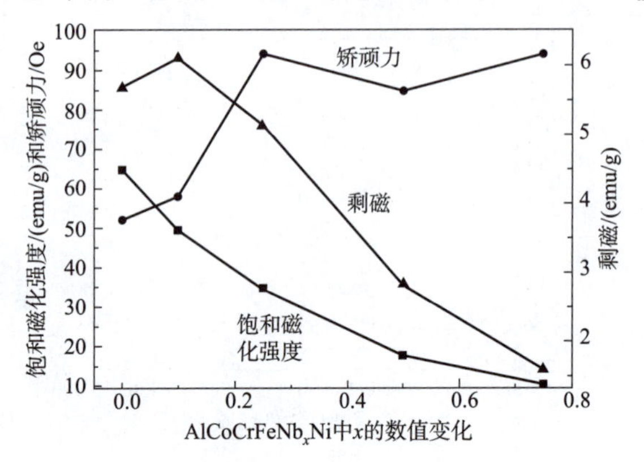

图 4-3　Nb 含量与 $AlCoCrFeNb_xNi$ HEAs 磁性能的关系

AlNiCo 基合金也是一类研究较多的成分。为了开发 AlNiCo 基 HEAs，Kulkarni 等[9]分别添加 Cu 和 Fe 以探究其磁性能。研究发现，AlNiCo 中 Cu 的加入导致了偏析，进而导致磁化强度较低，矫顽力增加；在 AlNiCo 中加入 Fe 后，矫顽力和剩磁为零，表现出优异的软磁性能。

除成分控制以外，加工过程和热处理也能通过改变晶体结构进而影响 HEAs 磁学性能。合金的磁性能一方面受到晶粒大小的影响，另一方面还要受到晶体取向的影响。通过定向凝固得到的合金往往具有择优取向，晶粒在不同程度上围绕某些特殊的取向排列，从而使得某些取向上的晶粒不断长大，其他取向上的晶粒不断被吞并，且合金沿不同取向的性能表现出很大的差异。左婷婷[10]发现，采用定向凝固制备的 $CoFeNi(AlSi)_{0.2}$ HEAs 在磁场方向平行于晶体生长方向时，其矫顽力明显低于电弧熔炼所得的样品。因此，通过定向凝固调节晶粒的大小及晶体取向可以显著降低 HEAs 的矫顽力。Alijani 等[11]采用机械合金化法制备了 FeCoNiMnV HEAs,并探究了球磨时间与饱和磁化强度的关系。结果表明,饱和磁化强度随球磨时间呈先升高后降低的趋势,当球磨时间为 48 h 时,饱和磁化强度达到最高,为 100 emu/g。这是由于磁性元素和晶体结构的变化所致,即随着球磨时间的延长,FCC+BCC 固溶体相(富含磁性元素 Fe、Ni、Co)先增多后减小。Wang 等[5]研究了球磨时间对 FeSiBAlNiNb HEAs 粉体磁性能的影响。结果表明,随着球磨时间的增加,FeSiBAlNiNb 粉体饱和磁化强度(M_s)降低。Duan 等[12]探究了等原子比 FeCoNiCuAl HEAs 粉体的磁性能。研究发现,随着球磨时间的延长,Cu、Al 等非铁磁性元素溶解至含 Fe、Co、Ni 等铁磁性元素粉体中,导致饱和磁化强度 M_s 降低;退火后,由于 BCC 相数量的增加和 $CoFe_2O_4$、$AlFe_3$ 新相的生成导致饱和磁化强度增加,又由于缺陷的减少,导致矫顽力降低。Mishra 等[13]探究了 CrFeMnNiTi HEAs 磁性能,研究结果表明,真空和空气中不同温度下的退火对此合金的相形成及磁性能有较大影响,真空中 500 ℃下饱和磁化强度为 27.96 emu/g,而 700 ℃时仅为 2.95 emu/g;空气中 500 ℃下饱和磁化强度为 32.85 emu/g 而 700 ℃时降低。这是由于饱和磁化强度与 BCC 相、尖晶石相和氧化物体积分数呈正相关所致。

在 HEAs 磁性能计算的相关研究中,Zuo 等[14]对 CoFeMnNiX(X=Al、Cr、Ga、Sn) HEAs 的磁性能进行了探究。结果表明 Al、Ga、Sn 的加入使合金由 FCC 向有序 BCC 转变,并通过从头算分子动力学揭示了强短程有序化导致的上述现象,这种相变显著提高了饱和磁化强度,如图 4-4 所示。

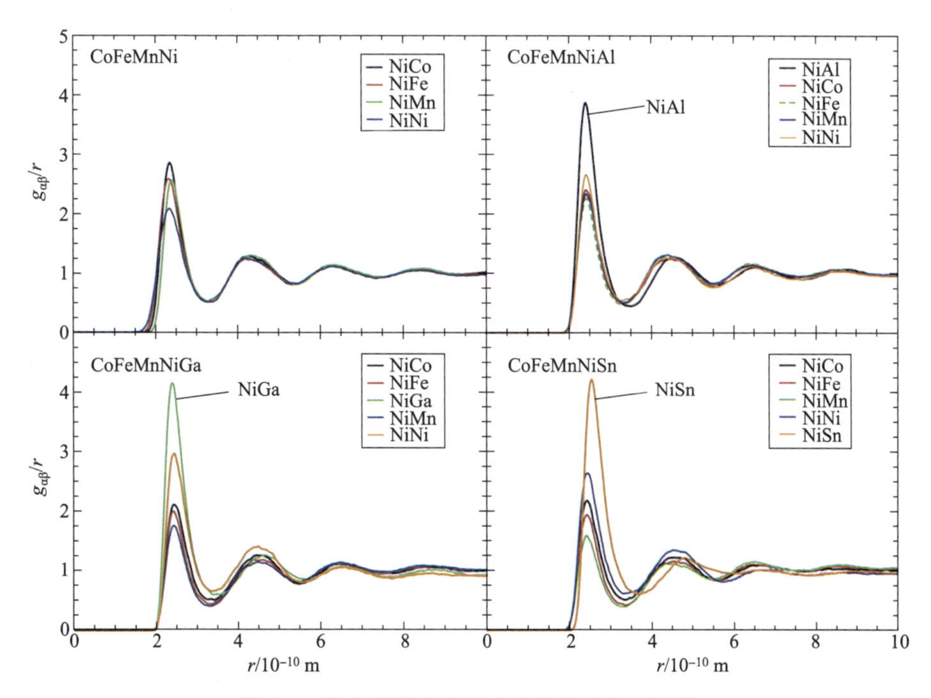

图 4-4　从头计算分子动力学模拟有序对结果

4.2 矫顽力

矫顽力(coercive force)是指磁性材料在饱和磁化后,当外磁场退回到零时其磁化强度并不退到零,只有在原磁化场相反方向加上一定大小的磁场才能使磁化强度退回到零,该磁场称为矫顽磁场,又称矫顽力,用符号 H_c 表示。不同服役条件对矫顽力的要求大大不同。在制造变压器的铁芯或电磁铁时,需要选择矫顽力小的材料(如软铁、硅钢等),以使电流切断后尽快消失磁性;而在制造永磁体时,需要选择矫顽力大的材料(如铝、镍、钴等),以求尽可能保存磁性,不使其消失。矫顽力的大小主要受到合金组织的影响,例如:晶粒大小,组织缺陷,加工状态以及热处理条件等等。矫顽力的单位 A/m 和 Oe,换算关系为 1 Oe≈79.6 A/m。

在软磁材料中,对矫顽力起决定作用的内禀磁性参量是材料的磁致伸缩系数和晶体材料的磁晶各向异性。磁性材料被磁化时,存在磁致伸缩现象,其形状和线性尺寸发生变化,这种尺寸变化和应力耦合构成磁弹性能。材料可能因为宏观的外部载荷作用或微观的内部交互作用而产生各种形式的不均匀应力,此时,磁弹性能就会对磁畴壁移动形成阻碍,对原子磁矩的转动也形成阻力。因此,在软磁材料中,为了降低矫顽力,应该尽量降低磁致伸缩系数。Xu 等[15]研究了 C 和 Ce 对机械合金化 FeSiBAlNi HEAs 磁性能的影响,研究发现合金的矫顽力 H_c 在 50~378 Oe,表明了其为半硬磁性能。随着球磨时间的延长,合金的矫顽力 H_c 值随着 C 和 Ce 的加入而降低。然而,没有添加 C 和 Ce 的 FeSiBAlNi HEAs 的饱和磁化强度 M_s 值最高。Borkar 等[16]采用激光沉积技术对 $Al_xCrCuFeNi_2$ $(0<x<1.5)$ HEAs 进行了探究,结果显示,随着顺磁性元素 Al 的增加,矫顽力随之增加,当 $x=1.3$ 时达到最高值,表明顺磁性元素对合金磁性的可调控性。Li 等[17]通过铸造、冷轧和再结晶退火制备了 $FeCoNiMn_{0.25}Al_{0.25}$ HEAs,其矫顽力低,饱和磁化强度和居里温度高,具有良好的软磁性能。近期,Bazzi 等[18]采用机械合金化法制备了 $FeCoNiAl_{0.375}Si_{0.375}$ HEAs,由于具有单相 FCC 结构,导致本禀矫顽力(H_{CI})显著降低(2~3 倍);而其他制备方法得到的是 FCC+BCC 双相结构,矫顽力高,表明晶体结构对本禀矫顽力具有显著的影响。Mishra 等[19]设计了 $Co_{35}Cr_5Fe_{20}Ni_{20}Ti_{20}$ 高熵合金,其具有 FCC+BCC 双相结构并含有金属间化合物,不仅饱和磁化强度较高(46 emu/g)且矫顽力低(15 Oe);200 ℃退火后,饱和磁化强度提高了 1 倍(81 emu/g)而矫顽力不变。Zhao 等[20]探究了 $Co_xCrCuFeMnNi$($x=0.5$、1.0、1.5、2.0)高熵合金粉体的磁性能,研究发现,随着 Co 含量的增加,其饱和磁化强度逐渐增大而矫顽力逐渐减小;对 $Co_2CrCuFeMnNi$ 进行不同球磨时间的探究,研究发现,其饱和磁化强度随球磨时间的延长而降低,矫顽力大致呈逐渐减小趋势。研究还发现,矫顽力随晶粒尺度的减小逐渐减小。Li 等[21]对 $FeCoNi(AlMn)_x$ $(0\leqslant x\leqslant 2)$ 高熵合金的磁性能进行了探究,研究发现,随着(AlMn)含量的增加,饱和磁化强度先增大后减小,当 $x=1$ 时,饱和磁化强度为 132.2 emu/g;矫顽力随着(AlMn)含量的增加呈先增大后减少的趋势,最小值为 266 A/m。

该高熵合金具有较高的饱和磁化强度和较低的矫顽力，有望成为软磁材料。Zhang 等[22]探究了 FeCoNi$(AlCu)_x$（$x=0\sim1.2$）高熵合金的磁性能，研究发现，随着（AlCu）含量的增加，饱和磁化强度整体趋势是下降，但在 $0.8\leqslant x\leqslant0.9$ 时出现了反弹。这与上文所述的随 FeCoNi 含量的减少，饱和磁化强度也减少相违背。进一步研究发现，随着（AlCu）含量的增加，该系高熵合金由 FCC 向 FCC+BCC 转变，因此，这可能与 FCC 相和 BCC 相相对数量变化有关。

4.3 居里温度

居里温度（Curie temperature，T_C）又称居里点（Curie point）或磁性转变点。是由物理学家皮埃尔·居里发现。19 世纪末，著名物理学家皮埃尔·居里在自己的实验室里发现磁石的一个物理特性，就是当磁石加热到一定温度时，原来的磁性就会消失。后来，人们把这个温度叫作居里温度。磁性材料自发磁化强度随温度的升高而下降，当达到某一温度时，自发磁化强度降为零，此时对应的温度为居里温度。居里温度也是铁磁性或亚铁磁性物质转变成顺磁性物质的临界点。低于居里点温度时该物质成为铁磁体，此时和材料有关的磁场很难改变。当温度高于居里点时，该物质成为顺磁体，磁体的磁场很容易随周围磁场的改变而改变。详细的机理解释为：铁磁物质被磁化后具有很强的磁性，但随着温度的升高，金属点阵热运动的加剧会影响磁畴磁矩的有序排列，当温度达到足以破坏磁畴磁矩的整齐排列时，磁畴被瓦解，平均磁矩变为零，铁磁物质的磁性消失变为顺磁物质，与磁畴相关的一系列铁磁性质（如高磁导率、磁滞回线、磁致伸缩等）全部消失，相应的铁磁物质的磁导率转化为顺磁物质的磁导率。因此，居里温度确定了磁性器件工作的上限温度，对于磁性材料来说至关重要。

Lucas 等[23]研究了 Cr 浓度、冷轧及后续热处理对 $FeCoCr_xNi$（$x=0.5,1,1.5$）合金磁性能的影响。研究表明，CoCrFeNi HEAs 的铁磁居里温度为 130 K，当 Cr 含量降低时，居里温度升高；与退火态和铸态相比，冷轧态表现出更高的居里温度。Huang 等[24]利用第一性原理合金理论和蒙特卡罗模拟研究了 $FeCrCoNiAl_x$ HEAs 的磁学性能。结果表明，含 Al 的单相或双相结构的稳定性能够左右合金的居里温度；当 Al 含量增加时，居里温度下降。

4.4 加工性能

对于具有实用性的磁性材料而言，其不仅需要具有优异的磁性能，还要具有良好的可加工性能。部分合金虽具有较好的磁学性能，但由于脆性大，力学性能较差不利于加工、应用。而 HEAs 由于多主元素的组成，有望平衡、优化力学性能与磁学性能的关系，使高熵合金磁性材料更具有应用前景。

Li 等[25]采用电弧熔炼法制备了 $FeCoNi(CuAl)_{0.8}Ga_x$（0≤x≤0.08）HEAs，研究了 Ga 添加量对合金磁性能的影响。结果表明，该合金为 BCC+FCC 双相结构，随着 Ga 的增加，合金 BCC 相增多，进而导致饱和磁化强度、最大磁通密度、矫顽力等增加。其屈服强度、抗拉强度、硬度随着 Ga 含量的增加而增大，而断裂延伸率呈减少趋势，但延伸率仍大于 16%，具有较好的加工性能。近期，Zhang 等[26]设计了一种具有优异磁性能和加工性能的软磁高熵合金 $FeCoNiCr_{0.2}Si_{0.2}$，其饱和磁化强度高，矫顽力低（约 186 A/m），断裂延伸率达 60%，具有优异的加工性能，如图 4-5 所示。在合适的轧制和退火工艺下，不仅饱和磁化强度和矫顽力不会显著改变，而且力学性能大幅提高。为开发加工性能优异的软磁高熵合金材料提供一种新策略。

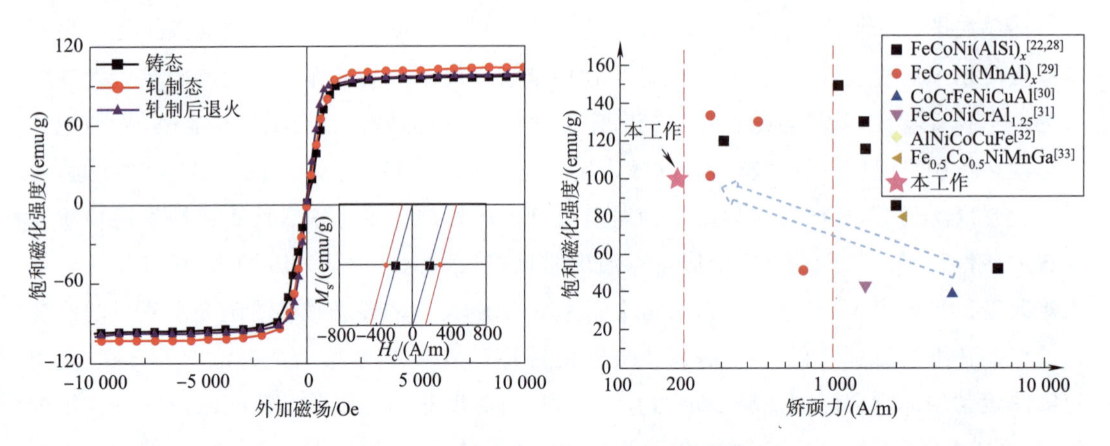

图 4-5 $FeCoNiCr_{0.2}Si_{0.2}$ HEAs 磁性能

以往的研究大多集中在静态磁性材料的研究上，而软磁性材料多用于各种动态的交流磁场中，如变压器、换能器、感应场线圈、电磁制动器等。因此，研究动态磁参数在各种交流（AC）电磁的应用是有必要的。Li 等[27]探究了 $FeCoNi(MnSi)_x$（0≤x≤0.4）HEAs 的交流磁性能，随着 Mn 和 Si 的增加，并得出 $FeCoNi(MnSi)_2$ 合金具有优异的综合软磁性能的结论。Wu 等[28]探究了 $FeCoNi_xCuAl$（1.0≤x≤1.75）的交流软磁性能，研究结果表明：交流软磁性能与相组成密切相关，随着 FCC 相含量的提高，交流剩磁、矫顽力、损耗逐渐降低。根据应用领域功率及频率的不同，软磁高熵合金更适合中频、适中功率场景，如图 4-6 所示。

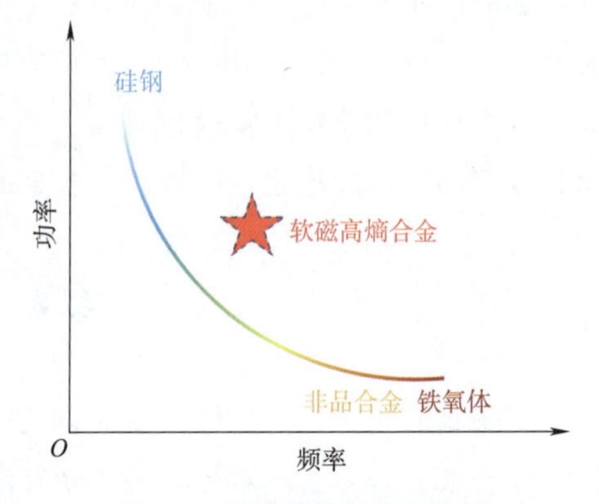

图 4-6 软磁高熵合金与其他合金应用领域对比

磁性材料在信息存储、超导、电能传输、高速开关、高速信号传输和高速磁悬浮列车等领域都具有重要的应用价值。这些应用要求满足不同的服役条件，而高熵合金多主元的特性能够表现出较宽范围的性能，因此在上述领域表现出巨大的应用潜力。目前，关于高熵合金磁性能的研究以饱和磁化强度（M_s）和矫顽力（H_c）为主，而其他参数的研究较少。但对于软磁材料来说，其他参数也很重要，例如涡流损耗、磁损耗等，因此拓宽高熵合金磁性能的研究范围可能未来的发展方向。例如，李忠[29]对 FeCoNi$(MnSi)_x$（$0 \leqslant x \leqslant 0.4$）HEAs 磁性能的研究发现，低频时磁滞损耗为主，高频时涡流损耗为主，为降低材料的总损耗指明了努力的方向。由目前的研究现状可知，高熵合金磁性能不仅受到磁性元素组成的影响，后续加工及热处理也能够通过改变相组成来影响其磁性能。部分高熵合金具有优异的磁性能，例如$(AlSi)_{0.2}$CoFeNi。由于成分及组织的特殊性，HEAs 有望突破传统磁性材料的极限，在磁性能方面具有较好前景。

参考文献

[1] ZUO T T, LI R B, REN X J, et al. Effects of Al and Si addition on the structure and properties of CoFeNi equal atomic ratio alloy[J]. Journal of magnetism and magnetic materials, 2014, 371: 60-68.

[2] ZHANG Y, ZUO T T, CHENG Y Q, et al. High-entropy alloys with high saturation magnetization, electrical resistivity, and malleability[J]. Scientific Reports, 2013, 3: 1455.

[3] LUCAS M S, MAUGER L, MUNOZ J A, et al. Magnetic and vibrational properties of high-entropy alloys[J]. Journal of Applied Physics, 2011, 109: 07E307.

[4] CHEN Q S, LU Y P, Dong Y, et al. Effect of minor B addition on microstructure and properties of AlCoCrFeNi multi-compenent alloy[J]. Transactions of Nonferrous Metals Society of China, 2015, 25: 2958-2964.

[5] WANG J, ZHENG Z, XU J, et al. Microstructure and magnetic properties of mechanically alloyed FeSiBAlNi (Nb) high entropy alloys[J]. Journal of Magnetism and Magnetic Materials, 2014, 355: 58-64.

[6] WEI R, ZHANG H, WANG H, et al. Phase transitions and magnetic properties of $Fe_{30}Co_{29}Ni_{29}Zr_7B_4Cu_1$ high-entropy alloys[J]. Journal of Alloys and Compounds, 2019, 789: 762-767.

[7] WANG W, LI B Y, ZHAI S C, et al. Alloying behavior and properties of FeSiBAlNiCo_x high entropy alloys fabricated by mechanical alloying and spark plasma sintering[J]. Metals and Materials International, 2018, 24: 1112-1119.

[8] MA S G, ZHANG Y. Effect of Nb addition on the microstructure and properties of AlCoCrFeNi high-entropy alloy[J]. Materials Science and Engineering A, 2012, 532: 480-486.

[9] KULKARNI R, MURTY B S, SRINIVAS V. Study of microstructure and magnetic properties of AlNiCo(CuFe) high entropy alloy[J]. Journal of Alloys and Compounds, 2018, 746: 194-199.

[10] 左婷婷. Co-Fe-Ni 系磁性高熵合金的组织与性能[D]. 北京：北京科技大学，2017.

[11] ALIJANI F, REIHANIAN M, GHEISARI K. Study on phase formation in magnetic FeCoNiMnV high entropy alloy produced by mechanical alloying[J]. Journal of Alloys and Compounds, 2019, 773: 623-630.

[12] DUAN Y, CUI Y, ZHANG B, et al. A novel microwave absorber of FeCoNiCuAl high-entropy alloy powders: adjusting electromagnetic performance by ball milling time and annealing[J]. Journal of

Alloys and Compounds, 2019, 773: 194-201.

[13] MISHRA R K, SHAHI R R. Effect of annealing conditions and temperatures on phase formation and magnetic behaviour of CrFeMnNiTi high entropy alloy[J]. Journal of Magnetism and Magnetic Materials, 2018, 465: 169-175.

[14] ZUO T T, GAO M C, OUYANG L, et al. Tailoring magnetic behavior of CoFeMnNiX (X= Al, Cr, Ga, and Sn) high entropy alloys by metal doping[J]. Acta Materialia, 2017, 130: 10-18.

[15] XU J, AXINTE E, ZHAO Z, et al. Effect of C and Ce addition on the microstructure and magnetic property of the mechanically alloyed FeSiBAlNi high entropy alloys[J]. Journal of Magnetism and Magnetic Materials, 2016, 414: 59-68.

[16] BORKAR T, GWALANI B, CHOUDHURI D, et al. A combinatorial assessment of $Al_x CrCuFeNi_2$ ($0 < x < 1.5$) complex concentrated alloys: microstructure, microhardness, and magnetic properties [J]. Acta Materialia, 2016, 116: 63-76.

[17] LI P, WANG A, LIU C T. A ductile high entropy alloy with attractive magnetic properties[J]. Journal of Alloys and Compounds, 2017, 694: 55-60.

[18] BAZZI K, RATHI A, MEKA V M, et al. Significant reduction in intrinsic coercivity of high-entropy alloy $FeCoNiAl_{0.375}Si_{0.375}$ comprised of supersaturated f. c. c. phase[J]. Materialia, 2019, 6: 100293.

[19] MISHRA R K, SHAHI R R. Novel $Co_{35}Cr_5Fe_{20}Ni_{20}Ti_{20}$ high entropy alloy for high magnetization and low coercivity[J]. Journal of Magnetism and Magnetic Materials, 2019, 484: 83-87.

[20] ZHAO R F, REN B, ZHANG G P, et al. Effect of Co content on the phase transition and magnetic properties of $Co_x CrCuFeMnNi$ high-entropy alloy powders[J]. Journal of Magnetism and Magnetic Materials, 2018, 468: 14-24.

[21] LI P P, WANG A D, LIU C T. Composition dependence of structure, physical and mechanical properties of $FeCoNi(MnAl)_x$ high entropy alloys[J]. Intermetallics, 2017, 87: 21-26.

[22] ZHANG Q, XU H, TAN X H, et al. The effects of phase constitution on magnetic and mechanical properties of $FeCoNi(CuAl)_x$ (x=0-1.2) high-entropy alloys[J]. Journal of Alloys and Compounds, 2017, 693: 1061-1067.

[23] LUCAS M S, BELYEA D, BAUER C, et al. Thermomagnetic analysis of $FeCoCr_x Ni$ alloys: Magnetic entropy of high-entropy alloys[J]. Journal of Applied Physics, 2013, 113: 17A923.

[24] HUANG S, LI W, LI X, et al. Mechanism of magnetic transition in FeCrCoNi-based high entropy alloys[J]. Materials and design, 2016, 103: 71-74.

[25] LI Z, XU H, GU Y, et al. Correlation between the magnetic properties and phase constitution of $FeCoNi(CuAl)_{0.8}Ga_x$ ($0 \leqslant x \leqslant 0.08$) high-entropy alloys[J]. Journal of Alloys and Compounds, 2018, 746: 285-291.

[26] ZHANG H, YANG Y X, LIU L, et al. A novel $FeCoNiCr_{0.2}Si_{0.2}$ high entropy alloy with an excellent balance of mechanical and soft magnetic properties[J]. Journal of Magnetism and Magnetic Materials, 2019, 478: 116-121.

[27] LI Z, GU Y, PAN M, et al. Tailoring AC magnetic properties of $FeCoNi(MnSi)_x$ ($0 \leqslant x \leqslant 0.4$) high-entropy alloys by the addition of Mn and Si elements[J]. Journal of Alloys and Compounds, 2019, 792: 215-221.

[28] WU Z Y, WANG C X, ZHANG Y, et al. The AC soft magnetic properties of $FeCoNi_x CuAl$ ($1.0 \leqslant x$

≤1.75) high-entropy alloys[J]. Materials,2019,12:4222.

[29] 李忠. FeCoNiMX (M=AlCu,AlMn,AlSi 和 MnSi)高熵合金磁性能和微观结构的研究[D]. 上海:上海大学,2019.

第5章 高熵合金的增材制造(3D打印)

目前,高熵合金多采用真空电弧熔铸、磁悬浮熔炼等铸造技术进行制备。然而,由于铸造过程冷却速率较慢,易产生偏析、夹杂等铸造缺陷,进而影响力学性能;同时,高熵合金普遍具有较高的硬度,难以加工为复杂零部件。因此,高熵合金可能需要其他的制备技术。增材制造技术(即3D打印)由于具有冷却速率快、易成形复杂零部件等特点,有望解决上述问题。基于此,采用增材制造技术制备高熵合金正吸引众多学者的注意。本章从增材制造技术介绍及分类,高熵合金增材制造的致密性研究,高熵合金增材制造的微观结构特点,高熵合金增材制造的力学性能特点,后处理对打印件的影响以及抗腐蚀性能的研究6个方面对高熵合金增材制造研究现状进行阐述。

5.1 增材制造技术介绍及分类

与传统制造业对原材料进行切削、车铣等减材制造方式不同,增材制造(3D打印)是以CAD模型为蓝本,通过分层离散/叠加的原理,将三维实体变为若干个二维平面,利用激光束、电子束、电弧等热源将金属粉体或丝材逐层熔化、凝固,层层堆积,最终实现近净成形,如图5-1所示。

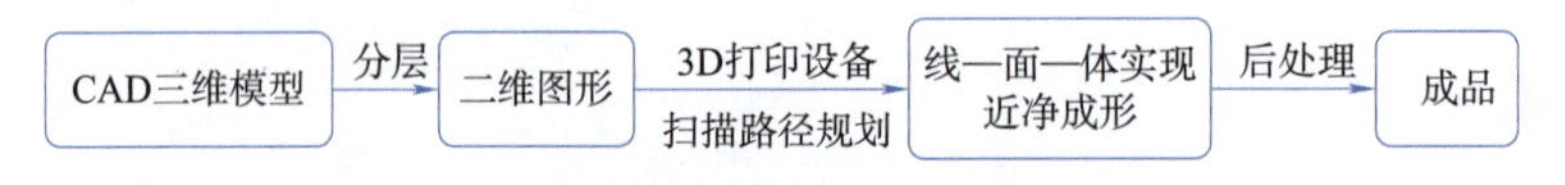

图5-1 增材制造流程图

该技术的主要优势为:(1)无须模具,节省开发周期及成本;(2)可成形复杂零部件,不受形状限制,无须后续焊接、铆接等连接工艺,直接一体化成形;(3)成形件组织致密,机械性能优良;(4)可成形不适合传统加工的材料。但增材制造也有一定的缺陷,例如:由于打印件内部缺陷导致的力学性能较差、采用电弧熔炼时打印件的成形精度较差以及表面质量和材料的局限性等问题。

通常可以将金属材料的增材制造进行以下分类。根据材料给进方式的不同,金属增材制造技术可分为3种:铺粉式(选区激光熔化、选区电子束熔化技术)、送粉式(激光熔化沉积、激光近净成形技术)、送丝式(电弧增材制造)。根据热源的不同,也可分为3种:激光、电子束、电弧。与选区激光熔化相比,选区电子束熔化除了热源不同以外,还对每层进行较高温度的预热处理,这是其独有的特性,因此适合高熔点材料(例如钛铝、高温合金)的打印。由于高熵合金丝材的相关研究较少,导致采用送丝式电弧增材制造技术制备高熵合金的研究鲜有报道。

5.2　高熵合金增材制造的发展历程

基于激光熔覆制备高熵合金涂层的研究相对较早,因此,采用激光熔化沉积(LMD)、激光近净成形(LENS)技术是最早对高熵合金进行增材制造的技术之一,发展较为成熟。2013 年,Welk 等[1]采用激光近净成形技术(LENS)制备了具有成分梯度的圆柱形 $CrCoCuNiFeAl_x$ 高熵合金,并对 $CrCoCuNiFeAl_{1.5}$ 枝晶内的 BCC 和 B2 相界面进行了探究。研究结果表明,相界面由 B2 相组成,界面具有连续性、一致性。但作者未对其力学性能进行表征。随后,Brif 等[2]采用选区激光熔化技术(SLM)制备了 FeCoCrNi 高熵合金(尺寸:8 mm×8 mm×60 mm),并对其微观组织和力学性能进行探究。研究结果表明,SLM 制备的 FeCoCrNi 高熵合金为单相 FCC 结构,无成分偏析,由于晶粒明显细化,导致其屈服强度提高 3 倍、抗拉强度提高 300 MPa,但延伸率为 32%,低于铸态的 50%;退火后,强度降低而延伸率提高至 42%,见表 5-1。

表 5-1　铸态与沉积态 FeCoCrNi 高熵合金性能对比

试样	$\sigma_{0.2}$/MPa	断裂强度/MPa	延伸率/%	硬度/HV
铸态	188	457	50	118
沉积态	600	745	32	238

Fujieda 等[3]针对传统铸造高熵合金均匀性差的问题,提出采用选区电子束熔化技术(SEBM)制备 AlCoCrFeNi 高熵合金(20 mm×20 mm×16 mm)。研究结果表明,其微观组织由大量 BCC 及少量 FCC 相组成不同于铸态的单相 BCC 结果,且柱状晶沿打印方式生长,由于对基板预热,导致打印件底部等轴晶数量明显增多,如图 5-2 所示。对铸态及不同取向打印态样品进行压缩性能测试,结果表明,与铸态相比,SEBM 样品压缩强度、延伸率均升高,打破了强度与塑性的此消彼长。与 SLM 相比,SEBM 功率高、扫描速度快,作者证明了 SEBM 适用于高熵合金的增材制造。但各向异性问题未提出解决方案。

上述研究证明了无论是送粉式的激光增材制造技术(LENS)、铺粉式的选区激光熔化技术(SLM)还是选区电子束熔化技术(SEBM)均能够对高熵合金进行 3D 打印,为后续更加深入的研究打下了基础。

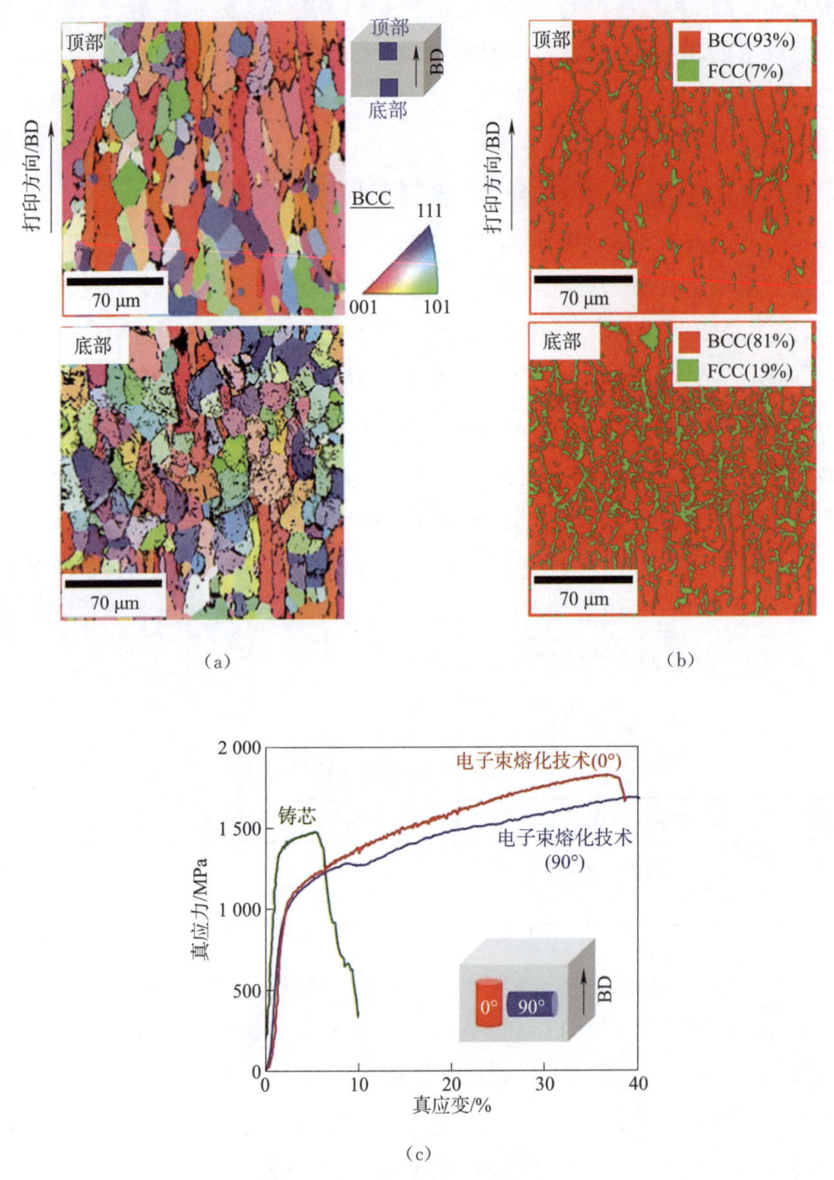

图 5-2 EBSD 结果及压缩曲线

5.3 高熵合金增材制造的致密性研究

通常对打印件微观组织、力学性能进行表征之前，应对其 3D 打印工艺进行探究，以获得无裂纹、孔洞等缺陷的高致密度样品。不仅对高熵合金如此，其他金属材料尤其高裂纹敏感性材料(例如铝合金)更是这样。

2018 年，Zhou 等[4]采用 SLM 技术制备了 $FeCoCrNiC_{0.05}$ 高熵合金，并探究了能量密度

对打印件致密性的影响。能量密度公式为

$$E=\frac{P}{vht} \tag{5-1}$$

式中，E 为能量密度(J/mm^3)；P 为激光功率；v 为扫描速度；h 为激光扫描间距；t 为层厚。在所探究范围内，打印件致密度随能量密度的增加而增加，当致密度达到 99%后保持不变，如图 5-3 所示。这是由于更高温度的熔池具有更好的润湿性；高能量密度使熔池停留时间长，进而有更充足的时间填充孔隙。因此，较高的能量密度有利于提高致密性。

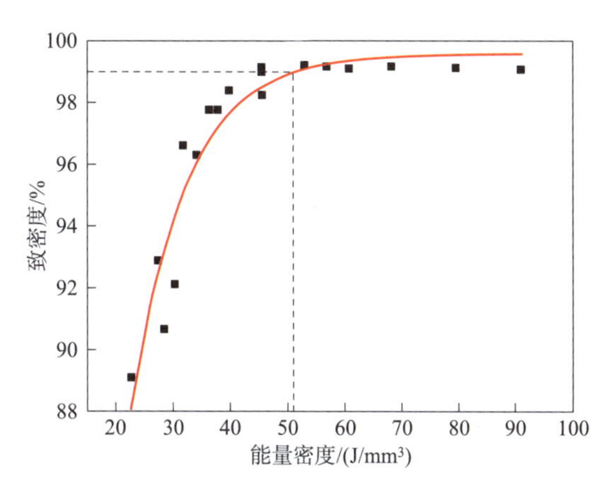

图 5-3　能量密度与致密度关系

徐勇勇等[5]探究了 SLM 工艺参数与打印件内部缺陷的关系。研究发现，当其他参数一定，激光功率逐渐增大时，孔隙、裂纹等缺陷逐渐减少；与 FeCoCrNi 系高熵合金相比，$Al_{0.5}$CoCrFeNi 能量密度与致密度的关系略有变化：当能量密度大于一定值时，由于 Al 元素的挥发来不及排出形成气孔使致密度稍有下降，继续增加能量密度促使气体排出。由此得出结论，对于含有 Al 等易挥发元素合金，高能量密度是获得高致密度的必要条件，但过高的能量会导致烧损、达不到成分设计配比、孔洞等缺陷产生，如图 5-4 所示。

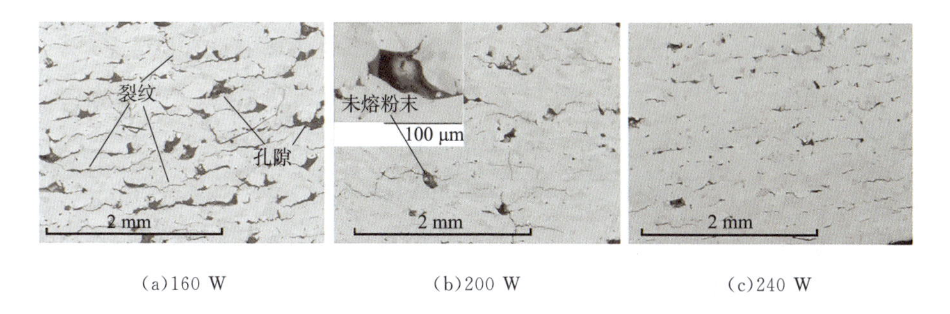

(a)160 W　　(b)200 W　　(c)240 W

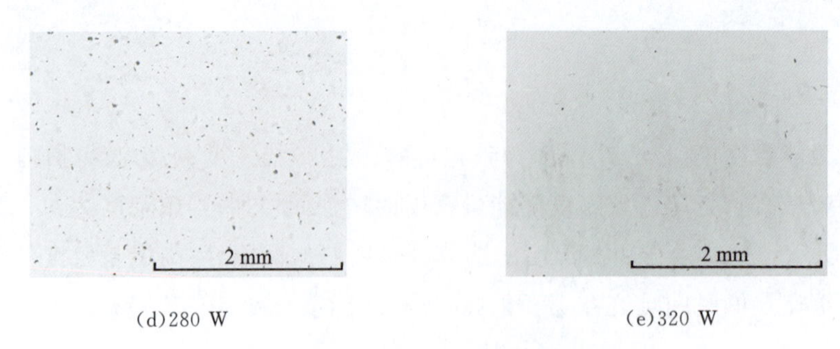

(d)280 W　　(e)320 W

图 5-4　激光功率与孔隙数量的关系

Luo 等[6]采用 SLM 制备了 AlCrCuFeNi 高熵合金,并探究了激光扫描速度、激光扫描间距对打印件致密度的影响。研究发现,随着激光间距或激光扫描速度的减少(即能量密度的增加),致密度大致呈逐渐增加的趋势,但如图 5-4(b)所示,当能量密度高于 160 J/mm^{3}时,致密度反而下降。这是由于过高的热输入易引起低沸点元素的挥发、较大的残余应力进而导致气孔和裂纹的产生。与徐勇勇等人的研究结果一致。

综上所述,能量密度可以用 $E=P/vht$ 表示,能量密度过低易导致粉体未完全熔化进而影响后续层的打印效果,导致孔隙和较大裂纹产生;而能量密度过高易引起低沸点元素的挥发和微裂纹的产生,同样导致致密度的下降。因此,探究优异的打印工艺才能获得适宜的能量密度,制备出高致密度的打印件。

5.4　高熵合金增材制造的微观结构特点

通常,3D 打印样品低倍微观形貌由胞状组织组成,但是高倍微观组织和 EBSD 观察结果均表明打印样品由垂直于基板的柱状晶组成。因此,从侧面观察打印件,其微观组织为柱状晶;而从上、下表面观察,其微观组织为等轴晶。2015 年,Kunce 等[7]采用激光近净成形技术(LENS)制备了 AlCoCrFeNi 高熵合金薄壁件,通过调节扫描速率获得了不同冷却速率对打印件微观组织的影响。研究发现,激光扫描速率对打印件微观组织有显著影响,激光扫描速率越高,冷却速率越快,平均晶粒尺度越小;打印态晶粒取向明显,由沿打印方向的柱状晶组成。但是由于制备样品为薄壁件,未对其力学性能进行表征。

与铸态样品相比,打印态的相组成、相含量可能不同;由于增材制造过程冷却速率极快,导致晶粒明显细化。日本学者 Shiratori 等[8]采用选区电子束熔化技术(SEBM)制备了 AlCoCrFeNi 高熵合金块体样品,并与铸态组织进行了比较。研究发现,与铸态中 FCC 相含量仅为 0.2%相比,打印样品 FCC 相可达到 29.7%,如图 5-5 所示。又由于 SEBM 过程高的冷却速度使晶粒明显细化。

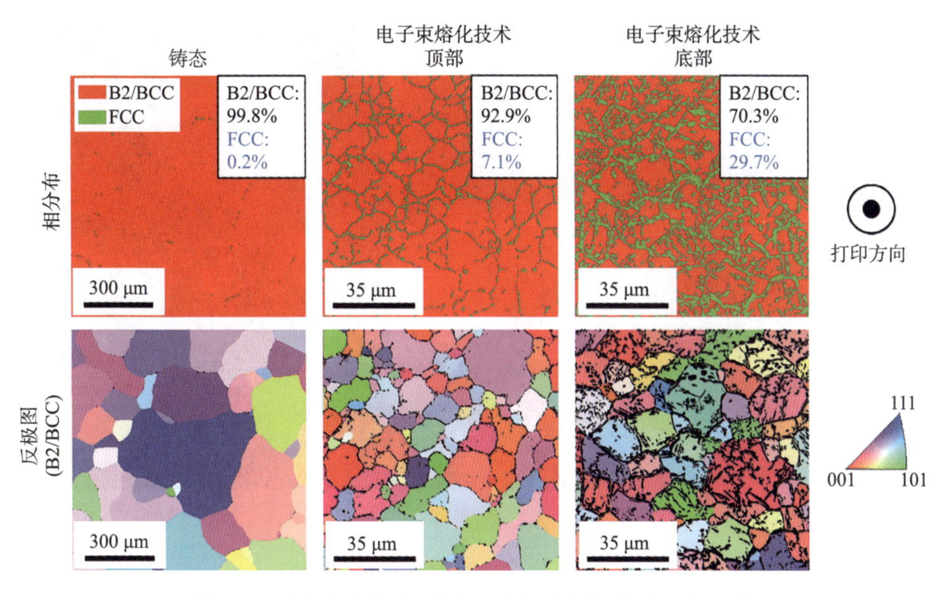

图 5-5　铸态与打印态(从上、下表面观察)微观组织比较

Zhou 等[9]采用 SLM 制备了 $Al_{0.5}CoCrFeNi$ 高熵合金，研究发现，3D 打印后，相组成由铸态的 FCC+BCC 双相结构转变为 FCC 单相结构，作者解释为可能是由于加热、冷却速率很高导致 BCC 相来不及形成。

与铸态相比，打印态样品的成分更均匀，不易偏析。2019 年，Karlsson 等[10]采用 SLM 技术制备了 AlCoCrFeNi 高熵合金，并与感应熔炼的 AlCoCrFeNi 高熵合金进行微观成分偏析的比较。结果表明，铸态 HEAs 晶粒内部由岛状富含 Fe、Cr 的 BCC 相和网状富含 Ni、Al 的 B2 相组成；而打印态 HEAs 由于较高的冷却速度，使得各元素分布较为均匀，只有 Cr 出现微量偏析。

与铸态相比，打印态可产生大量的原始位错。Li 等[11]采用 SLM 制备了 CoCrFeNiMn 高熵合金，与传统铸造方法制备的 CoCrFeNiMn 高熵合金完全由 FCC 相组成不同，打印态样品还有 σ 相析出，且打印态就有大量位错产生(由残余应力导致)，称为原始位错，如图 5-6 所示。

上述研究主要以第 Ⅳ 周期元素：Fe、Co、Ni、Cr、Cu、Mn、Ti 为主，针对难以加工的 MoNbTaW 难熔高熵合金，德国学者 Dobbelstein[12]较早开展了相关研究。其采用直接金属沉积技术(direct metal deposition，DMD)制备了 MoNbTaW 高熵合金薄壁样品，对打印层进行重熔能够显著改善混合单质粉熔点、形貌差异导致的成形质量较差的问题；采用修饰后的成分 $Mo_{32}Nb_{13}Ta_{19}W_{35}$ 后并进行 650 ℃预热后，可获得等原子比 MoNbTaW 难熔高熵合金，为 3D 打印难熔高熵合金的开发提供了借鉴意义。随后，Dobblelstein[13]采用同样的方法设计了 $Ti_{14.1}Zr_{16.3}Nb_{19.8}Hf_{19.7}Ta_{30.1}$ 高熵合金，成功制备出等原子比 TiZrNbHfTa HEAs 3D 打印件。

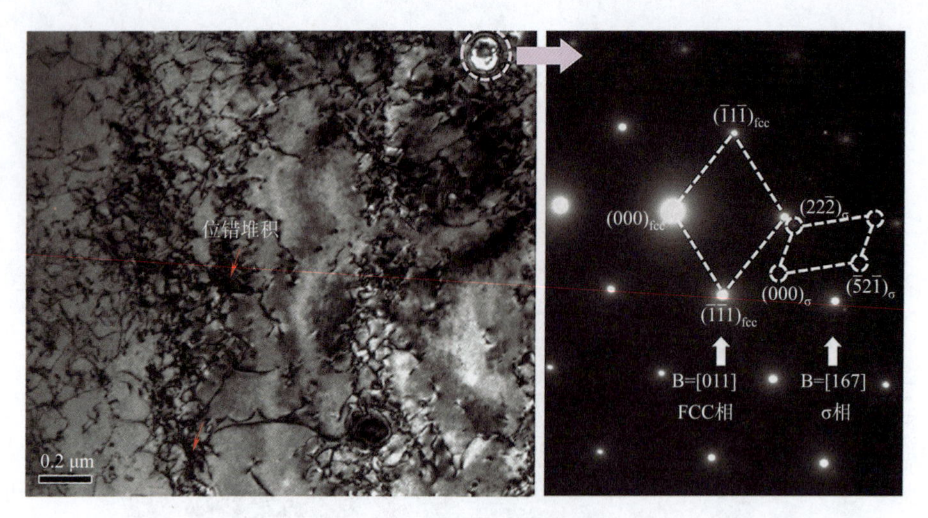

图 5-6 位错堆积及 σ 相

5.5 高熵合金增材制造的力学性能特点

Shiratori 等[8]采用选区电子束熔化技术(SEBM)制备了 AlCoCrFeNi 高熵合金块体样品,并与铸态性能进行了比较。研究发现,两者均由大量片层状 BCC +B2 及 FCC 沉淀相组成,由于预热的作用,底部 FCC 相多于顶部,进而引起底部硬度的下降。由于 SEBM 过程高的冷却速度使晶粒明显细化以及延性 FCC 相数量的增加,导致打印样品压缩强度升高、压缩延伸率提升约 4 倍,如图 5-7 所示。

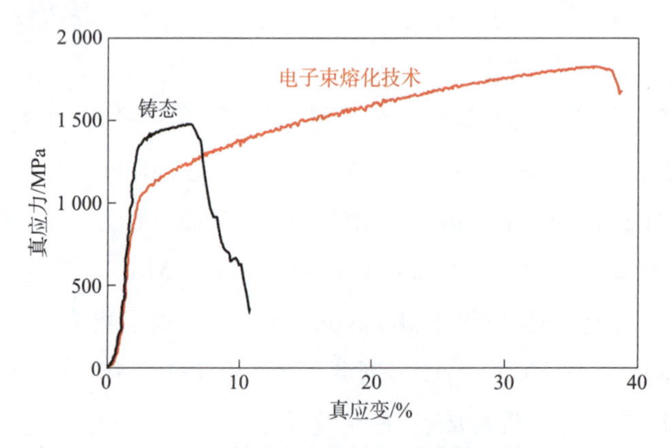

图 5-7 铸态与打印态压缩曲线比较

为了进一步提高 FeCoCrNi 系高熵合金 3D 打印件力学性能,Zhou 等[4]通过添加碳元素制备了 $FeCoCrNiC_{0.05}$ 高熵合金,对高致密性打印件进行力学性能测试发现,屈服强度与抗拉强度差异极小,而延伸率随打印件内部孔隙数量的增加而减小。由于 C 元素的加入导致固溶强化效果增强,进而使得打印件力学性能进一步升高,具体数据见表 5-2。

表 5-2　FeCoCrNi 系高熵合金力学性能比较

材料	晶粒尺寸/μm	屈服强度/MPa	最大强度/MPa
落模铸造制备 FeCoCrNi 高熵合金	289.7	165	400
铸造和冷轧制备 FeCoCrNi 高熵合金	60～80	205	580
机械合金化制备 FeCoCrNi 高熵合金	35	359	713
落模铸造制备 FeCoCrNi 高熵合金	—	155	473
选择性激光熔覆制备 FeCoCrNi 高熵合金	—	600	745
选择性激光熔覆 $FeCoCrNiC_{0.05}$	40～50	656	797

日本学者 Fujieda 等[14]采用 SEBM 制备了 $Co_{1.5}CrFeNi_{1.5}Ti_{0.5}Mo_{0.1}$ 高熵合金,与铸态相比,打印态 HEAs 由于生成了细小均匀的 Ni_3Ti 相,力学性能得到提高;进行热处理后发现 Ni_3Ti 相完全消失,取而代之的是新生成的 Ni_3TiCo 单立方相,导致力学性能大幅度提升。

Joseph 等[15]采用 DLF 制备了 $Al_{0.3}CoCrFeNi$ 高熵合金,对其拉伸及压缩不对称性进行探究,研究结果表明,由于在低应变下未达到孪生的起始应力(240 MPa),导致低应变下拉伸、压缩样品中均未出现孪晶,随着应变的升高,孪晶数量逐渐增多,大幅度提高了样品的强度和塑性,如图 5-8、图 5-9 所示。

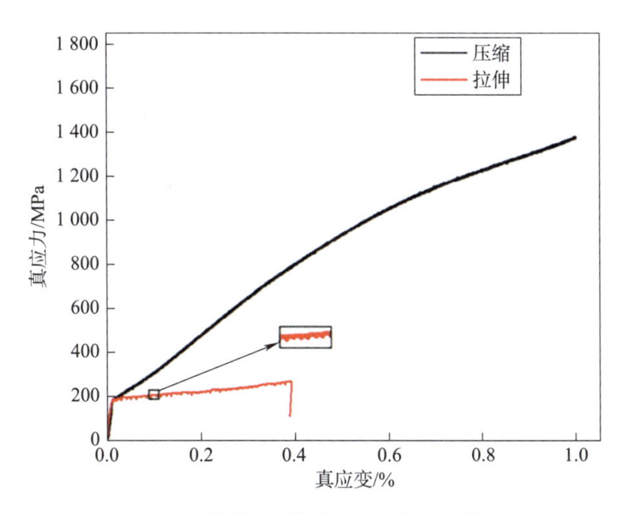

图 5-8　拉伸、压缩真应力-真应变曲线

(a)压缩真应变=0.20 (b)压缩真应变=0.35 (c)压缩真应变=0.50

(d)压缩真应变=0.75 (e)压缩真应变=1.0 (f)拉伸真应变=0.38

图 5-9 不同应变率下压缩、拉伸孪晶数量

Qiu 等[16]采用 LAM 制备了 CoCrFeNiMn 高熵合金，并在低温、室温下分别进行拉伸性能测试，研究发现，与 Gludovatz 等[17]采用传统铸造制备的 CoCrFeNiMn 高熵合金类似，采用增材制造制备的 CoCrFeNiMn 同样具有优异的低温拉伸性能。Bi 等[18]采用 LMD 技术制备了 CoCrFeNiMn 高熵合金，分别进行低温、室温拉伸性能、冲击性能测试，研究发现，拉伸性能与 Gludovatz 的研究结果类似，均随着温度的降低而升高；但冲击韧性截然相反，出现了随温度的降低而下降的现象，可能是由于冲击韧性对样品内部缺陷敏感所致。

5.6 后处理对打印件的影响

Li 等[11]采用 SLM 制备了 CoCrFeNiMn 高熵合金，采用热等静压(hot isostatic pressing，HIP)进行后处理发现，由于微裂纹、孔洞等缺陷的减少，导致打印件致密度有较大提高(由 98.2%提升至 99.1%)，但晶粒尺度增大，如图 5-10 所示。

Zhang[19]对 AlCoCuFeNi 高熵合金打印件分别在 900 ℃、1 000 ℃进行 10 h 热处理后发现，其相组成由单相 BCC 结构变为 BCC+FCC 双相结构，且随着退火温度的升高，FCC 相含量的增多。由于 FCC 相引起延性的提高以及充分的加工硬化效果，导致 1 000 ℃进行热处理后样品的压缩强度和延伸率全面提高。Wang 等[20]对 AlCoCrFeNi 高熵合金打印件分别在 600 ℃、800 ℃、1 000 ℃、1 200 ℃下时效 168 h 后发现，600 ℃热处理结果与铸态差异较小；而在 800 ℃及以上温度热处理后，由于 FCC 相逐渐聚集、长大，导致 FCC 相含量及尺寸逐渐提高。

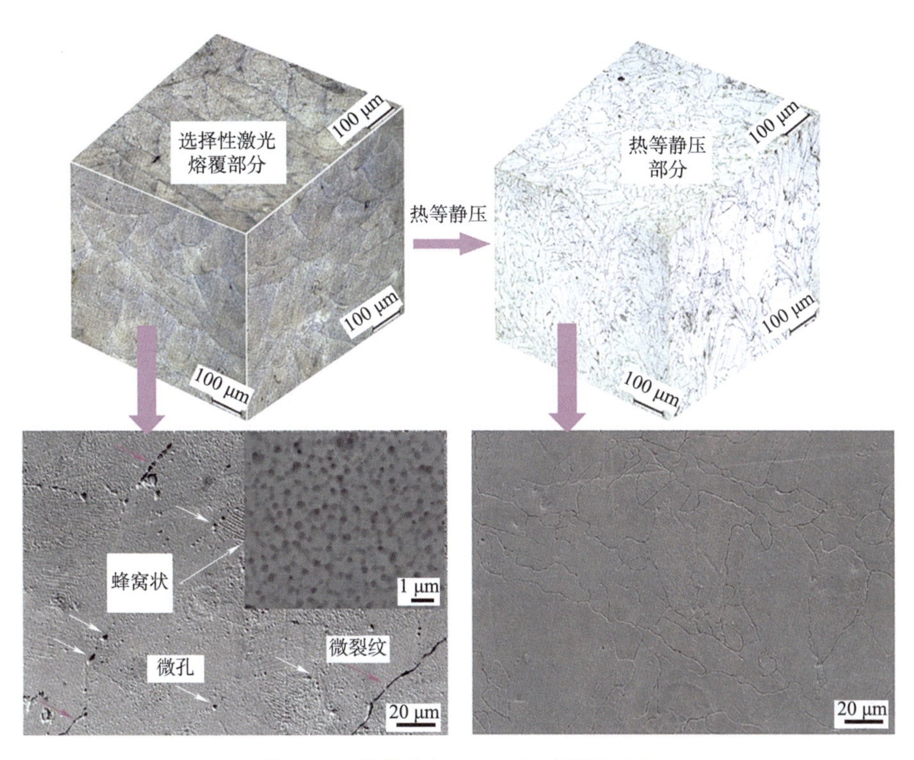

图 5-10　热等静压(HIP)前后组织对比

5.7　抗腐蚀性能的研究

高熵合金中含有一定量的 Al、Cr、Ti、Ni 等耐蚀元素，所以通常认为其抗腐蚀性较好。增材制造技术由于具有快速冷却的特点，可以减少偏析，提高成分的均匀性，进一步改善高熵合金的抗腐蚀。但是，正如上文所述，由于增材制造中的热力学过程与传统铸造差异很大，可能导致不同的相结构产生，这就可能影响其耐蚀性。Kuwabara 等[21]采用 SEBM 制备 AlCoCrFeNi 高熵合金，与铸态近乎单相 BCC 结构不同，打印态中形成了大量不均匀分布的 B2 相，降低了腐蚀电位，引起 B2 相与 BCC 相界面处易产生点蚀，腐蚀性能的下降。Melia 等对 LMD 制造的 CoCrFeMnNi 高熵合金进行适当热处理，消除了第二相，发现其腐蚀电位升高，耐蚀性明显改善。不同增材制造技术也可能导致不同的耐蚀性。Fujieda 等[22]对比了 SLM 和 SEBM 两种增材制造方法制造的 CoCrFeNiTi 高熵合金，研究发现，由于 SEBM 制备的合金中出现了大量 Ni_3Ti 相，而 SLM 制备的合金中 Ni_3Ti 相含量极低，因此后者更耐点蚀，后续热处理后，变为单相 FCC 结构，其耐点蚀性能进一步提高。

综上所述，与铸态高熵合金相比，打印态样品在微观组织、力学性能以及后处理方面均具有特殊性。例如：微观组织中的胞状结构、晶粒的明显细化、垂直于基板生长的柱状晶、元素偏析的减少;由于相组成及含量的差异进而导致力学性能的不同等。目前高熵合金研究范围仍较窄,主要对压缩、拉伸性能进行表征;而对其疲劳性能、冲击性能、断裂韧性、腐蚀性能等相关研究极少。因此,拓宽高熵合金增材制造的研究范围并改善其相关性能可能是该领域未来的发展方向之一。

参考文献

[1] WELK B A, WILLIAMS R E A, VISWANATHAN G B, et al. Nature of the interfaces between the constituent phases in the high entropy alloy CoCrCuFeNiAl[J]. Ultramicroscopy, 2013, 134: 193-199.

[2] BRIF Y, THOMAS M, TODD I. The use of high-entropy alloys in additive manufacturing[J]. Scripta Materialia, 2015, 99: 93-96.

[3] FUJIEDA T, SHIRATORI H, KUWABARA K, et al. First demonstration of promising selective electron beam melting method for utilizing high-entropy alloys as engineering materials[J]. Materials Letters, 2015, 159: 12-15.

[4] ZHOU R, LIU Y, ZHOU C, et al. Microstructures and mechanical properties of C-containing FeCoCrNi high-entropy alloy fabricated by selective laser melting[J]. Intermetallics, 2018, 94: 165-171.

[5] 徐勇勇,孙琨,邹增琪,等. 选区激光熔化制备 $Al_{0.5}$CoCrFeNi 高熵合金的工艺参数及组织性能[J]. 西安交通大学学报, 2018, 52(1): 151-157.

[6] LUO S C, GAO P, YU H C, et al. Selective laser melting of an equiatomic AlCrCuFeNi high-entropy alloy: processability, non-equilibrium microstructure and mechanical behavior[J]. Journal of Alloys and Compounds, 2019, 771: 387-397.

[7] KUNCE I, POLANSKI M, KARCZEWSKI K, et al. Microstructural characterisation of high-entropy alloy AlCoCrFeNi fabricated by laser engineered net shaping[J]. Journal of Alloysand Compounds, 2015, 648: 751-758.

[8] SHIRATORI H, FUJIEDA T, YAMANAKA K, et al. Relationship between the microstructure and mechanical properties of an equiatomic AlCoCrFeNi high-entropy alloy fabricated by selective electron beam melting[J]. Materials Science and Engineering A, 2016, 656: 39-46.

[9] ZHOU P F, XIAO D H, WU Z, et al. $Al_{0.5}$FeCoCrNi high entropy alloy prepared by selective laser melting with gas-atomized pre-alloy powders[J]. Materials Science and Engineering: A, 2018, 739: 86-89.

[10] KARLSSON D, MARSHAL A, JOHANSSON F, et al. Elemental segregation in an AlCoCrFeNi high-entropy alloy - A comparison between selective laser melting and induction melting[J]. Journal of Alloys and Compounds, 2018, 784: 195-203.

[11] LI R D, NIU P D, YUAN T C, et al. Selective laser melting of an equiatomic CoCrFeMnNi high-entropy alloy: Processability, non-equilibrium microstructure and mechanical property[J]. Journal of Alloys and Compounds, 2018, 746: 125-134.

[12] DOBBELSTEIN H, THIELE M, GUREVICH E L, et al. Direct metal deposition of refractory high entropy alloy MoNbTaW[J]. Physics Procedia, 2016, 83: 624-633.

[13] DOBBELSTEIN H, GUREVICH E L, GEORGE E P, et al. Laser metal deposition of a refractory

TiZrNbHfTa high-entropy alloy[J]. Additive Manufacturing,2018,24:386-390.

[14] FUJIEDA T, SHIRATORI H, KUWABARA K, et al. CoCrFeNiTi-based high-entropy alloy with superior tensile strength and corrosion resistance achieved by a combination of additive manufacturing using selective electron beam melting and solution treatment[J]. Materials Letters, 2017, 189: 148-151.

[15] JOSEPH J, STANFORD N, HODGSON P, et al. Tension/compression asymmetry in additive manufactured face centered cubic high entropy alloy[J]. Scripta Materialia,2017,129:30-34.

[16] QIU Z C, YAO C W, FENG K, et al. Cryogenic deformation mechanism of CrMnFeCoNi high-entropy alloy fabricated by laser additive manufacturing process[J]. International Journal of Lightweight Materials and Manufacture,2018,1:33-39.

[17] GLUDOVATZ B, HOHENWARTER A, CATOOR D, et al. A fracture-resistant high-entropy alloy for cryogenic applications[J]. Science,2014,345(6201):1153-1158.

[18] BI G J, CHEW Y X, WENG F, et al. Process study and characterization of properties of FerCrNiMnCo high-entropy alloys fabricated by laser-aided additive manufacturing[J]. Proceedings of SPIE,2018,10813.

[19] ZHANG M N, ZHOU X L, WANG D F, et al. AlCoCuFeNi high-entropy alloy with tailored microstructure and outstanding compressive properties fabricated via selective laser melting with heat treatment[J]. Materials Science and Engineering:A,2019,743:773-784.

[20] WANG R, ZHANG K, DAVIES C, et al. Evolution of microstructure, mechanical and corrosion properties of AlCoCrFeNi high-entropy alloy prepared by direct laser fabrication[J]. Journal of Alloys and Compounds,2017,694:971-981.

[21] KUWABARA K, SHIRATORI H, FUJIEDA T, et al. Mechanical and corrosion properties of AlCoCrFeNi high-entropy alloy fabricated with selective electron beam melting[J]. Additive manufacturing,2018,23:264-271.

[22] FUJIEDA T, CHEN M, SHIRATORI H, et al. Mechanical and corrosion properties of CoCrFeNiTi-based high-entropy alloy additive manufactured using selective laser melting[J]. Additive manufacturing,2019,25:412-420.

第6章 高熵合金黏结相

硬质合金是一种由高熔点、高硬度的硬质相(通常为陶瓷相)和低熔点、高韧性的黏结相(通常为金属相)组成的一种复合材料。通常来说,硬质合金的基本组分熔点很高,用铸造方法生产硬质合金相对困难,因此采用粉末冶金技术制备种类繁多的硬质合金用品。与高速钢、工具钢相比,硬质合金的切削温度可达800 ℃以上,具有优良的热硬性,且在切削速度、耐腐蚀性、抗氧化性、服役寿命等方面具有较好优势。由于硬质合金的硬度高、耐磨性好、化学稳定性优异、还具有一定的韧性,可以作为工具材料、耐磨材料、耐高温材料、耐腐蚀材料等广泛应用于切削、采矿、机加工等领域。因此硬质合金被誉为工业的"牙齿"[1]。硬质合金发展的几个重要历程如下。1923年,德国的施勒特尔(Schroter)在碳化钨(WC)粉体中加入10%~20%的金属钴(Co),并采用粉末冶金的方法进行制备,研制出了硬度仅次于金刚石的新型合金——硬质合金。他在专利中提出的工艺至今仍在WC-Co基硬质合金生产中应用。1926年,德国克虏伯公司率先进行了硬质合金的生产,随后迅速传入欧美、日本等国,目前,中国、美国、日本、欧洲各国等为主要的硬质合金生产国。1953年,可调换刀头的出现使刀具变得可拆分,可以长期使用的刀杆和随时可调换的刀头大大降低了硬质合金刀头的成本,使硬质合金刀得以迅速推广、普及。20世纪60年代末,克虏伯公司又成功研制出涂层硬质合金,该硬质合金具有寿命长、切削速度快等诸多优点。与此同时,热等静压技术被引入硬质合金领域,使硬质合金生产工艺又向前迈进了一大步。经过近百年的发展,硬质合金已形成了品种繁多、规模庞大的合金体系,按化学成分可分为:(1)WC基硬质合金,包括钨钴类硬质合金(代号YG)、钨钛钴类硬质合金(代号YT)、钨钛钽(铌)钴类硬质合金(代号YW)还有无黏结相的WC硬质合金等;(2)TiC基硬质合金,包括TiC基硬质合金和Ti(C、N)基硬质合金;(3)涂层硬质合金,在第一类硬质合金刀片表面沉积一层TiC等以提高刀片的耐用性;(4)钢结硬质合金,主要成分是钢,TiC或WC为硬质相,其特点是可以进行热处理,便于制备形状复杂的制品;(5)其他类硬质合金,例如Cr_3C_2基硬质合金等。

WC基硬质合金是最常用的硬质合金。其以WC为主要成分,或者再加入少量TaC、NbC、TiC等碳化钨作为硬质相,以提高耐磨性和硬度等;一些金属元素如Co或Ni等作为黏结相进行黏结,还可以提高硬质合金韧性。金属钴(Co)具有韧性好、与陶瓷基体润湿性好(尤其是WC,润湿角为0°)等特点,是硬质合金常用的黏结相。但是,传统的WC基硬质合金具有些许缺点:(1)抗高温氧化能力较差,且在高温和高切削速度下性能会发生恶化,从而限制了WC基硬质合金的应用范围;(2)Co具有一定毒性,对工作人员造成潜在健康危险;

(3)Co 是昂贵的战略稀缺资源,而我国的 Co 资源又相对缺乏。随着服役环境及被加工材料强硬度的逐渐升高,对硬质合金刀具的切削速度、切削精度、服役寿命等提出了更高的要求,而传统硬质合金的表现越来越乏力。因此,新型硬质合金应运而生。比如 Ti 基硬质合金,Ti 基硬质合金是指 TiC 或 Ti(C、N)为基体的硬质合金。与 WC 基硬质合金相比 Ti 基硬质合金的硬度较高、密度小、耐高温、耐磨损、耐腐蚀性较强,并且具有非常好的抗扩散磨损的能力。Ti 基硬质合金按组成和性能可分为:(1)TiC 基硬质合金;(2)Ti(C、N)基合金。但是,由于 TiC 基合金韧性很低,一直没有获得太多的关注。直到 20 世纪 70 年代,通过细化硬质相,硬质合金的室温和高温力学性能也明显得到改善,而且添加 TiN 后还可大幅度地提高硬质合金的高温耐腐蚀和抗氧化性能,因此,Ti(C、N)基硬质合金引起研究者们的极大兴趣。但是,如上文所说,Co 属于稀缺资源,加上新能源锂电池等诸多领域对 Co 的迫切需要,使其价格更加昂贵;除此之外,Co 还对人体健康、环境造成一定影响,因此在硬质合金领域很早便开展了减 Co、代 Co 的研究。同属铁族金属的镍(Ni)、铁(Fe)元素与 Co 具有相近的物理和化学性质,因此 Ni、Fe 是常见的 Co 黏结相替代品。但是 Fe 与陶瓷基体的润湿性差;Ni 虽然能提高抗腐蚀性能、降低成本、提高硬质合金的抗氧化性(由于 Ni 易生成氧化膜,防止进一步氧化),但抗弯性能明显降低。因此,Fe、Ni 均不是最佳的黏结相。金属间化合物具有较高的强度和抗氧化能力,但其脆性问题限制了其作为硬质合金黏结相的广泛应用。因此寻求新型黏结相是硬质合金发展的必然趋势[2]。高熵合金由于新颖的合金成分设计理念以及具有较高的强度、硬度、耐磨性、耐腐蚀、抗高温氧化等优异性能,不仅满足用作硬质合金黏结相的性能要求,还可以达到减 Co、代 Co 的目的。常见的高熵合金,例如:AlCoCrFeNi、CoCrFeMnNi、CoCrFeNiCu 等合金,均包含传统黏结相的常见元素:Co、Fe、Ni,从成分相近的角度,高熵合金具有可替代传统黏结相的潜力。难熔高熵合金虽然不包含上述 Co、Fe、Ni 等元素,但由于其更加优异的力学性能(高硬度、耐磨性、抗高温氧化性等),适合硬质合金的服役环境,同样也具有巨大的潜力。因此,高熵合金有望成为硬质合金黏结相的理想材料,以进一步提高其硬度、耐磨、耐腐蚀、抗高温氧化等性能,同时达到减 Co、代 Co 的目的。本章将以 WC 基硬质合金、TiX 基硬质合金对以高熵合金为硬质合金黏结相的相关研究进行介绍。

6.1 WC 基硬质合金

Chen 等[3]较早地开展了高熵合金替代传统黏结相的相关研究。其以具有高温强度高、抗氧化等优异性能的 $Al_{0.5}CoCrCuFeNi$ 高熵合金为黏结相制备了 WC-$Al_{0.5}CoCrCuFeNi$ 硬质合金。研究发现,其制备工艺与传统硬质合金类似,如图 6-1 所示;黏结相为 FCC 结构,其对 WC 晶粒的生长有抑制作用,使 WC 晶粒尺寸明显细小,由粗大板条状转变为细小等轴状;随着高熵合金黏结相含量和温度的升高,该硬质合金硬度逐渐降低,表现出与传统硬质合金类似的趋势，但硬度值要超过 200 HV，这是由于 $Al_{0.5}CoCrCuFeNi$ 高熵合金固有硬度值较高及晶粒细化所致；与同等硬度的传统硬质合金相比，该硬质合金具有更高的断裂韧性。这项初期的研究表明，采用高熵合金代替传统黏结相制备的新型硬质合金具有优异的力学性能，优于商用 WC-Co 硬质合金。

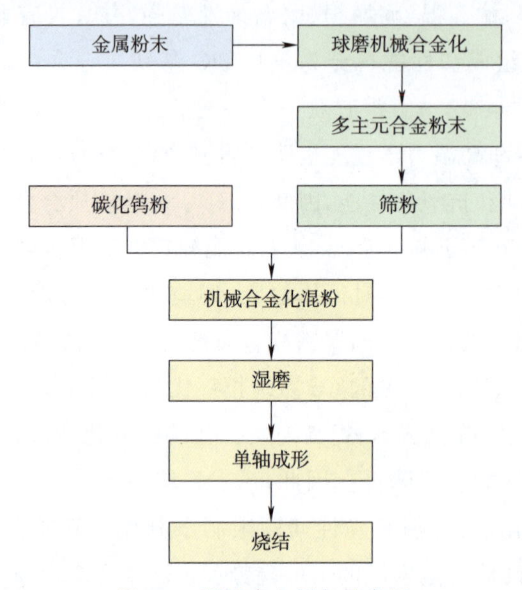

图 6-1　硬质合金制备示意图

近期，张勇教授课题组研究了高熵合金黏结相对 WC 基硬质合金组织及性能的影响[4]，黏结相成分分别为 $Fe_{28.5}Co_{47.5}Ni_{19}Al_{1.6}Si_{3.4}$、$AlCoCrFeNiTi_{0.2}$ 和 $AlCo_{0.4}CrFeNi_{2.7}$。研究结果表明，三种高熵合金对 WC 的高温接触角均在 2°～3°之间，表现出良好的润湿性。而润湿性与硬质合金的致密性、抗变形能力等有较大关联。通常来说，润湿性越好，其相应的硬质合金致密性、抗变形能力越高。研究还发现，这三种成分的高熵合金黏结相均能有效抑制 WC 晶粒的长大，有助于形成晶粒细小的硬质合金，进而提升力学性能，同时拓宽对工艺窗口，不会因烧结温度过高而导致 WC 晶粒快速粗化。$AlCoCrFeNiTi_{0.2}$ 做黏结相时，质量分数占比为 5%的经 1 300 ℃烧结的高熵硬质合金具有最佳的力学性能，此时硬度为 1 567.8 HV_{30}，断裂韧性为 7.5 MPa·$m^{1/2}$。$AlCo_{0.4}CrFeNi_{2.7}$ 做黏结相时，质量分数为 10%的经 1 300 ℃烧结的高熵硬质合金具有最佳的力学性能，此时硬度和断裂韧性分别为 1 575 HV_{30}、9.2 MPa·$m^{1/2}$。

6.1.1　工艺对 WC 硬质合金组织及性能的影响

Luo 等[5]同样以 AlCoCrCuFeNi 系高熵合金为黏结相，系统地探究了制备工艺（烧结温度、烧结时间）及黏结相含量对机械合金化＋放电等离子烧结制备的 WC-AlCoCrCuFeNi 硬质合金微观组织及性能的影响。研究发现，黏结相为 FCC＋BCC 双相结构；高熵合金的缓慢扩散效应抑制了 WC 晶粒的生长，使该硬质合金晶粒尺度小于传统 WC-Co 硬质合金，且随着高熵合金含量的增加，抑制效果更加明显；致密性并不是随着烧结温度或烧结时间的增加而增加，而是当温度或烧结时间过大时产生孔洞，进而导致下降；显微硬度主要由高熵合金黏结相含量、WC 晶粒尺度决定，即随着高熵合金黏结相含量的增加和 WC 晶粒尺度的增大，硬度值逐渐减小；断裂韧性并不完全与致密性的变化趋势一致，断裂韧性还与 WC 晶粒尺度有关，WC 过大易降低液相的流动性进而产生孔洞，WC 过小易导致晶间断裂，两者均会降低其断裂韧性。与商用 WC-Co 硬质合金相比，最优工艺下的 WC-AlCoCrCuFeNi 硬质合金具有更佳的硬度和断裂韧性。Gao 等[6]系统地研究了工艺（烧结温度和烧结时间）对 WC-20(Fe-Ni-Co)硬质合金的微观组织和性能的影响。研究发现，随着烧结温度的升高，该硬质合金的孔隙率先减小后增大，而硬度、抗弯强度、断裂韧性均呈先增大后减小的趋势。这是由于低于最佳烧结温度（1 380 ℃）时大量孔洞，高于最佳烧结温度时的粗化 WC 颗粒和少量孔洞生成所致；随着烧结时间的延长，该硬质合金孔隙率也呈先减小后增大的趋势，由于 WC 颗粒逐渐增大，导致硬度逐渐降低，而抗弯强度与孔隙率和 WC 尺寸均有关系。

6.1.2　成分对 WC 硬质合金组织及性能的影响

上述研究分别以 $Al_{0.5}CoCrCuFeNi$、AlCoCrCuFeNi 单一成分的高熵合金为研究对象，探究工艺对组织及性能的影响。在以高熵合金为黏结相的探索中，不仅工艺对硬质合金有较大影响，合金成分及配比也是重要的影响因素。

为了探究 Al 元素对 CoCrCuFeNi 硬质合金的影响，Andrea 等[7]分别以 CoCrCuFeNi、$Al_{0.5}CoCrCuFeNi$、$Al_2CoCrCuFeNi$ 高熵合金为黏结相，制备了 WC-(Al)CoCrCuFeNi 硬质合金。研究发现，热等静压（HIP）处理对 WC-CoCrCuFeNi 硬质合金具有显著致密的作用，而对含 Al 的硬质合金无影响；随着 Al 元素的增加，WC 颗粒尺寸逐渐增大，最佳球磨时间逐渐延长。Andrea 还发现，在 WC-(Al)CoCrCuFeNi 硬质合金中添加 C 元素，能够抑制脆性富 W 相生成，但引入了富 Cr 相；分别以机械合金化和气雾化制备的 CoCrCuFeNi 粉末为原材料制备的 WC-CoCrCuFeNi 硬质合金具有类似的结构，均出现了相偏析、孔洞等现象，可能是由润湿性差所致。周盼龙等[1]以 $Al_xCrFeCoNi$（$x=0.5$、1）系高熵合金为黏结相，制备 WC-$Al_xCrFeCoNi$ 硬质合金。研究发现，随着 Al 含量的增加，黏结相由 FCC+BCC 转变为单相 BCC 结构；$Al_xCrFeCoNi$ 系高熵合金对 WC 晶粒的长大同样有抑制作用，WC-10$Al_{0.5}CrFeCoNi$ 硬质合金的硬度、断裂韧性、抗腐蚀性能均超越 WC-10Co 硬质合金。

6.1.3　WC 基硬质合金腐蚀行为

硬质合金可以用作干式切削刀具、湿式切削刀具、钻掘工具等，其服役环境复杂，因此除了要求优异的力学性能外，其抗腐蚀性也异常重要。通常，硬质合金出现的腐蚀属于电化学腐蚀和多因素综合作用导致的腐蚀，因此，其相应研究从电化学腐蚀行为入手[8]。周盼龙等[1]以 $Al_xCrFeCoNi$(x=0.5、1)系高熵合金为黏结相，探究 WC-$Al_xCrFeCoNi$ 硬质合金的抗腐蚀性能。研究发现，由于含有抗腐蚀性较好的 Ni 元素、提高合金钝化能力的 Cr 元素，使该硬质合金的抗腐蚀能优于 WC-Co 硬质合金。Zhou 等[9]研究发现，WC-AlFeCoNiCrTi 硬质合金的抗腐蚀性能也高于 WC-Co 硬质合金。

由上述研究可知，在用高熵合金为黏结相的 WC 基硬质合金中，以 CoCrFeNi 系高熵合金为主，同时添加了一定含量的 Al、Cu、Ti 等元素。通过不同成分之间的对比，可以获得较优的黏结相，通过工艺(研磨、烧结)的探究，组织、性能的比较可以获得最佳工艺参数，进而制备性能优异的硬质合金，使其硬度、抗弯强度、断裂韧性、腐蚀性能均可以全面超过传统硬质合金。无论是单相 FCC 还是双相 FCC+BCC 结构的高熵合金，均有抑制晶粒长大的效果。良好的组织加上高熵合金固有的高硬度、强度、耐腐蚀等特点，使其性能超越传统 WC 基硬质合金。而 HCP 结构的高熵合金和单相 BCC 结构高熵合金作为黏结相的研究较少，可能是未来的一个发展方向。

6.2 TiX 基硬质合金

除 WC 基硬质合金外，TiB_2、Ti(C、N)等 TiX 基硬质合金的相关研究也是热点。Zhu 等[10]较早开展相关研究，其采用机械合金化+低压烧结法制备了 Ti(C、N)-AlCoCrFeNi 硬质合金。研究发现，该硬质合金由 Ti(C、N)相和 FCC 结构的高熵合金相组成，由于生成了富含 W 的高熵合金相以及无内界面的无核晶粒，导致该硬质合金具有较高的硬度和断裂韧性，如图 6-2 所示。

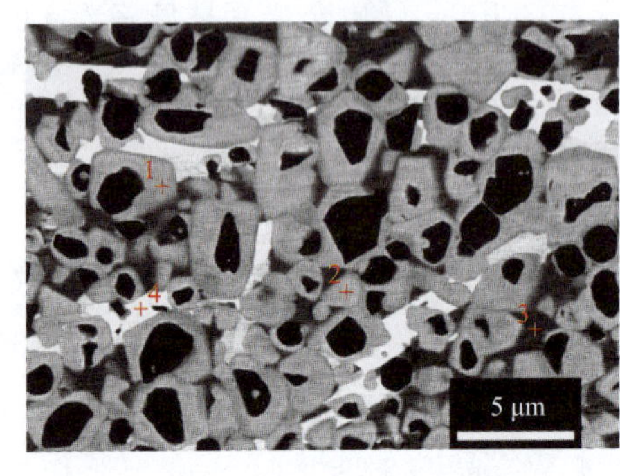

(a)低倍

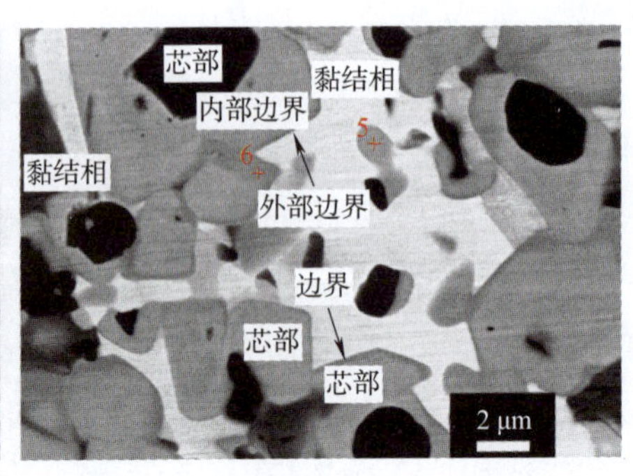

(b)高倍

图 6-2　Ti(C、N)-AlCoCrFeNi 硬质合金微观组织图

6.2.1 成分对 TiX 基硬质合金组织及性能的影响

TiB_2 陶瓷具有高熔点(3 225 ℃)、高弹性模量(500 GPa)、高硬度(30 GPa)等优异性能，适用于高温结构材料、切削工具、耐磨涂层等领域。然而，其脆性问题限制了进一步的应用。

Zhao 等[11]采用机械合金化+放电等离子烧结法制备了系列 $TiB_{2-x}CoCrFeNiMn_{0.5}Ti_{0.5}$($x$=0、2.5、5、7.5、10)硬质合金，着重探究了高熵合金含量对该合金组织及性能的影响。研究发现，高熵合金含量对 TiB_2 晶粒尺寸没有明显影响(与其他学者得出的高熵合金黏结相含量的增加对晶粒的抑制更明显相违背)；随着高熵合金含量的增加，其致密度由 85.5%上升到 99.1%，这是由于高熵合金能润湿并有效填充孔隙；随着致密度的增加，其硬度和抗弯强度也大致随着升高。

加入一定量的 C 等体积较小的元素，是提高高熵合金力学性能的手段，而对于高熵合金黏结相来说还有待探索。Obra 等[12]制备了 $Ti_{0.8}Ta_{0.1}Nb_{0.1}C_{0.5}N_{0.5}$-20CoCrFeMnNi(CER-HEA1)和 $Ti_{0.8}Ta_{0.1}Nb_{0.1}C_{0.5}N_{0.5}$-20CoCrFeNiV(CER-HEA2)以及分别加入质量分数为 1.8%的 C 的硬质合金(CER-HEA1-C、CER-HEA2-C)，由于未对润湿性、黏结相含量及烧结工艺进行探究，导致硬质合金致密性较差，进而使力学性能低于预期。

难熔高熵合金(NbMoTaW、VNbMoTaW、WTaFeCrV 等)具有更加优异高温力学性能及抗氧化性能，因此，从性能角度来说，难熔高熵合金也是黏结相的备选材料。Liu 等[13]以 WC、Mo_2C、TaC、NbC、VC、Ti(1∶0.5∶1∶1∶1∶4.5)为原料制备了 TiC/W-Mo-Ta-Nb-V 系硬质合金，其致密度大于 96.5%，由于 TiC 晶粒细小、难熔高熵合金固有的高硬度以及 C 元素可与高熵合金形成间隙固溶体从而进一步提高强度，使最终制得的硬质合金具有较高的硬度(1 910 HV)和压缩强度(3 100 MPa)。

6.2.2 工艺对 TiX 基硬质合金组织及性能的影响

Ji 等[14]对 TiB_2-CoCrFeNiTiAl 硬质合金进行了较为全面、细致的研究。其采用机械合金化+放电等离子烧结技术(SPS)制备了 TiB_2-5CoCrFeNiTiAl 硬质合金。在制备硬质合金之前，用座滴法测量了 TiB_2 与 CoCrFeNiTiAl 高熵合金的润湿角(16.73°)，如图 6-3 所示，良好润湿性是黏结相和陶瓷能够较好结合、提高最终硬质合金致密性的重要基础。因此，润湿性的测量对于选取硬质合金新型黏结相异常重要。其微观组织的结果表明，黏结相为 FCC 韧性相，且没有 M_2B 或 $M_{23}B_6$ 等在传统 TiB_2 硬质合金中易生成的脆性相生成，因此，其抗弯强度显著提高，达 800.2 MPa。随着烧结温度(1 400～1 600 ℃)的升高，TiB_2 与高熵合金的结合越来越牢固，因此该硬质合金致密度(最高达 99.1%)、显微硬度(最高达 2 356 HV)、抗弯强度逐渐提高；当进一步提高烧结温度时(1 700 ℃)，致密度未明显升高，硬度和抗弯强度反而下降，这是由晶粒进一步长大所致。断口分析也表明，随着烧结温度的升高(1 400～1 700 ℃)，晶粒尺度逐渐增大，断裂模式由沿晶断裂向沿晶断裂+穿晶断裂混合断裂模式过渡。

Fu 等[15]以 TiNiFeCrCoAl 高熵合金为黏结相，制备了系列 TiB_{2-x}TiNiFeCrCoAl(x=5、10、20)硬质合金。研究发现，延长球磨时间能够细化粉体，增强烧结过程中的毛细力，进而提高致密性，如图 6-4 所示；高熵合金黏结相的增加能够提高液相的含量，进而也提高致密性。

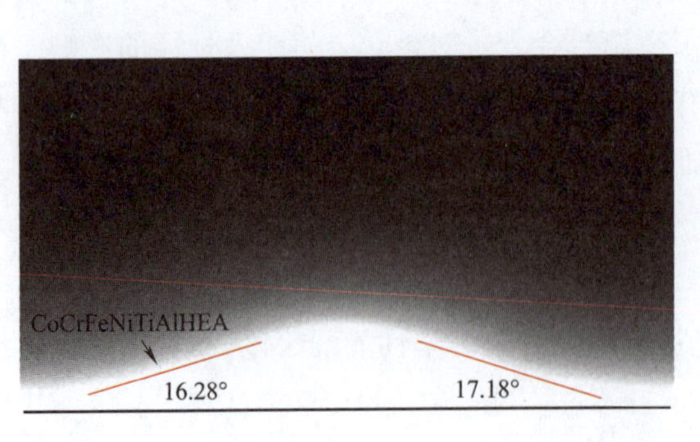

图 6-3　座滴法测量润湿角

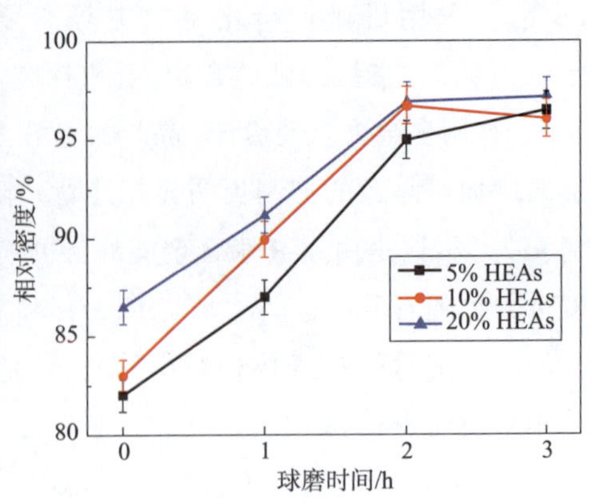

图 6-4　球磨时间和高熵合金黏结相含量对致密度的影响

6.2.3　TiX 基硬质合金氧化行为

Zhu 等[16]对传统硬质合金 Ti(C、N)-Ni/Co 和新型 Ti(C、N)-AlCoCrFeNi 硬质合金的高温氧化行为进行探究。研究发现，在不同温度和不同氧化时间下，Ti(C、N)-AlCoCrFeNi 硬质合金能够生成致密的氧化皮，阻碍了进一步氧化，使其氧化速率、氧化层厚度和氧化质量明显低于传统硬质合金；Cr 和 Al 元素也对提高抗氧化性能有积极作用，Ti(C、N)-AlCoCrFeNi 硬质合金表现出优异的抗氧化性，如图 6-5 所示。

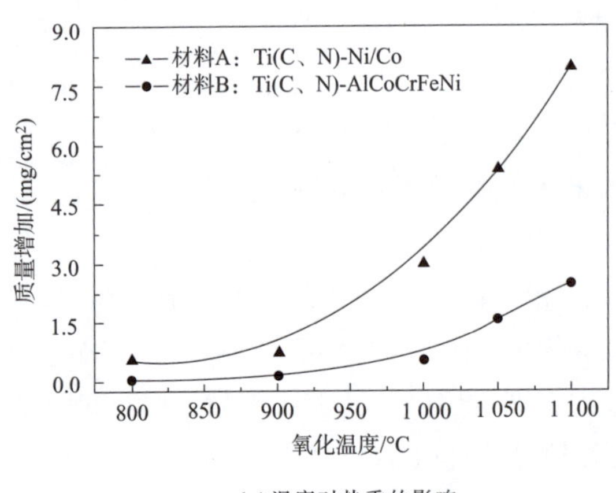

(a)温度对热重的影响

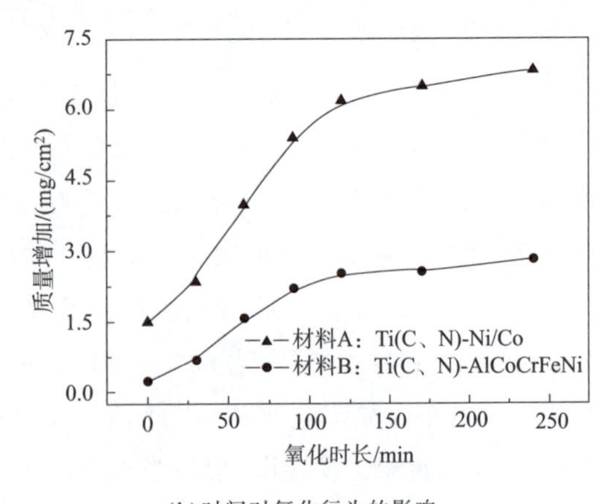

(b)时间对氧化行为的影响

图 6-5　两种硬质合金的氧化行为

综上所述，在以高熵合金替代传统黏结相的研究中，无论是 WC 基硬质合金，还是 TiX 基硬质合金，均以 CoCrFeNi 系高熵合金为研究对象，而难熔高熵合金和其他系列的高熵合金的相关研究甚少。虽然以高熵合金为黏结相的硬质合金具有明显细小的组织，在硬度、断裂韧性、抗弯强度、抗腐蚀、抗氧化等性能方面表现优异，但在 C 含量对其组织及性能的影响、不同介质中的腐蚀行为等领域的研究较少，这对于应用领域多样化、工况复杂的硬质合金来说还需进一步探究。黏结相与陶瓷的润湿性对硬质合金的孔隙率有较大影响，部分高熵合金在不同工艺下均表现出较差的致密性，这可能与润湿性有关。因此，探索新型硬质合金黏结相，黏结相与陶瓷的润湿性应是首先考虑的因素。然而，目前的研究多以性能为主，缺乏对润湿性这一个基础而重要的参数的考量。难熔高熵合金具有更加优异的高温力学性能和抗氧化性，其有望成为硬质合金黏结相的备选材料。高熵合金作为一种新型合金，虽然已经吸引了众多学者的关注，但其作为黏结相的硬质合金领域仍处于起步阶段，这就需要更多科研人员的共同努力让该领域的发展更加精彩。

参考文献

[1] 周盼龙，肖代红，周鹏飞，等．热压法制备超细晶 WC-Al_xCrFeCoNi 复合材料及其组织与性能[J]. 粉末冶金材料科学与工程，2019，24(2)：100-105.

[2] VELO I L，GOTOR F J，ALCALÁ M D，et al. Fabrication and characterization of WC-HEA cemented carbide based on the CoCrFeNiMn high entropy alloy[J]. Journal of Alloys and Compounds，2018，746：1-8.

[3] CHEN C S，YANG C C，CHAI H Y，et al. Novel cermet material of WC/multi-element alloy[J]. International Journal of Refractory Metals and Hard Materials，2014，43(12)：200-204.

[4] 张明晨．新型硬质合金用高熵合金粘结相[D]. 北京：北京科技大学，2022.

[5] LUO W Y，LIU Y Z，LUO Y，et al. Fabrication and characterization of WC-AlCoCrCuFeNi high-entropy alloy composites by spark plasma sintering[J]. Journal of Alloys and Compounds，2018，754：163-170.

[6] GAO Y，LUO B H，HE K J，et al. Mechanical properties and microstructure of WC-Fe-Ni-Co cemented carbides prepared by vacuum sintering[J]. Vacuum，2017，143：271-282.

[7] ANDREA M G，PATRICIA A，SVEN R，et al. The manufacture and characterization of WC-(Al) CoCrCuFeNi cemented carbides with nominally high entropy alloy binders[J]. International Journal of Refractory Metals and Hard Materials，2019，84：105032.

[8] 易丹青，陈丽勇，刘会群，等．硬质合金电化学腐蚀行为的研究进展[J]. 硬质合金，2012，29(4)：238-253.

[9] ZHOU P F，XIAO D H，YUAN T C. Comparison between ultrafine-grained WC-Co and WC-HEA-cemented carbides[J]. Powder Metallurgy，2017，60(1)：1-6.

[10] ZHU G，LIU Y，YE J W. Fabrication and properties of Ti(C，N)-based cermets with multi-component AlCoCrFeNi high-entropy alloys binder[J]. Materials Letters，2013，113：80-82.

[11] ZHAO K，NIU B，ZHANG F，et al. Microstructure and mechanical properties of spark plasma sintered TiB_2 ceramics combined with a high-entropy alloy sintering aid[J]. Advances in Applied Ceramics，2016，116(1)：1-5.

[12] OBRA A G，AVILÉS M A，TORRES Y，et al. A new family of cermets：Chemically complex but microstructurally simple[J]. International Journal of Refractory Metals and Hard Materials，2016，63：17-25.

[13] LIU B, WANG J, CHEN J, et al. Ultra-high strength TiC/refractory high-entropy-alloy composite prepared by powder metallurgy[J]. JOM, 2017, 69(4): 651-656.

[14] JI W, ZHANG J, WANG W, et al. Fabrication and properties of TiB_2-based cermets by spark plasma sintering with CoCrFeNiTiAl high-entropy alloy as sintering aid[J]. Journal of the European Ceramic Society, 2015, 35(3): 879-886.

[15] FU Z Z, KOC R. Processing and characterization of TiB_2-TiNiFeCrCoAl high-entropy alloy composite[J]. Journal of the American Ceramic Society, 2017, 100(7): 2803-2813.

[16] ZHU G, LIU Y, YE J. Early high-temperature oxidation behavior of Ti(C, N)-based cermets with multi-component AlCoCrFeNi high-entropy alloy binder[J]. International Journal of Refractory Metals and Hard Materials, 2014, 44: 35-41.

第7章 高熵合金的辐照行为

能源是人类社会生存、发展的重要物质基础，从国家战略、军事到国计民生，均需要能源的支撑。世界各国的现代化和工业化的发展消耗了大量煤炭、石油、天然气等不可再生资源，并且能源的需求日益增长，因此寻求可替代的安全、环保的新型能源变得越发重要。以氢的同位素氘、氚为原料的受控核聚变反应堆可提供大量能量，其原料储备丰富，获取难度不高，从海洋中就能够得到，且主要产物为无放射性的氦，是目前理想的新能源。我国已经提出核聚变工程实验堆(China fusion engineering test reactor，CFETR)计划进行受控核聚变反应堆的建设。在核反应堆中，包层结构是其最重要的部件之一。包层结构可以屏蔽辐照，防止堆内放射物质泄漏。而聚变堆包层结构材料的服役环境较为恶劣，不仅要承受大剂量的辐照，还有较高的热负荷的影响，易导致材料的强度、韧性等力学性能显著下降，降低服役寿命，影响服役安全。而近期出现的日本福岛核泄漏事故再次提醒人类核安全的重要性。因此，包层结构材料的性能要求非常高，可以用苛刻来形容。不仅要求抗辐照、低活化，还有力学性能稳定、抗高温蠕变性能、抗腐蚀等。根据我国的核聚变工程实验堆(CFETR)二期计划，包层结构材料的抗辐照损伤水平进一步提高，系统工作温度更高、热传介质的腐蚀性更强等。传统的核反应堆包层材料为低活化铁素体马氏体钢(RAFM钢)、在RAFM钢中引入大量弥散氧化物的氧化物弥散强化钢(ODS钢)、钒合金及碳化硅复合材料。其中，采用机械合金化方法制备的ODS钢性能较好，但受限于制备方法，成本高且效率低，且长时高温蠕变断裂性能和400 ℃左右的辐照脆化问题仍然存在[1]。钒合金的热蠕变和氦脆导致温度上限低，且与氢同位素兼容性不好。碳化硅复合材料的连接技术及规模化生产受限，无法满足现阶段应用的需求。因此，急需研发新型材料来解决上述问题。高熵合金由于成分和结构的特殊性，具有热力学的高熵效应、结构的严重的晶格畸变效应、动力学的缓慢扩散效应及性能的鸡尾酒效应，表现出常温、高温下优异的稳定性及力学性能，譬如：高硬度、高强度、抗高温软化、耐腐蚀等，有望满足上述性能的要求，是极具潜力的新型材料。因此，高熵合金在核材料领域吸引了大量科研人员的关注，例如中国北京科技大学、美国橡树岭实验室、美国密歇根大学、日本大阪大学等。本章将对高熵合金辐照行为的研究现状进行介绍。

7.1 微观结构及缺陷的演化

金属材料在辐照条件下受到辐照粒子(离子、中子、电子等)的作用,使材料本身的晶格原子发生变化,生成间隙原子、空位等缺陷,这些点缺陷还会进一步发生迁移、复合、聚集,进而导致较明显的辐照缺陷形成,影响服役性能。由于不能在核反应内进行辐照实验,对于高熵合金的辐照损伤研究,目前通常采用辐照剂量大、辐照损伤效率高的离子辐照和电子辐照对材料进行辐照行为的研究。辐照造成的缺陷很多,最主要的是体积肿胀,其次还有辐照硬化和脆化、辐照相变、辐照蠕变、高温氦脆,这被称为辐照材料在真实裂变和聚变反应堆环境下所面临的五大挑战。作为辐照结构材料的关键在于具有优异的抗辐照性能,不会因为辐照的影响导致微观结构的变化,进而大幅降低力学性能,影响服役安全。金属材料在辐照条件下发生体积肿胀的主要原因是:高能粒子将金属材料的晶格节点上的原子撞离原始位置,被撞离的原子可以快速在金属基体中扩散,而原子被撞离后在其原晶格节点上产生的空穴的移动速度较慢。随着辐照时间的延长,空位慢慢形成空位团簇,进而聚集成相当大的空洞,在宏观上表现为体积肿胀。为了抑制这些空洞的形成和长大,传统材料中常用的手段是引入高密度的缺陷陷阱,以此来吸附辐照产生的点缺陷,从而防止点缺陷的聚集。例如:在抗辐照材料内部引入高密度的细小析出相、纳米晶界、高密度位错等。目前,高熵合金辐照缺陷形成机制方面的工作有实验和模拟两大类。

日本学者 Nagase 和 Egami 较早地开展了高熵合金辐照行为的相关研究[2-5],并发现了高熵合金在抗辐照机制方面具有“自修复”功能。Egami 通过分子动力学计算发现,多组元合金由于各原子尺寸差异导致原子级别的应力存在,这些应力会引起部分非晶化,同时辐照会积累热量,使合金局部熔化、再结晶,整个过程会使高熵合金产生的位错缺陷减少,这就是“自修复”功能。Nagase 采用实验的方法进一步对“自修复”机制做了解释。其采用电子辐照对 CoCrCuFeNi 高熵合金进行辐照实验,研究发现,高熵合金在受到来自粒子辐照之后,合金内部会产生一定的点缺陷(空位和间隙原子),这些空位和间隙原子,在传统单一主元金属中能够聚集成环或者空洞,进而导致较显著的辐照损伤,使纯金属容易在辐照环境下失效。但对于高熵合金,由于多基元合金晶格畸变程度高,空位和间隙原子很难在合金中形成,且空位和间隙原子也很难迁移形成环或者空洞。在辐照条件下,高熵合金中的部分区域发生部分有序化,类似于金属间化合物,进一步辐照,有序化区域则发生非晶化转变,非晶态属不稳定状态,会自发晶化,从而完成整个“自修复”过程,使高熵合金具有较高的抗辐照性能。传统合金辐照条件下的损伤机制和高熵合金在辐照条件下的“自修复”机制对比如图 7-1 所示。通常来说,高熵合金在辐照条件下的自修复机制只是对其耐辐照性能的一种解释。至于进一步揭示辐照机理,还需要许多详细系统的方法。而且对于上述作者采用的纳米晶高熵合金来说,较高的缺陷浓度、缺陷陷阱(这个机理多用于传统材料辐照性能的提升)也会提升辐照性能，因此还需进一步揭示高熵合金抗辐照机理。

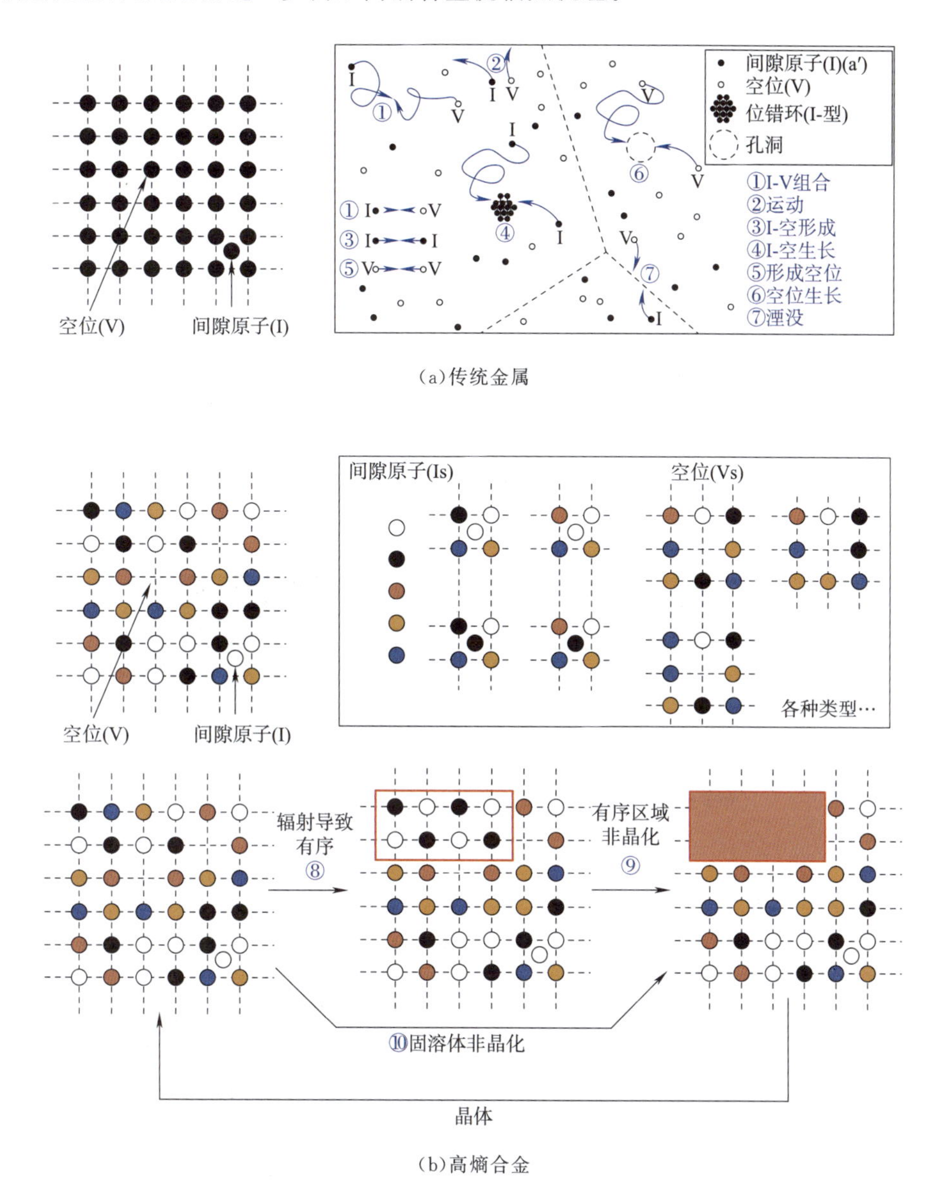

(a)传统金属

(b)高熵合金

图7-1　电子辐照下的电子撞击效应和缺陷恢复过程所引起的缺陷类型示意

由于单质Ni、NiFe、NiCoFe、NiCoCr、NiCoCrFeMn体系合金都具有FCC结构，因此在探究主元成分、浓度对合金辐照性能的影响时，多以此体系合金为研究对象。

Zhang等[6]采用第一性原理的方法对比了Ni、NiCo、NiFe、CoCrFeNi等不同体系合金的电子结构，如图7-2所示。研究发现，合金主元越多、成分越复杂，其电子平均自由程越短，电导率和热导率越小，进而减小能量耗散，延长热峰时间，为点缺陷的复合提供了更长的时间，进而抑制了缺陷的聚集、长大，使高熵合金表现出优异的抗辐照损伤能力。分子动力学计算和相应的实验结果也表明，随着合金成分复杂程度的提高，其内部缺陷(层错四面体和位错环)尺寸逐渐减小。从实验和计算模拟角度揭示了上述合金体系中，随成分复杂性的提高，合金抗辐照性能越明显的机理。

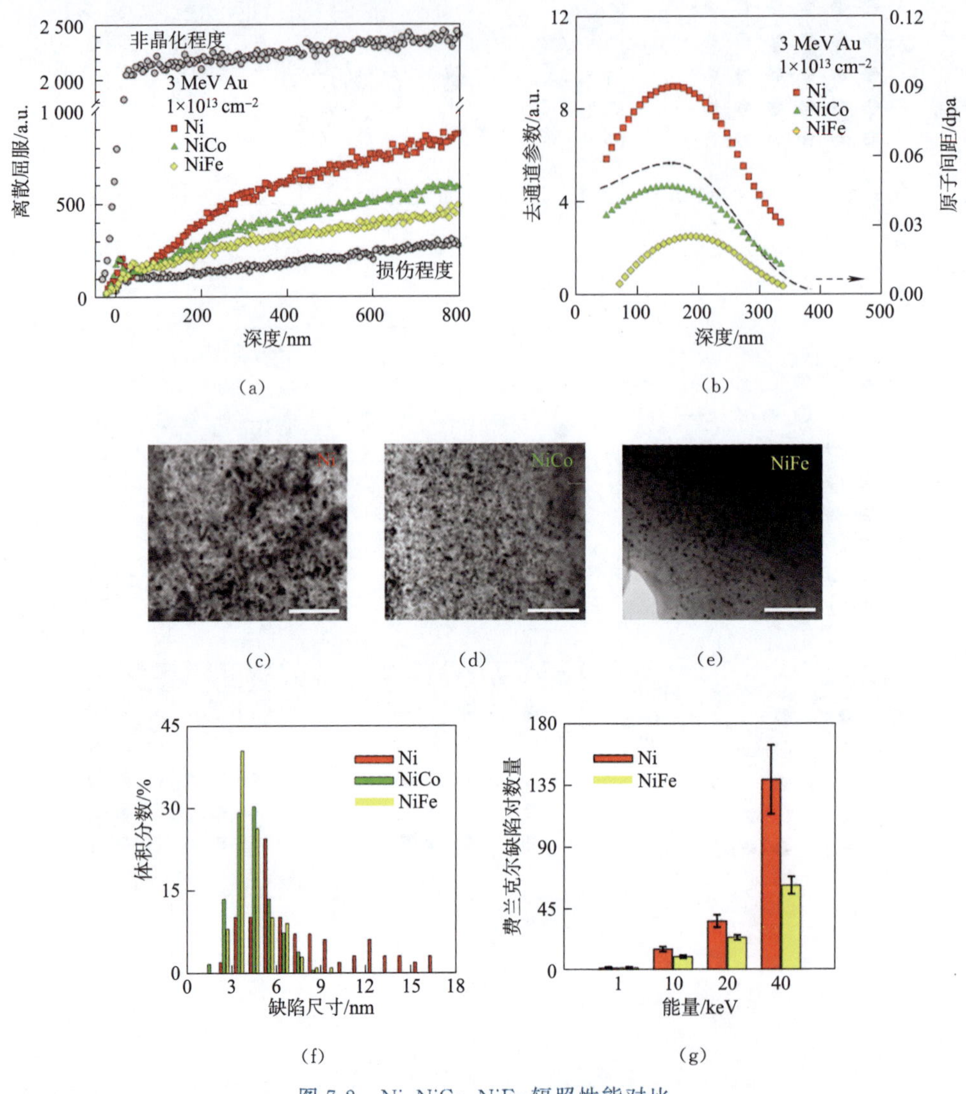

图 7-2　Ni、NiCo、NiFe 辐照性能对比

Zhang[6]、Jin 等[7]在该领域做了较系统的工作，研究发现：在辐照作用下，成分相对复杂的合金，其晶格损伤逐渐减小，且辐照损伤深度较浅。从实验角度说明：以上合金体系中，主元成分越复杂，辐照缺陷演化速度越慢，进而具有更好的抗辐照性能。Lu 等[8]发现，在 Ni 和 NiCo 合金中，空位在较浅的辐照级联碰撞区聚集，形成较大尺寸的孔洞，而间隙原子迁移至更深处，形成位错；而在 NiFe、NiCoFe、NiCoFeCr、NiCoFeCrMn 等复杂主元合金中，恰恰相反，较浅的辐照级联碰撞区形成了高密度的位错，而少量空位则在更深处聚集形成小尺寸孔洞，如

图 7-3 所示。这是由于点缺陷在不同材料中迁移行为的不同。在成分较简单的合金中,间隙原子迁移能低,可以沿着单一方向运动较远距离,呈现一维的运动模式,因此,能够迁移到更深的区域,同时留下大量的过量空位,形成孔洞。而在成分较复杂的合金中,间隙原子迁移能大幅提高,导致其一维运动受到抑制,使迁移方向发生改变,呈现三维的运动模式,因此,间隙原子大多停留在较浅的区域。当间隙原子与空位相遇,便引起复合,抑制了空洞的形成。

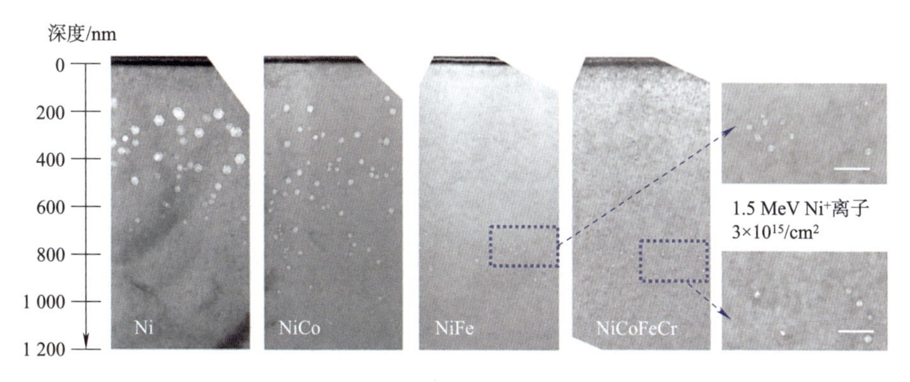

(a)1.5 MeV 辐照条件

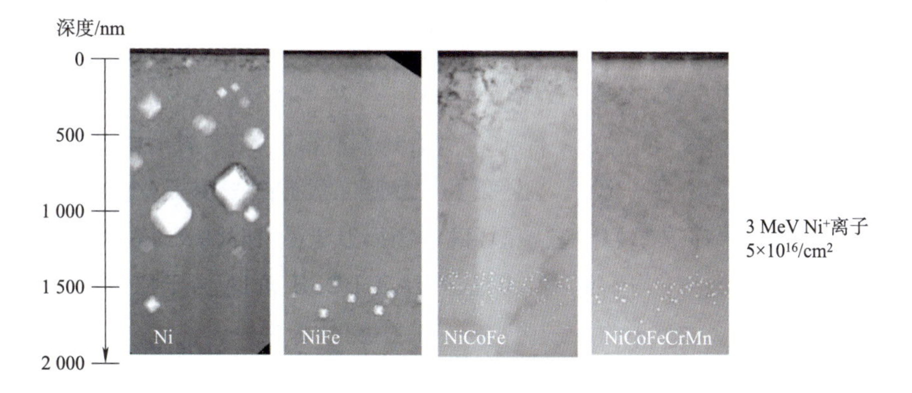

(b)3 MeV 辐照条件

图 7-3 辐照引起的孔洞分布图

He 离子对合金的结构与力学性能有重要影响,且在高温或者室温辐照下均可能产生氦泡,进而大大降低合金的力学性能。Wang 等[9]对 Ni、NiCo、NiFe、NiCoCr、NiCoFe 合金在 He 离子辐照下缺陷的形成进行了探究,研究发现上述合计中均有氦泡生产,其氦泡尺寸由大到小的顺序为 Ni>NiCo>NiCoCr>NiFe>NiCoFe,大致说明了随着合金成分复杂度的升高,辐照导致的氦泡缺陷越来越小。但 NiCoCr 合金中的氦泡较大,作者从空位交换机制的角度解释为:空位通过与 Cr 交换迁移过快,从而促进了氦泡的长大。Chen 等[10,11]在 250~700 ℃下采用 He 离子对 CoCrFeNi 高熵合金进行辐照行为的探究,研究发现,与 Ni 单质相比,CoCrFeNi 合金中的氦泡尺寸和体积分数均较小,如图 7-4 所示。说明 CoCrFeNi 合金抑制了氦泡的生产,表现出较优的抗辐照性能。

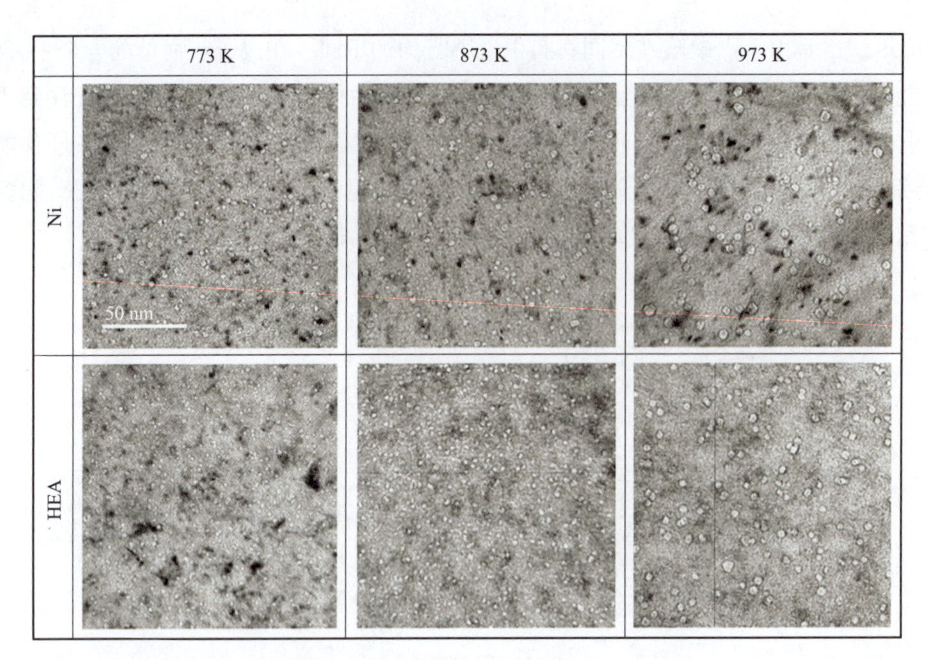

图 7-4　Ni 与 CoCrFeNi 高熵合金中氦泡比较

温度对高熵合金辐照行为同样有影响。Kumar 等[12]发现，当辐照温度从 400 ℃升高至 700 ℃时，$Ni_{27}Fe_{28}Mn_{27}Cr_{18}$ 高熵合金在 Ni 离子辐照下的位错环尺寸大致呈上升趋势，而密度下降，这是由于温度升高，间隙原子的迁移能力提升所致。Yang 等[13]同样发现，随着辐照温度的升高(从 250 ℃升高至 650 ℃)，$NiCoFeCrAl_{0.1}$ 高熵合金在 Au 离子辐照下的位错环等缺陷团簇的尺寸上升而密度下降。作者同样认为是迁移能力提升所致。

结构的稳定性是核材料抗辐照性能的基础，是衡量抗辐照性能的重要指标。尤其在高温下，热效应和辐照效应的双重作用使合金的稳定性受到了更大的挑战。日本大阪大学的 Nagase 等[4]在室温(图 7-5)和 500 ℃(图 7-6)下对 FCC 结构的 CoCrCuFeNi 高熵合金进行高压原位电子辐照，研究发现，当辐照剂量超过 45 dpa 时，该合金依然保持了较高的相结构稳定性，如图 7-5 所示。

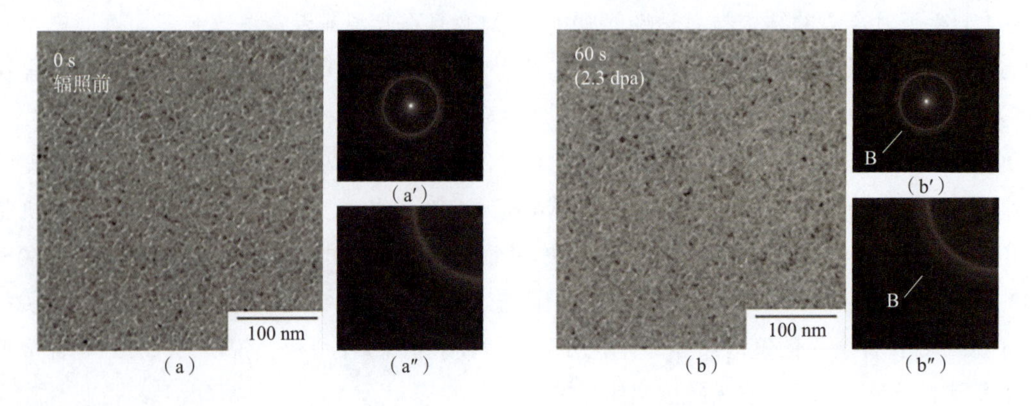

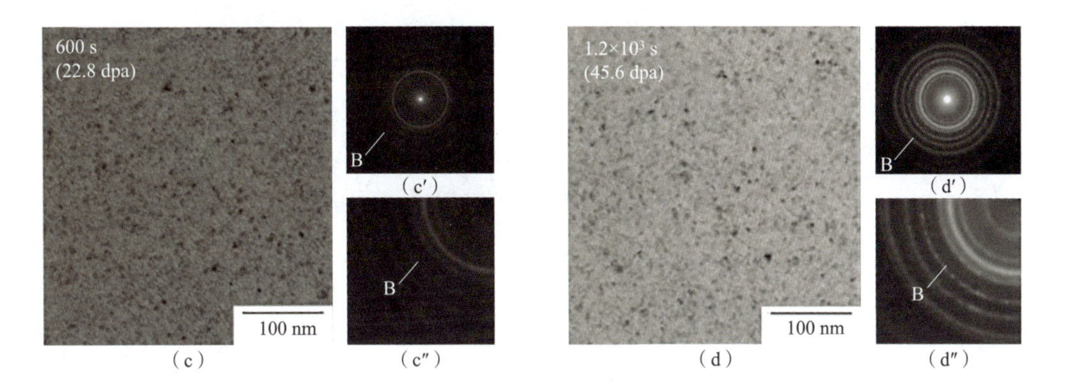

图 7-5　常温辐照下 CoCrCuFeNi 高熵合金相结构

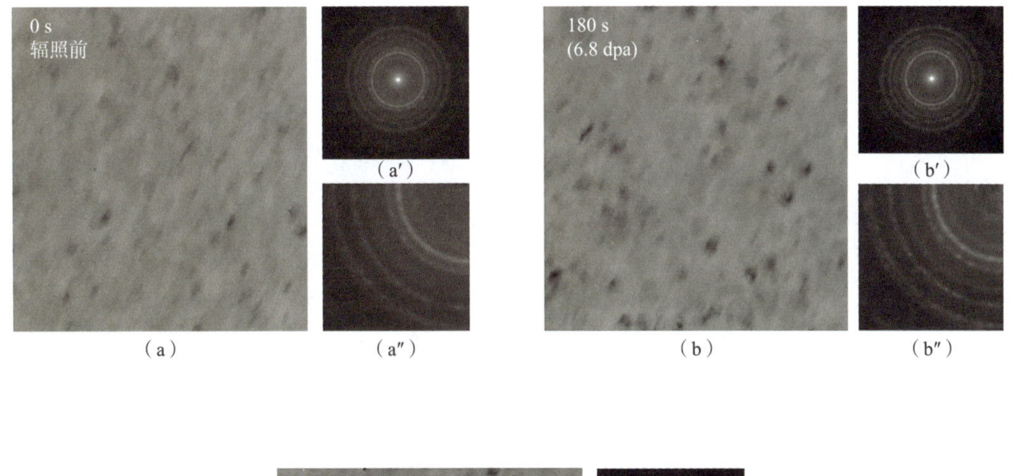

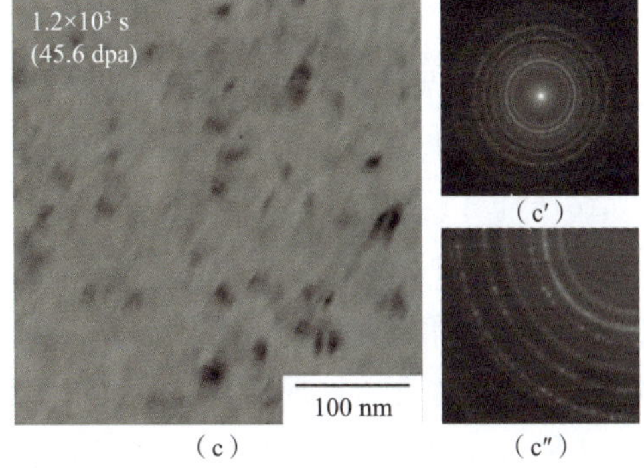

图 7-6　500 ℃辐照下 CoCrCuFeNi 高熵合金相结构

北京科技大学的夏松钦[14]在室温下对双相 $Al_{1.5}CoCrFeNi$ 高熵合金进辐照实验，研究发现，当辐射剂量达到～50 dpa 时，基体和析出相没有发生明显的互溶，表现出较好的相结构稳定性，如图 7-7 所示。

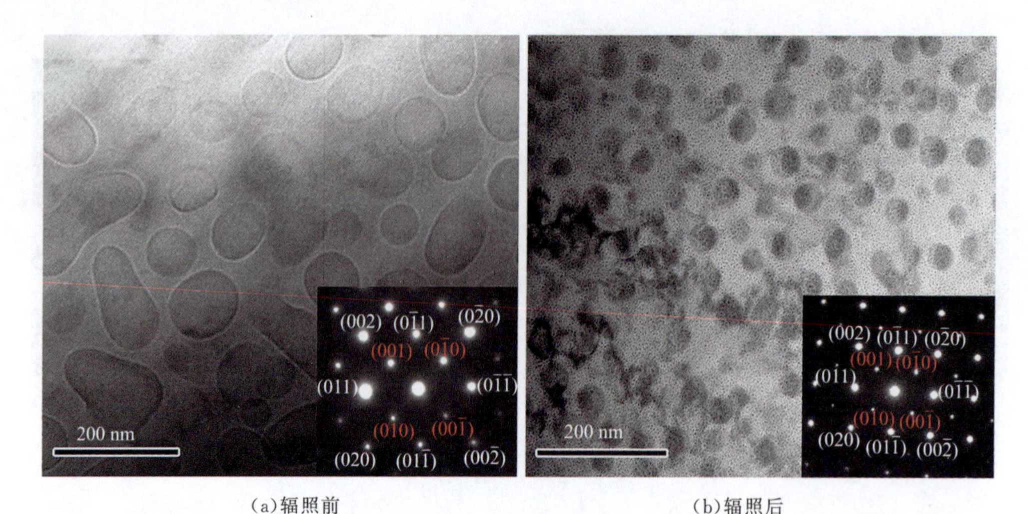

(a)辐照前　　(b)辐照后

图 7-7　辐照前后基体和析出相形貌

Lu 等[15]在 500 ℃下对 NiFe、NiCoFe、NiCoFeCr 和 NiCoFeCrMn 合金体系进行辐照实验，研究发现，当辐照剂量达到 60 dpa 时，该体系的合金依然具有较好的结构稳定性，没有相偏析及析出相的生成。以上研究均表明高熵合金在辐照下具有较好的结构稳定性，表现出优异的抗辐照性能。

溶质原子的偏析。辐照条件下，溶质原子会重新分布，导致原子偏聚，进而导致析出相或沉淀相形成。He 等[16]在 400 ℃下对 NiCoFeCr、NiCoFeCrMn 和 NiCoFeCrPd 三种 FCC 结构的高熵合金进行辐照实验，研究发现，辐射剂量为～1 dpa 时，NiCoFeCrMn 合金中有 NiMn 相的析出，而 NiCoFeCrPd 合金中有亚稳相的分解。Yang 等[13]发现，高温辐照促进了 $NiCoFeCrAl_{0.1}$ 高熵合金的缺陷团簇中 Ni 和 Co 元素的富集，以及 Fe 和 Cr 的耗尽。Fan 等[17]对 CoCrFeNi 高熵合金的辐照下的元素偏析行为研究发现，在高辐照剂量下(106 dpa)，Fe、Cr 易富集，这种富集区可能导致孔洞的生成及长大。

体积肿胀。辐照导致结构材料发生体积肿胀，是由基体内均匀产生的空位和间隙原子流向位错等处的量不平衡所致，即位错吸收间隙原子比空位多，过剩的空位聚成微孔洞，造成体积胀大而密度降低。Jin 等[18]采用台阶法直观地对 Ni、NiCo、NiCoCr、NiCoFeCrMn 几种合金的辐照肿胀行为进行了探究，研究发现，500 ℃、～53 dpa 时，随着主元复杂性的升高，合金的体积肿胀程度逐渐降低，高熵合金表现出良好的抗辐照肿胀性能，如图 7-8 所示。

Kumar 等[19]发现，当辐照温度为 400～700 ℃，辐照剂量为 0.03～10 dpa 时，$Ni_{27}Fe_{28}Mn_{27}Cr_{18}$ 高熵合金没有发生体积肿胀。Fan 等[17]对 CoCrFeNi 高熵合金的辐照下的体积肿胀行为研究发现，在辐照剂量达到 86 dpa 时，辐照级联碰撞区出现大尺寸孔洞，进而导致肿胀迅速上升；当辐照剂量达到 250 dpa 时，超过 200 nm 尺寸的辐照孔洞被发现，导致显著肿胀。而对于 $Al_{0.12}CrCoFeCr$ 高熵合金来说[20]，当辐照温度为 500 ℃，辐照剂量为 100 dpa 时，会发生显著的体积肿胀。

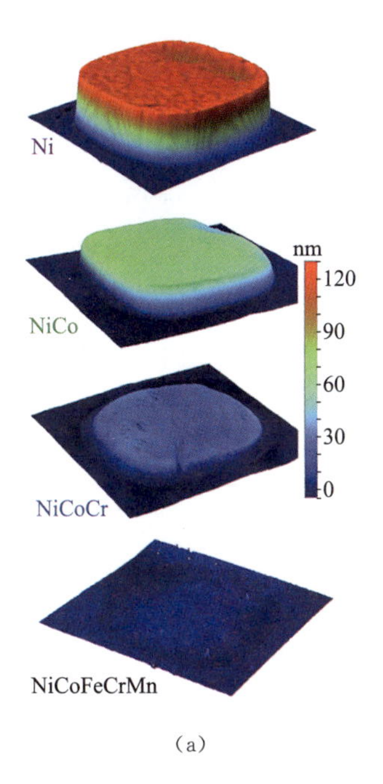

(a)

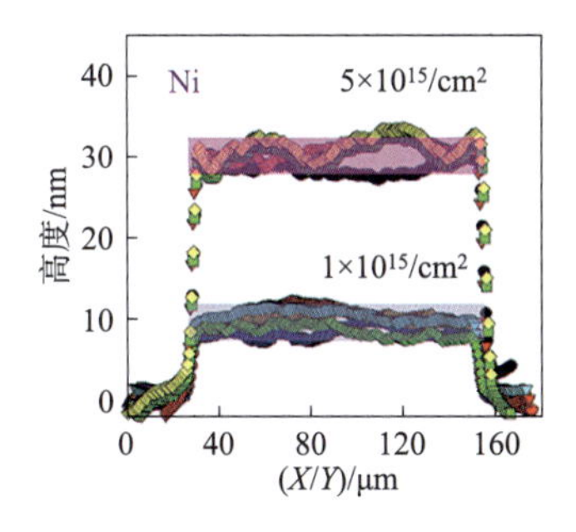

注：X/Y 为样品上 X/Y 坐标位置。

(b)

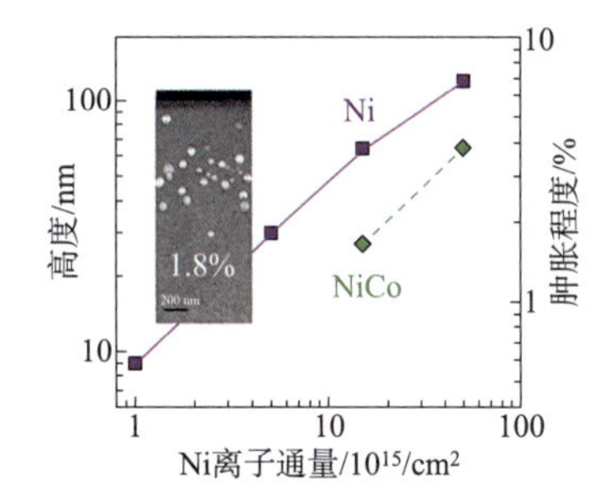

(c)

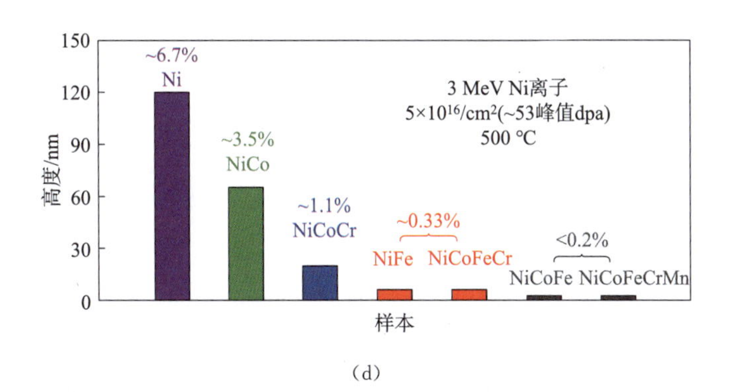

(d)

图 7-8　高熵合金的抗辐照肿胀性能

7.2 辐照导致的力学性能变化

上文主要讲述了辐照对结构材料微观组织、缺陷等影响，这些组织及缺陷对材料的影响，最终反映在力学性能上。目前关于高熵合金在辐照条件下力学性能的研究，主要有纳米压痕、纳米柱压缩等力学性能的测试。Kumar 等[19]对 CrFeMnNi 高熵合金在不同辐照条件下的辐照后硬化值做了分析，如图 7-9 所示。研究发现，在同等辐照温度下，随着辐照剂量的升高，合金硬度也随之提高；在同等辐照剂量下，随着辐照温度的升高，却弱化了合金的辐照硬化性。

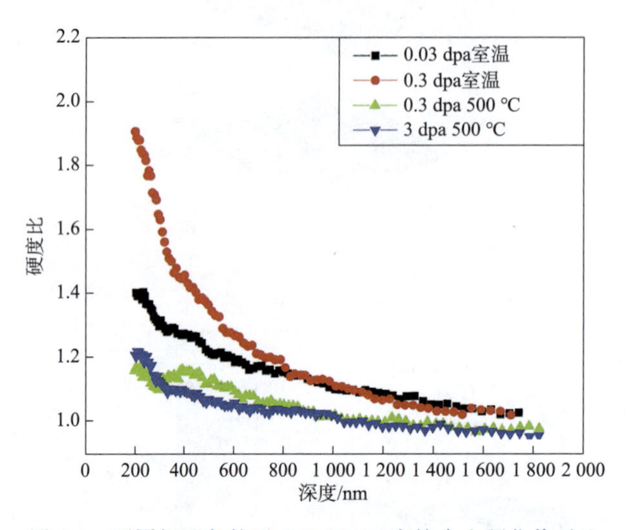

图 7-9 不同辐照条件下 CrFeMnNi 高熵合金硬化值对比

Sadeghilaridjani 等[21]对 BCC 结构的 HfTaTiVZr 难熔高熵合金进行室温高剂量(40 dpa)辐照后发现，采用纳米压痕测试得到的辐照硬化效应不明显，约为 13%，显著低于奥氏体不锈钢的 50%。Moschetti 等[22]研究 HfTaTiNbZr 难熔高熵合金在辐照下的硬化效应时发现，纳米压痕测得约 10%的辐照硬化，硬度变化很小，表现出较好的抗辐照硬化性能。

纳米柱压缩性能测试及拉伸。Sadeghilaridjani 等[21]对 HfTaTiVZr 难熔高熵合金进行室温高剂量辐照后发现，高熵合金纳米柱在压缩测试中表现出比纳米压痕更加显著的辐照硬化效应(28%)，而纳米压痕测得的硬化效应约为 13%。Li 等[23]对 $Fe_{27}Mn_{27}Ni_{28}Cr_{18}$ 高熵合金进行了室温中子辐照实验，结果表明，$Fe_{27}Mn_{27}Ni_{28}Cr_{18}$ 高熵合金的力学性能与传统奥氏体不锈钢类似，随着辐照剂量的增加，辐照硬化、辐照脆化和屈服下降等现象均有发生。

Moschetti 等[22]对 HfTaTiNbZr 难熔高熵合金在辐照下的硬化效应时发现，微拉伸实验得到的屈服强度变化大约为 14%，表现出较好的抗辐照性能，如图 7-10 所示。值得注意的是，对于经过高压扭转处理得到的纳米晶样品，尽管出现了明显的辐照硬化，但是断裂延伸率并没有出现明显的变化。

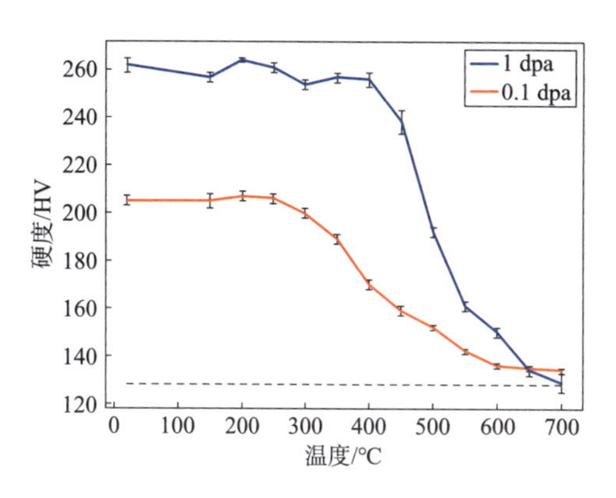

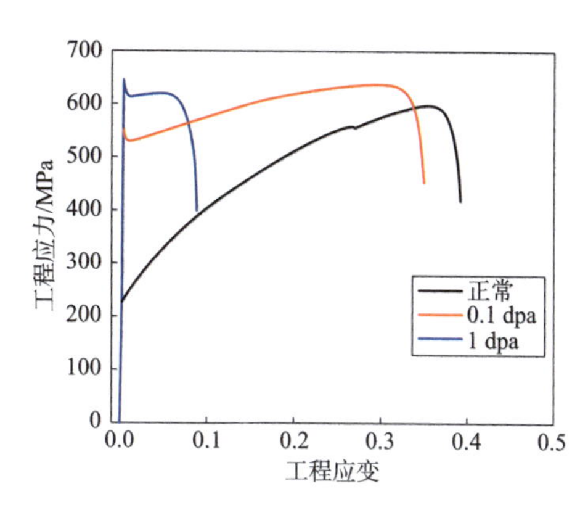

图 7-10 辐照后硬度及拉伸曲线

除对高熵合金辐照后硬度、拉伸、压缩性能的关注外，还有蠕变性能测试。有学者[24]采用原位 TEM 蠕变测试技术对 CoCrFeMnNi 高熵合金在辐照条件下的蠕变行为进行了探究，研究发现，在 23～500 ℃时，辐照蠕变和晶粒尺寸成反比，通过与传统材料的对比发现与铜合金较为接近。

7.3 总结与展望

本章对高熵合金辐照行为进行介绍，主要阐述了高熵合金在辐照下的微观结构、缺陷的演化，以及力学性能的变化。从以上微观结构、缺陷的演化过程可以看出，上述高熵合金具有较小的缺陷尺寸及较好的结构稳定性，表现出优异的抗辐照性能。由于缺陷的减少，进而表现出低程度的辐照硬化、脆化行为(和传统合金相比)。但目前对于高熵合金辐照行为的研究，还需关注以下几个方面：开展高熵合金辐照损伤后，氢脆或氦脆的相关研究。金属结构材料在聚变反应堆服役时可能会形成氢泡或氦泡，降低塑性，进而引发氢脆或氦脆。目前高熵合金的离子辐照损伤研究主要采用 Ni、Au 等重离子源辐照，关于 H 或 He 离子辐照对高熵合金的微观结构以及力学性能的影响报道较少。虽然有研究表明[25]，在 CoCrFeMnNi 高熵合金中充入适量氢气，降低了合金的层错能，促使纳米孪晶的产生，导致“动态 Hall-Petch”效应产生，进而提高了合金的加工硬化效果，提高了材料的强度和韧性。但是其他体系的高熵合金、氢的含量以及氦对高熵合金的影响，的相关研究甚少。因此，高熵合金的氢脆或氦脆辐照损伤机理还需深入的研究。辐照条件下的锯齿流变。结构材料在辐照条件下有可能出现锯齿流变行为，例如，2011 年，Kiener 等[26]发现了单晶铜在进行原位压缩试验时，在其压缩曲线上出现了较为明显的锯齿流变现象。但是，目前并未见关于高熵合金在辐照条件下的应力应变曲线。锯齿流变有可能引起材料失效，值得大家进行关注。所谓锯齿流变，其实是指在应力－应变曲线上表现出跳跃性的一种变化现象。近年来，在对极低温度或高速加载条件下或高温变形时的高熵合金进行研究的过程中，发现了特有的锯齿流变行为,这种锯齿状的变化,只有在变形结构单元发生变化时才能够出现。对于锯齿流变行为的研究,有助于解释材料的变形机制。辐照环境下,材料内部由于原子的迁移,会出现很多点缺陷,整个锯齿流变性为的产出,与位错的特定条件下的运动密不可分。高熵合金的中子辐照损伤。目前以电子辐照和离子辐照为主,缺乏中子辐照损伤的相关研究。在传统合金中提高其抗辐照性能的有效方法:引入缺陷"陷阱",吸收辐照缺陷,进而提高抗辐照性能,是否也可在高熵合金中开展。

总之,高熵合金在抗辐照领域是极具发展潜力的材料,有望应用于未来新型核能领域。

参考文献

[1] 徐玉平,吕一鸣,周海山,等. 核聚变堆包层结构材料研究进展及展望[J]. 材料导报,2018,32(9):2897-2906.

[2] NAGASE T,ANADA S,RACK P D,et al. Electron-irradiation-induced structural change in Zr-Hf-Nb alloy[J]. Intermetallics,2012,26:122-130.

[3] NAGASE T,ANADA S,RACK P D,et al. MeV electron-irradiation-induced structural change in the bcc phase of Zr-Hf-Nb alloy with an approximately equiatomic ratio[J]. Intermetallics,2013,38:70-79.

[4] NAGASE T,RACK P D,NOH J H,et al. In-situ TEM observation of structural changes in nano-crystalline CoCrCuFeNi multicomponent high-entropy alloy (HEA) under fast electron irradiation by high voltage electron microscopy (HVEM)[J]. Intermetallics,2015,59:32-42.

[5] EGAMI T,GUO W,RACK P D,et al. Irradiation Resistance of Multicomponent Alloys[J]. Metallurgical and Materials Transactions:A,2014,45(1):180-183.

[6] ZHANG Y,STOCKS G M,JIN K,et al. Influence of chemical disorder on energy dissipation and defect evolution in concentrated solid solution alloys[J]. Nature Communications,2015,6:8736.

[7] JIN K,BEI H,ZHANG Y. Ion irradiation induced defect evolution in Ni and Ni-based FCC equiatomic binary alloys[J]. Journal of Nuclear Materials,2016,471:193-199.

[8] LU C,NIU L,CHEN N,et al. Enhancing radiation tolerance by controlling defect mobility and migration pathways in multicomponent single-phase alloys[J]. Nature Communications,2016,7:13564.

[9] WANG X,JIN K,CHEN D,et al. Investigating Effects of Alloy Chemical Complexity on Helium Bubble Formation by Accurate Segregation Measurements Using Atom Probe Tomography[J]. Microscopy and Microanalysis,2019,25:1558-1559.

[10] CHEN D,TONG Y,LI H,et al. Helium accumulation and bubble formation in FeCoNiCr alloy under high fluence He+ implantation[J]. Journal of Nuclear Materials,2018,501:208-216.

[11] CHEN D,ZHAO S,SUN J,et al. Diffusion controlled helium bubble formation resistance of FeCoNiCr high-entropy alloy in the half-melting temperature regime[J]. Journal of Nuclear Materials,2019,526:151747.

[12] JIN K,BEI H,ZHANG Y. Ion irradiation induced defect evolution in Ni and Ni-based FCC

equiatomic binary alloys[J]. Journal of Nuclear Materials, 2016, 471: 193-199.

[13] YANG T, XIA S, GUO W, et al. Effects of temperature on the irradiation responses of $Al_{0.1}$CoCrFeNi high entropy alloy[J]. Scripta Materialia, 2018, 144: 31-35.

[14] XIA S, YANG X, YANG T, et al. Irradiation Resistance in Al_xCoCrFeNi High Entropy Alloys[J]. JOM, 2015, 67(10): 2340-2344.

[15] LU C, YANG T, JIN K, et al. Radiation-induced segregation on defect clusters in single-phase concentrated solid-solution alloys[J]. Acta Materialia, 2017, 127: 98-107.

[16] HE M, WANG S, SHI S, et al. Mechanisms of radiation-induced segregation in CrFeCoNi-based single-phase concentrated solid solution alloys[J]. Acta Materialia, 2017, 126: 182-193.

[17] FAN Z, YANG T, KOMBAIAH B, et al. From suppressed void growth to significant void swelling in NiCoFeCr complex concentrated solid-solution alloy[J]. Materialia, 2020, 9: 100603.

[18] JIN K, LU C, WANG L M, et al. Effects of compositional complexity on the ion-irradiation induced swelling and hardening in Ni-containing equiatomic alloys[J]. Scripta Materialia, 2016, 119: 65-70.

[19] KUMAR N, LEONARD C, BEI H, et al. Microstructural stability and mechanical behavior of FeNiMnCr high entropy alloy under ion irradiation[J]. Acta Materialia, 2016, 113: 230-244.

[20] KOMBAIAH B, JIN K, BEI H, et al. Phase stability of single phase $Al_{0.12}$CrNiFeCo high entropy alloy upon irradiation[J]. Materials and Design, 2018, 160: 1208-1216.

[21] SADEGHILARIDJANI M, AYYAGARI A, MUSKERI S, et al. Ion irradiation response and mechanical behavior of reduced activity high entropy alloy[J]. Journal of Nuclear Materials, 2019, 529: 151955.

[22] MOSCHETTI M, XU A, SCHUH B, et al. On the Room-Temperature Mechanical Properties of an Ion-Irradiated TiZrNbHfTa Refractory High Entropy Alloy[J]. JOM, 2020, 72: 130-138.

[23] LI C, HU X, YANG T, et al. Neutron irradiation response of a Co-free high entropy alloy[J]. Journal of Nuclear Materials, 2019, 527: 151838.

[24] JAWAHARRAM G, BARR C, MONTERROSA A, et al. Irradiation induced creep in nanocrystalline high entropy alloys[J]. Acta Materialia, 2019, 182: 68-76.

[25] LUO H, LI Z M, RABBE D. Hydrogen enhances strength and ductility of an equiatomic high-entropy alloy[J]. Scientific Reports, 2017, 7: 9892.

[26] KIENER D, HOSEMANN P, MALOY S, et al. In situ nanocompression testing of irradiated copper [J]. Nature Materials, 2011, 10(8): 608-613.

第 8 章 轻质高熵合金

节约资源，降低能耗，保护环境是时代的主题。在交通和能源领域，减轻结构材料的重量可以有效降低能耗，达到节能减排的目的。研究表明：车辆每减重 10% 可减少 7% 的燃料消耗，也就是说车辆每减重 1 kg 可减少约 20 kg 的 CO_2 排放[1]。因此，轻质材料的研究尤为重要。传统的轻质合金，如铝合金、镁合金、钛合金等经过长时间的发展，其制备、性能及商业化应用都较为成熟。然而，受限于传统合金设计理念的束缚，其固有问题仍待解决，如：铝合金、镁合金强度不足，镁合金耐腐蚀性和加工性能较差；钛合金成本高，多用于飞机等高端零部件领域。这些因素限制了传统轻质合金的进一步发展及应用。为了缓解上述问题，“高熵”概念被引入轻质合金领域。

轻质高熵合金还没有明确定义，宽泛的讲，利用熵、多主元及接近相图中心区域的合金设计理念开发的轻质合金，可以称为轻质高熵合金。轻质高熵合金也可以说是高熵合金的轻量化。早期的高熵合金由于含有大量的过渡族元素等，导致密度较大[2]，从而限制了其进一步发展、应用。因此，高熵合金的轻量化受到了学者们的关注，并提出密度小于 6 g/cm^3 的高熵合金为轻质高熵合金[3]。对于难熔高熵合金来说，其含有大量高熔点元素，这些高熔点元素通常具有较大的原子质量(例如：Nb 的原子质量 93、Mo 的原子质量 96、Ta 的原子质量 181)，因此密度较大，为了降低难熔高熵合金的密度，可以选用一定量的 Al(原子质量 27)、Cr(原子质量 52)、V(原子质量 51)等元素，使得制备的高熵合金密度显著减小，因此也有学者称之为“轻质难熔高熵合金”。可以说，“轻质”是一个相对的概念，定义也比较宽泛。作为高熵合金的新分支，轻质高熵合金不仅密度低，比强度高，还具有高熵合金的高强度、耐腐蚀、抗氧化等优异性能。轻质高熵合金作为一类颠覆性的新材料，将在下一阶段的我国制造业发展中发挥举足轻重的作用。本章将从轻质高熵合金的设计、制备、组织特征、性能(包括力学性能、抗腐蚀性及高温性能)等方面对其进行介绍。

8.1 轻质高熵合金的设计及组织特征

8.1.1 轻质高熵合金的设计

目前，高熵合金实现轻量化的方法是用 Al、Mg、Li、Ca、Ti、Si 和 Be 等轻质元素部分取代密度较大的过渡族等元素，以达到“轻质”目的。由于轻质元素众多且含量不确定，因此轻质高熵合金的设计及其相结构的预测尤为重要。目前,轻质高熵合金的设计主要依靠经验判据,包括混合熵(ΔS_{mix})、混合焓(ΔH_{mix})、原子半径差(δ)、和价电子浓度(VEC)等,以及近期逐渐发展起来的相图计算(CALPHAD)、第一性原理(DFT)等计算方法。如本书第 2 章所述,各经验判据如下:

$$\Delta S_{\text{mix}} = -R\sum_{i=1}^{n} c_i \ln c_i \tag{8-1}$$

式中,R 为摩尔气体常数,$R=8.314$ J/(mol·K);n 为多组分材料的组元数;c_i 为第 i 个组元的含量(原子分数)。

$$\Delta H_{\text{mix}} = \sum_{i=1,i\neq j}^{n} c_i c_j \Omega_{ij} \tag{8-2}$$

式中,$\Omega_{ij}=4\Delta H_{\text{mix}}^{\text{AB}}$,$\Delta H_{\text{mix}}^{\text{AB}}$ 是基于 Miedema 模型计算的 2 元(A-B)液态合金的混合焓,是表示组元间的化学相容性的参数。

$$\delta = 100\sqrt{\sum_{i=1}^{n} c_i \left(1-\frac{r_i}{\bar{r}}\right)^2} \tag{8-3}$$

式中,$\bar{r}=\sum_{i=1}^{n} c_i r_i$,$c_i$ 和 r_i 分别是第 i 个元素的原子百分比和原子半径。

$$\Omega = T_m \Delta S_{\text{mix}} / |\Delta H_{\text{mix}}| \tag{8-4}$$

式中,$T_{\text{m}}=\sum_{i=1}^{n} c_i T_{\text{m}i}$,$T_{\text{m}i}$ 是第 i 个元素的熔点。由此可得出,当 $\delta \geqslant 1.1$ 且 $\Omega \leqslant 6.6\%$ 时,多组分合金易形成固溶体相的结论。

Youssef 等[4]根据经验判据法设计了 $Al_{20}Li_{20}Mg_{10}Sc_{20}Ti_{30}$ 轻质高熵合金,该合金的 Ω,δ 分别为 42.6 和 5.2%,符合高熵合金形成稳定固溶体相的条件,实验结果也表明 $Al_{20}Li_{20}Mg_{10}Sc_{20}Ti_{30}$ 轻质高熵合金为单相 FCC 结构。Stepanov 等[5]根据经验判据设计了 AlNbTiV 轻质高熵合金,其原子半径差(δ)、价电子浓度(VEC)以及热力学参数(Ω)分别为 3.14%、4.25、1.38,均符合高熵合金形成稳定固溶体相的条件,实验结果也表明该合金为 BCC 结构。在上述经验判据的基础上,杨潇[6]进一步分析了含有大量 Al、Mg、Li 等轻质元素的高熵合金的相形成规律,指出该类轻质高熵合金的构型熵较小,不易稳定无序固溶体相,且与传统高熵合金相形成规律相比,该系列轻质高熵合金具有更小的原子半径差($\delta <$ 4.5%),更大的电负性差($0.15 \leqslant \Delta\chi \leqslant 0.4$)和混合焓($-15$ kJ/mol $< \Delta H_{\text{mix}} \leqslant 5$ kJ/mol),如图 8-1 所示。上述研究均验证了经验判据具有一定的准确性,可用于指导设计轻质高熵合金。

CALPHAD 法实质上就是根据已知的实验或理论计算的热力学数据和相平衡数据,获得目标体系相图的预测方法。Sun 等[7]利用 CALPHAD 相图计算工具预测了轻质元素对高熵合金相形成的影响规律,通过计算模拟和试验结果对比发现,CALPHAD 预测与轻质高熵合金的制备工艺相关,其更适用于传统铸造或快速冷却方法制备的高熵合金主相的预测。Sanchez 等[8,9]利用

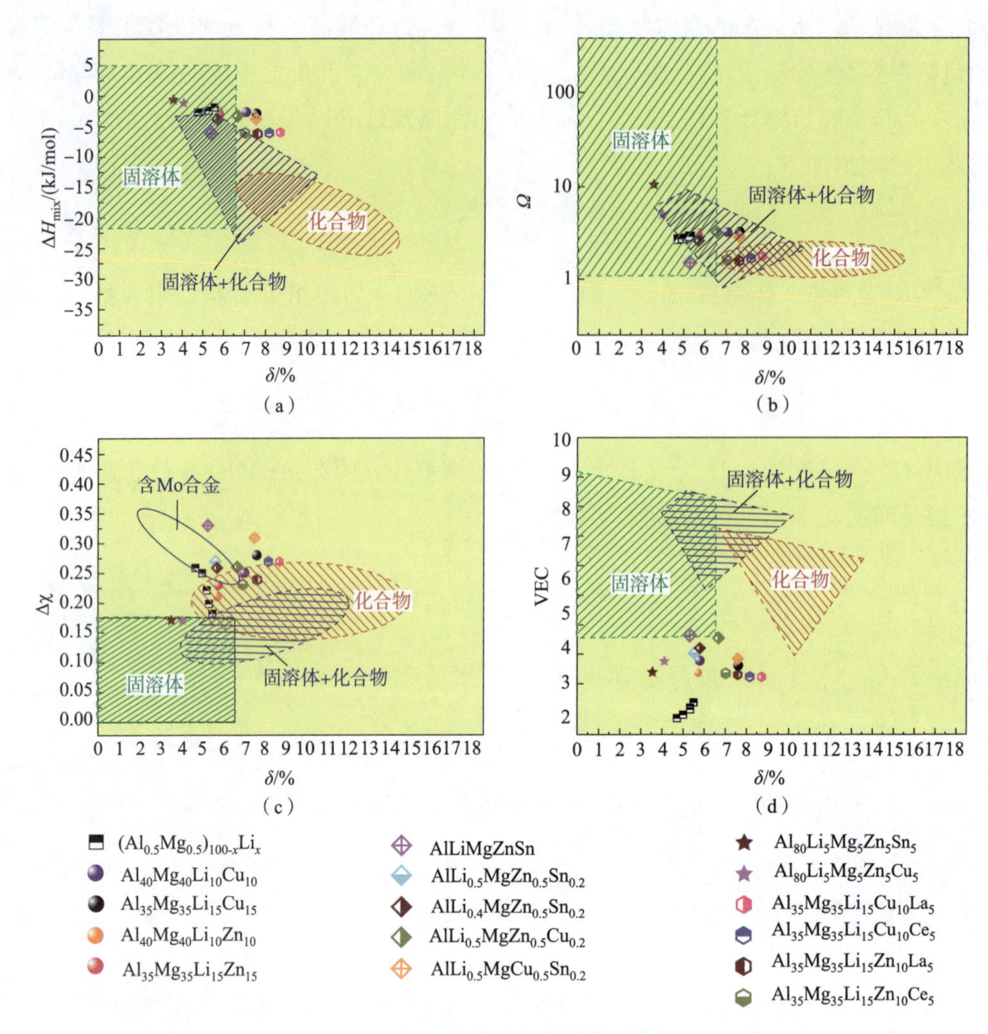

图 8-1　轻质高熵合金相结构预测图

CALPHAD 相图计算工具：Thermo-Calc 软件以及 TCAL5 数据库计算了 $Al_{40}Cu_{15}Mn_5Ni_5Si_{20}Zn_{15}$、$Al_{45}Cu_{15}Mn_5Fe_5Si_5Ti_5Zn_{20}$、$Al_{35}Cu_5Fe_5Mn_5Si_{30}V_{10}Zr_{10}$、$Al_{50}Ca_5Cu_5Ni_{10}Si_{20}Ti_{10}$、$Al_{40}Cu_{15}Cr_{15}Fe_{15}Si_{15}$、$Al_{65}Cu_5Cr_5Si_{15}Mn_5Ti_5$ 和 $Al_{60}Cu_{10}Fe_{10}Cr_5Mn_5Ni_5Mg_5$ 系列 Al 基轻质高熵合金的平衡相图，预测了合金的相组成，且与实验测定结果对比发现，TCAL5 数据库一定程度上适合模拟 Al 基轻质高熵合金的平衡相图。然而，由于当前多元合金热力学数据库不够丰富，CALPHAD 方法只能在已有的二元、三元数据库的基础上进行计算，同时还可以结合第一性原理计算以及分子动力学模拟进行计算所得数据只能作为定性的结果。但是，大量的研究结果表明，采用 CALPHAD 方法得到的计算结果和实验结果基本吻合，可以作为高熵合金设计的参考。Qiu 等[10]利用第一性原理（DFT）研究了 AlTiVCr 轻质高熵合金的结构与热力学特点，计算发现，在低温下有序 B2 结构比无序 BCC 结构具有更低的生成焓，且更稳定，实验证明，

AlTiVCr 轻质高熵合金为有序 B2 结构。这说明在一定条件下，第一性原理计算法能够有效预测轻质高熵合金的相组成。

8.1.2　轻质高熵合金的结构特征

根据轻质高熵合金晶体结构的不同可以分为 4 类：非晶态轻质高熵合金、单相轻质高熵合金、在单相基体中析出强化相的轻质高熵合金以及多相轻质高熵合金。其中，以单相基体中析出强化相的轻质高熵合金和多相结构的轻质高熵合金为主。

非晶态轻质高熵合金。Li 等[11]通过感应熔炼制备了 CaMgZnSrYb 轻质高熵合金，其在液氮冷却的铜模中吸铸后为全非晶结构。Chen 等[12]全部选用 HCP 结构元素（Be、Co、Mg、Ti 和 Zn），通过机械合金化制备了 BeCoMgTi 和 BeCoMgTiZn 轻质高熵合金，由于较大的原子尺寸差使其生成全非晶结构。Zhao 等[13]也成功制备出非晶结构的 $Zn_{20}Ca_{20}Sr_{20}Yb_{20}(Li_{0.55}Mg_{0.45})_{20}$ 轻质高熵合金。

单相轻质高熵合金。单相轻质高熵合金的晶体结构还可细分为单相 FCC、BCC、HCP 结构，其中 BCC 单相结构的轻质高熵合金较为常见，且组元间大多为等摩尔或近等摩尔比例混合，如 AlCrNbTiVSi、AlCrTiV、$Al_{35}Cr_{35}Mn_8Mo_5Ti_{17}$ 轻质高熵合金等，这类合金大多采用电弧熔炼来制备。为进一步降低高熵合金的密度，Mg、Li 元素也被用作主元，由于 Mg 的沸点较低，通常不采用电弧熔炼，而是以感应熔炼为主，此外，还有学者采用机械合金化的方法进行制备。在此需要指出的是，真空电弧熔炼和真空感应熔炼是目前制备轻质高熵合金的主要手段，两工艺之间的主要区别是电弧熔炼能够实现非常高的熔炼温度（大于 3 000 ℃），可以熔化绝大多数高熔点元素，因此常通过该方法制备含高熔点元素的轻质高熵合金。而真空感应炉多应用于含有多种低熔点、易挥发元素（Mg、Li 和 Ca 等）的轻质高熵合金。机械合金化的优势是可以直接制备出晶粒细小的轻质高熵合金，改善其微观组织，进而获得优异的力学性能，但该方法的加工时间较长、原材料成本高且易引入杂质。Qiu 等[10]采用电弧熔炼技术制备了 AlTiVCr 轻质高熵合金（密度约为 5.06 g/cm^3），研究表明该合金为单相 B2 结构。Stepanov 等[5]采用电弧熔炼制备了 AlNbTiV 轻质高熵合金，该合金铸态和退火态均为单相 BCC 结构。Zepon 等[14]采用机械合金化法分别在 Ar 和 H_2 氛围下制备了单相 BCC 和单相 FCC 相结构的 $MgZrTiFe_{0.5}Co_{0.5}Ni_{0.5}$ 轻质高熵合金。Youssef 等[4]采用机械合金化法制备了 $Al_{20}Li_{20}Mg_{10}Sc_{20}Ti_{30}$ 合金粉末，其球磨态为单相 FCC 结构，而在 500 ℃退火态为单相 HCP 结构，说明制备工艺对轻质高熵合金的相结构有一定影响。

在单相基体中析出强化相的轻质高熵合金。高熵合金在冷却凝固过程中，各元素之间的分离过程以及元素的长程扩散过程均非常缓慢，表现出缓慢扩散效应，这就导致了结构倾向于纳米化，甚至非晶化。而轻质高熵合金的组元原子半径差异更大，使其纳米化、非晶化倾向更加显著。这些第二相的析出、析出量均与合金成分、加工工艺、热处理工艺密切相关。Stepanov 等[15]研究了压缩变形对 $AlCr_xNbTiV$（$x=0$、0.5、1、1.5）系列轻质高熵合金相结构的影响，研究发现，800 ℃下压缩变形后，AlNbTiV（密度约为 5.59 g/cm^3）、$AlCr_{0.5}NbTiV$ 合金原始晶界处均析出了 Nb_2Al 型析出相；1 000 ℃压缩变形后，合金 BCC 原始晶界处均析出了 Nb_2Al 相，且 $AlCr_{0.5}NbTiV$ 合金 BCC 相中还析出了 Laves 相。AlCrNbTiV、$AlCr_{1.5}NbTiV$ 合金分别在 800 ℃和 1 000 ℃压缩变形后，在 BCC 相的晶粒内部析出了细小的 Laves 相颗粒。随后，Stepanov 等[16] 研究了高温退火处理对 $Al_{0.5}CrNbTi_2V_{0.5}$ 轻质难熔高熵合金的影响，研究发现，经 1 200 ℃高温退火后，合金由单相 BCC 转变为 BCC＋Laves 相，Laves 第二相均匀分布在 BCC 晶粒内以及晶界处。

多相轻质高熵合金。为了进一步降低轻质高熵合金的密度，Mg、Li 元素被引入其中。但是，Mg、Li 与其他元素原子的半径及化学性质相差较大，这就导致合金的相结构复杂化。李蕊轩等[17]采用感应熔炼制备了 $Al_{80}Li_5Mg_5Zn_5Cu_5$ 轻质高熵合金，其由 FCC 主相、Al_2Cu 和 Al-Zn-Mg-Cu 相组成，为多相结构，如图 8-2 所示。杨潇等[6] 采用感应熔炼制备了 AlLiMgZnSn、$AlLi_{0.5}MgZn_{0.5}Sn_{0.2}$、$AlLi_{0.5}MgZn_{0.5}Cu_{0.2}$、$AlLi_{0.5}MgCu_{0.5}Sn_{0.2}$、$Al_{80}Li_5Mg_5Zn_5Sn_5$ 和 $Al_{80}Li_5Mg_5Zn_5Cu_5$ 系列轻质高熵合金，研究发现其微观组织都比较复杂，最少由 3 种结构组成，如图 8-3 所示。在此研究基础上，邵磊等[18] 用真空感应熔炼制备含 Zn、Cu 和 Si 元素的 Al-Mg 基系列轻质高熵合金：$Al_{58.5}Mg_{31.5}Zn_{4.5}Cu_{4.5}Si_1$、$Al_{63}Mg_{27}Zn_{4.5}Cu_{4.5}Si_1$、$Al_{66.7}Mg_{23.3}Zn_{4.5}Cu_{4.5}Si_1$、$Al_{80}Mg_{14}Zn_{2.7}Cu_{2.7}Si_{0.6}$、$Al_{85}Mg_{10.5}Zn_{2.025}Cu_{2.025}Si_{0.45}$ 和 $Al_{90}Mg_{7.1}Zn_{1.35}Cu_{1.35}Si_{0.3}$。这些合金的显微组织相对简单，包含 FCC 固溶体相以及金属间化合物相，且随着 Al 元素的增加，金属间化合物逐渐减少，转变为 FCC 单相固溶体，呈现出典型的枝晶结构，如图 8-4 所示。

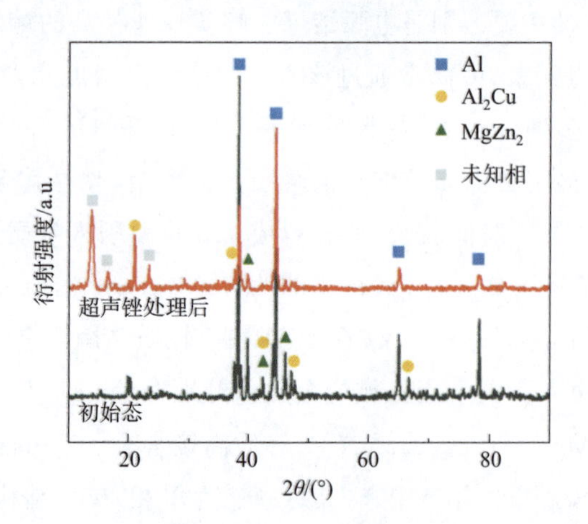

图 8-2　$Al_{80}Li_5Mg_5Zn_5Cu_5$ 轻质高熵合金的相组成

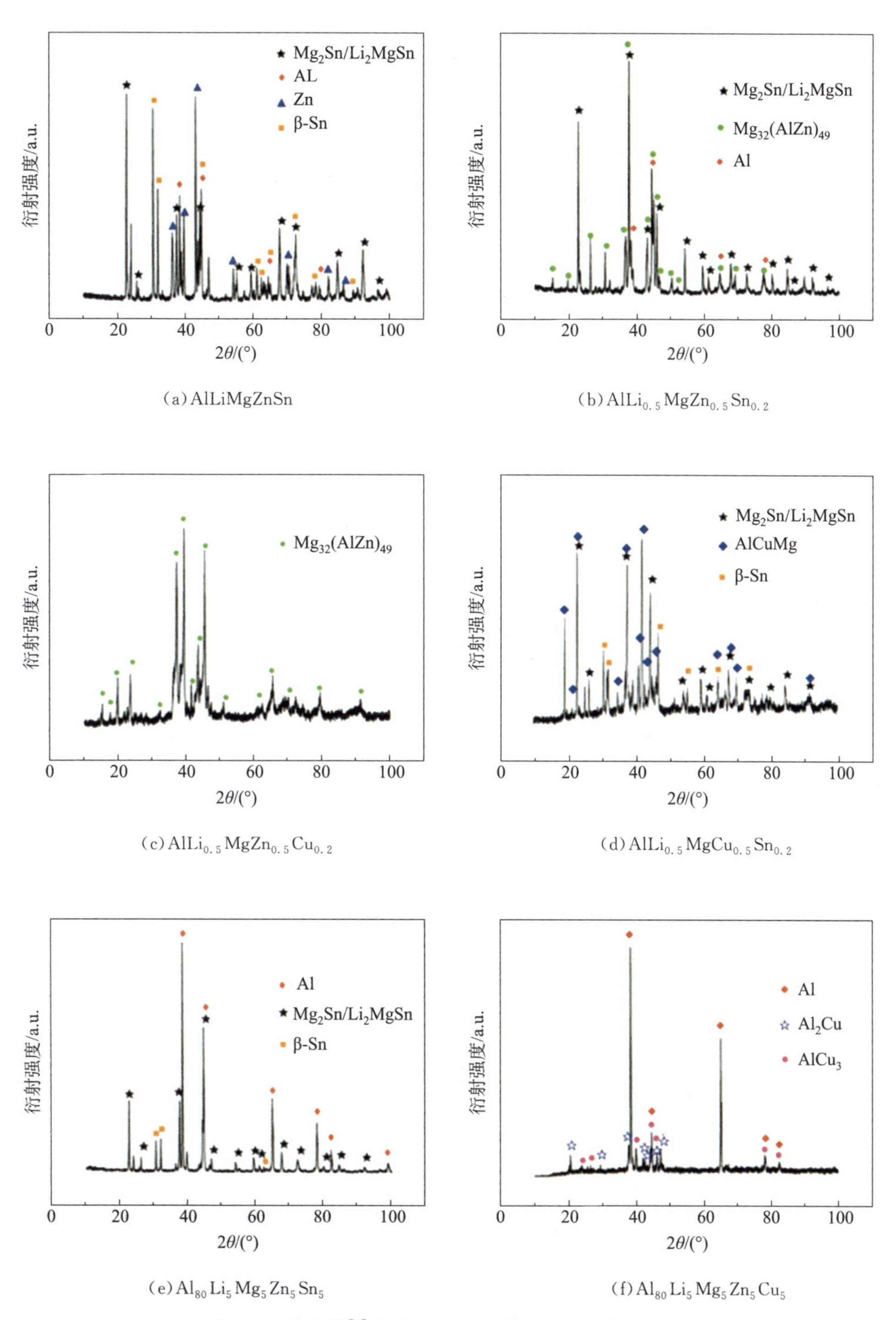

图 8-3　杨潇等[6]制备的系列轻质高熵合金的相组成

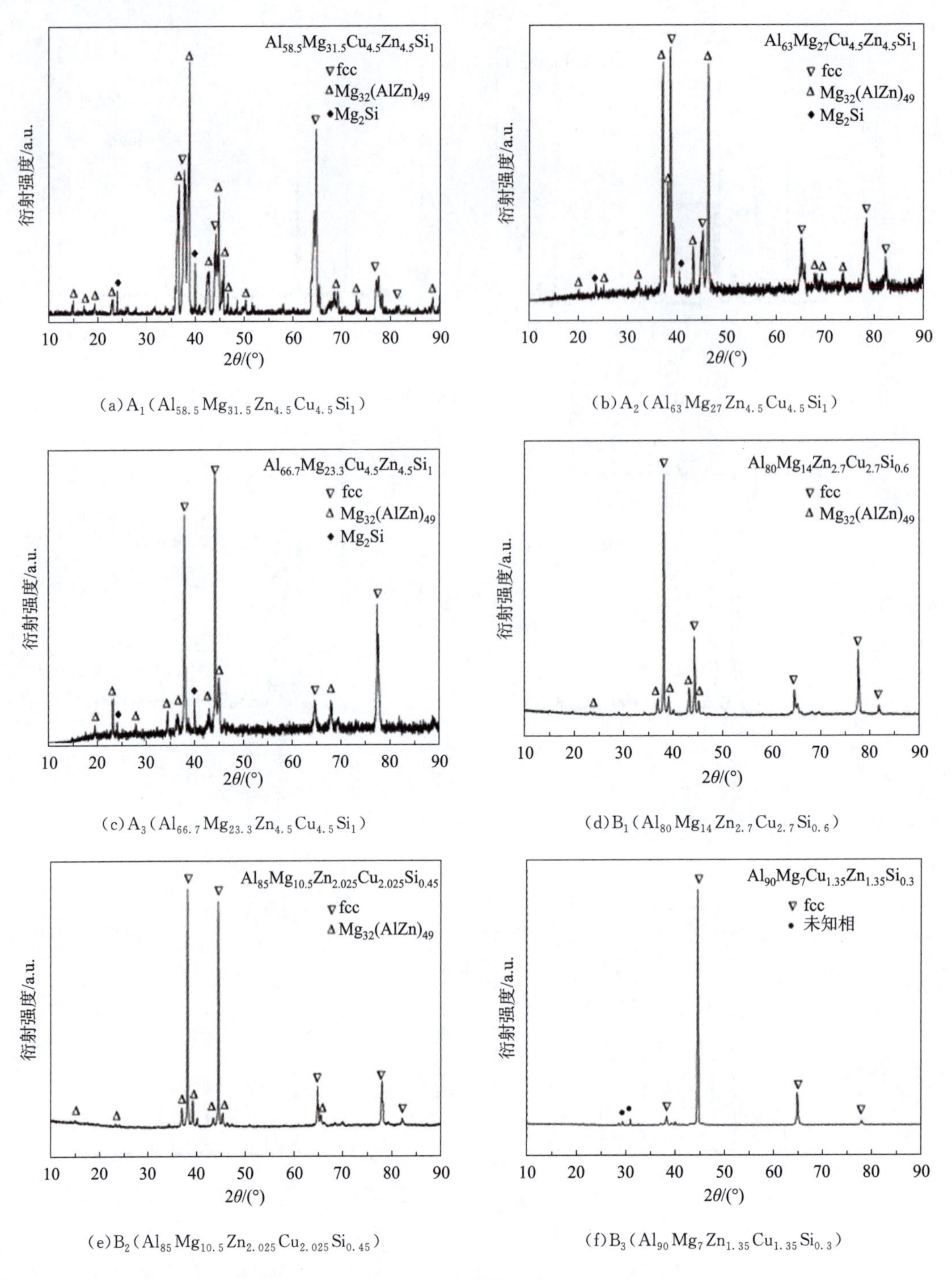

(a) A_1（$Al_{58.5}Mg_{31.5}Zn_{4.5}Cu_{4.5}Si_1$） (b) A_2（$Al_{63}Mg_{27}Zn_{4.5}Cu_{4.5}Si_1$）

(c) A_3（$Al_{66.7}Mg_{23.3}Zn_{4.5}Cu_{4.5}Si_1$） (d) B_1（$Al_{80}Mg_{14}Zn_{2.7}Cu_{2.7}Si_{0.6}$）

(e) B_2（$Al_{85}Mg_{10.5}Zn_{2.025}Cu_{2.025}Si_{0.45}$） (f) B_3（$Al_{90}Mg_7Zn_{1.35}Cu_{1.35}Si_{0.3}$）

图 8-4 Al-Mg 基系列轻质高熵合金的相组成

Sanchez 等[8] 基于感应熔炼制备了 $Al_{40}Cu_{15}Mn_5Ni_5Si_{20}Zn_{15}$、$Al_{45}Cu_{15}Fe_5Mn_5Si_5Ti_5Zn_{20}$、$Al_{35}Cu_5Fe_5Mn_5Si_{30}V_{10}Zr_{10}$ 和 $Al_{50}Ca_5Cu_5Ni_{10}Si_{20}Ti_{10}$ 系列轻质高熵合金，研究发现，其显微组织均比较复杂，由多种复杂的金属间化合物相组成，尤其前 3 种轻质高熵合金，其未形成固

溶体相，而是由 5～6 种金属间化合物相组成。Yurchenko 等[19]采用电弧熔炼制备了 $AlNbTiVZr_x$（x=0～1.5）系列轻质高熵合金，组织同样为多相组织，包含 B2 相、Zr_5Al_3 和 ZrAlV 型 Laves 相。Feng 等[20]通过电弧熔炼制备了 $Al_xCrFeMnTi_y$（x=1、1.5、2、3、4；y=0.25、1）系轻质高熵合金，研究发现：该系列轻质高熵合金中均存在 BCC 相和 $L2_1$ 相，且随着 Mg 和 Ti 含量的增加使相结构更加复杂。随后，Feng 等[21]采用电弧熔炼制备了 $Al_{1.5}CrFeMnTi$ 轻质高熵合金，研究发现其具有相对复杂的相结构，包括 BCC 结构的固溶体相、FCC 相和 Laves 相，不同温度（750 ℃、850 ℃、1 000 ℃和 1 200 ℃）退火处理后，仍为多相结构。Hammond 等[22]采用机械合金化法制备了 AlFeMgTiZn 轻质高熵合金，研究发现，其微观组织比较复杂，由多相组成，包含少的析出相和金属间化合物。Maulik 等[23]采用机械合金化法制备了 $AlFeCuCrMg_x$（x=0、0.5、1、1.7）系列轻质高熵合金粉末，研究结果表明，AlFeCuCr、$AlFeCuCrMg_{0.5}$ 为 BCC＋少量 FCC 结构；而 AlFeCuCrMg、$AlFeCuCrMg_{1.7}$ 为双相 BCC 结构。除上述 FCC、BCC 主相、第二相、金属间化合物等，还有学者制备出含 HCP、准晶相的轻质高熵合金，丰富了轻质高熵合金的组织结构。Li 等[24,25]采用感应熔炼技术制备了 $Mg_x(MnAlZnCu)_{100-x}$（x=20、33、43、45.6、50）和 MgMnAlZnCu 轻质高熵合金，其相结构均由大量 HCP＋少量准晶组成，随着 Mg 含量的增加，组织变得更加复杂。由上述研究可知，虽然加入 Mg、Li 等轻质元素可以进一步降低轻质高熵合金的密度，但相结构变得更复杂，尤其是大量脆性金属间化合物的形成，可能降低其力学性能。

8.2 轻质高熵合金的性能

8.2.1 轻质高熵合金的力学性能

合金的力学性能一般与组织结构有关，例如单相 FCC 的高熵合金拥有良好的塑性，但强度和硬度较差；单相 BCC 的高熵合金拥有高强度，但其塑韧性较差；当高熵合金中同时存在 FCC 与 BCC 固溶相时，合金的综合力学性能较好。目前轻质高熵合金多采用电弧熔炼、感应熔炼和机械合金化制备，样品的尺寸有限，再加上部分合金的室温塑性较差，因此其力学性能多以硬度、压缩测试来表征，而不是拉伸性能。根据成分体系的不同，我们将轻质高熵合金可以大致分为 Al-Mg 系和 AlNbTiV 系，并分别对其力学性能进行介绍。

Al-Mg 系轻质高熵合金的力学性能。杨潇等[6]对感应熔炼的 AlLiMgZnSn、$AlLi_{0.5}MgZn_{0.5}Sn_{0.2}$、$Al_{80}Li_5Mg_5Zn_5Sn_5$ 和 $Al_{80}Li_5Mg_5Zn_5Cu_5$ 系列轻质高熵合金的压缩性能进行测试，研究表明，以上合金均表现出较高的强度（断裂强度均超过 500 MPa），AlLiMgZnSn 和 $AlLi_{0.5}MgZn_{0.5}Sn_{0.2}$ 合金没有明显屈服，AlLiMgZnSn 合金的塑性应变仅为 1.2%左右。相比之下，$Al_{80}Li_5Mg_5Zn_5Sn_5$ 和 $Al_{80}Li_5Mg_5Zn_5Cu_5$ 合金表现出较高的屈服强度、断裂强度和断裂塑性（分别为 17%和 16%）。很明显，合金的塑性随着 Al 含量的增加而提高，这是由于生成了更多的韧性 α-Al 相所致，如图 8-5 所示。邵磊等[18]用真空感应熔炼制备含 Zn、Cu 和 Si 元素的 Al-Mg 基系列轻质高熵合金（密度为 2.64～2.75 g/cm^3），该系列的合金具有较高的抗压强度（最高可达 814 MPa）和断裂塑性（最高达 32.7%），如图 8-6 所示。Li 等[24]发现，$Mg_x(MnAlZnCu)_{100-x}$（x=20、33、43、45.6、50）轻质高熵合金（密度为 2.20～4.29 g/cm^3）室温下具有较高的硬度（178～429 HV）和抗压强度（400～500 MPa），而塑性较差（由于生成了一定量的 HCP 相），但随着 Mg 含量的增加，延伸率逐渐得到改善。随后，Li 等[25]采用感应熔炼制备了具有适中的密度（4.29～5.06 g/cm^3）的 MgMnAlZnCu 轻质高熵合金，研究还发现其室温下具有较高的硬度（～431 HV）和抗压强度（～428 MPa），但塑性较差（～3.29%）。KoKai 等[26]通过电弧熔炼制备了 $Al_{20}Be_{20}Fe_{10}Si_{15}Ti_{35}$ 轻质高熵合金，其密度为 3.91 g/cm^3，硬度和屈服强度分别为 911 HV 和 2 976 MPa，因此该合金具有极高的比强度、比硬度。李亚笹等[27]对 $Al_{(86-x)}Mg_{10}Zn_2Cu_2Si_x$（$x$=0、0.3、0.6、0.9、1.2 原子分数）系列轻质高熵合金进行探究，研究发现，随着 Si 含量的增加，其抗压强度呈先增大后减小的趋势，观察到的锯齿流变现象逐渐减弱，当 Si 原子分数含量为 0.9 时，强度最高（达 779 MPa）且锯齿流变现象明显减弱，如图 8-7 所示。为除上述成分对轻质高熵合金力学性能有影响外，制备工艺和后续处理也对其有一定的影响。李蕊轩等[28,29]采用超

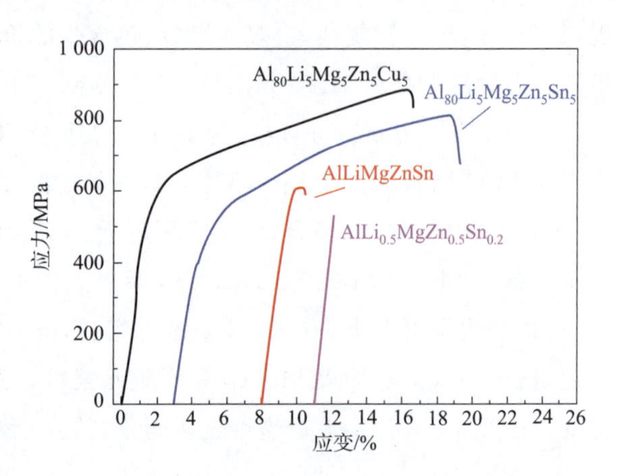

图 8-5　AlLiMgZnSn、$AlLi_{0.5}MgZn_{0.5}Sn_{0.2}$、$Al_{80}Li_5Mg_5Zn_5Sn_5$ 和 $Al_{80}Li_5Mg_5Zn_5Cu_5$ 系列轻质高熵合金压缩性能

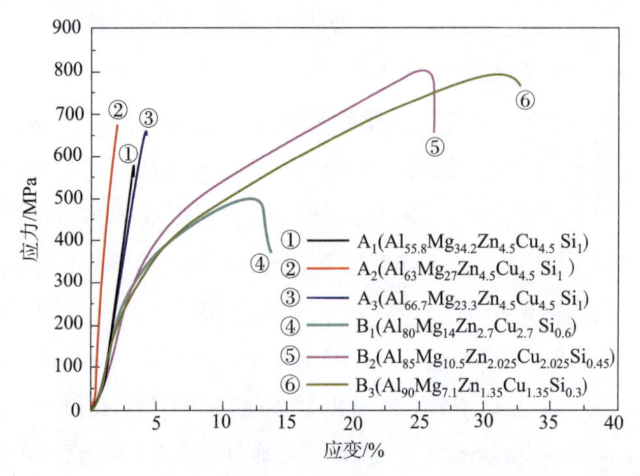

图 8-6　Al-Mg 系轻质高熵合金的压缩性能

重力法设计并制备的 Al-Zn-Li-Mg-Cu 系轻质高熵合金硬度在 200 HV 以上，高于传统的铸造铝合金和 Al-Mg-Zn 铝合金，如图 8-8 所示。随后，李蕊轩等[17,29]对 $Al_{80}Li_5Mg_5Zn_5Cu_5$ 轻质高熵合金进行超声锤处理后发现，粗枝晶结构被粉碎呈弥散分布的微米级颗粒，晶粒尺寸从大于 200 μm 到约 5 μm，明显细化。与超声锤击处理前相比，经晶粒细化的合金的显微硬度和模量分别提高了 50％和 22％，如图 8-9 所示。Youssef 等[4]采用机械合金化法制备了具有纳米晶结构的 $Al_{20}Li_{20}Mg_{10}Sc_{20}Ti_{30}$ 轻质高熵合金（密度为 2.67 g/cm^3），其球磨态为单相 FCC 结构，而在 500 ℃退火态为单相 HCP 结构，硬度值分别达～580 HV、～490 HV。

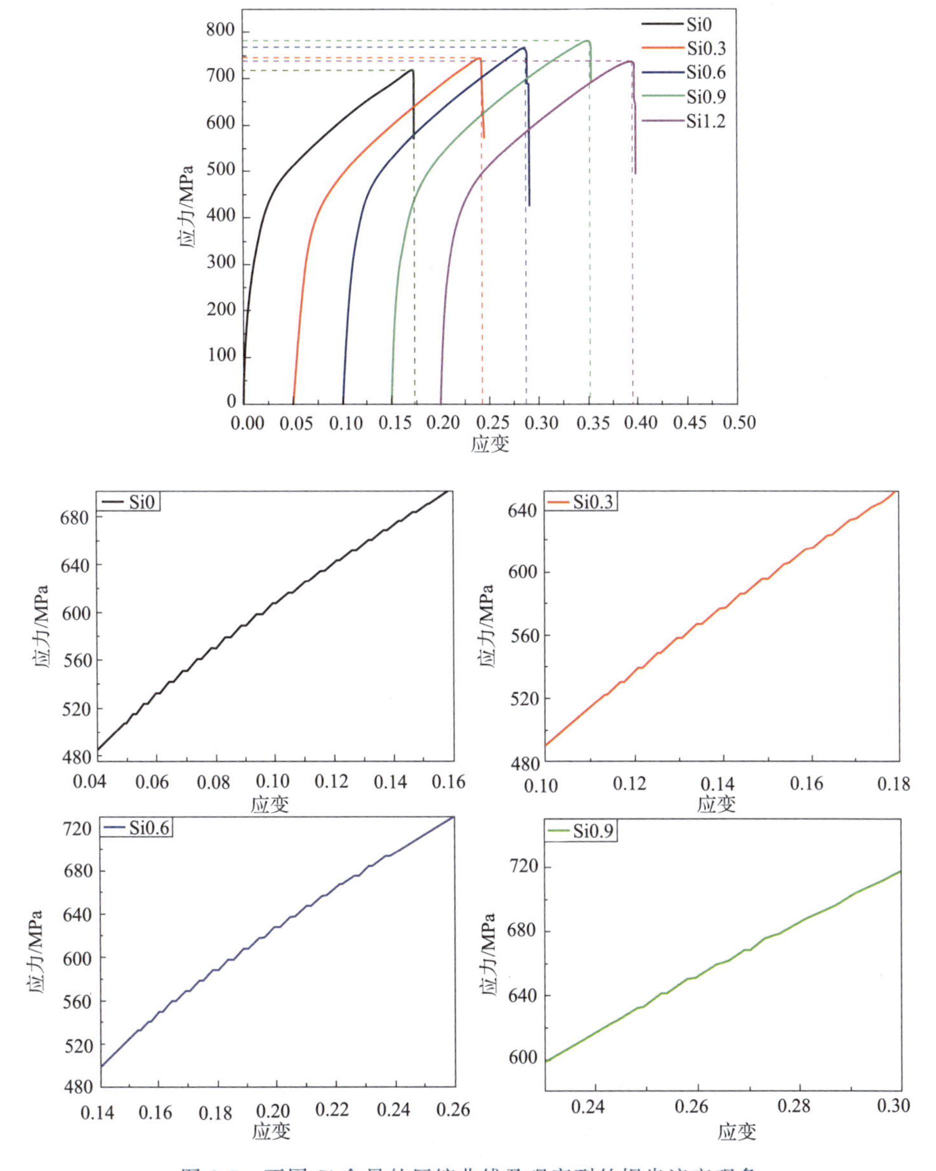

图 8-7　不同 Si 含量的压缩曲线及观察到的锯齿流变现象

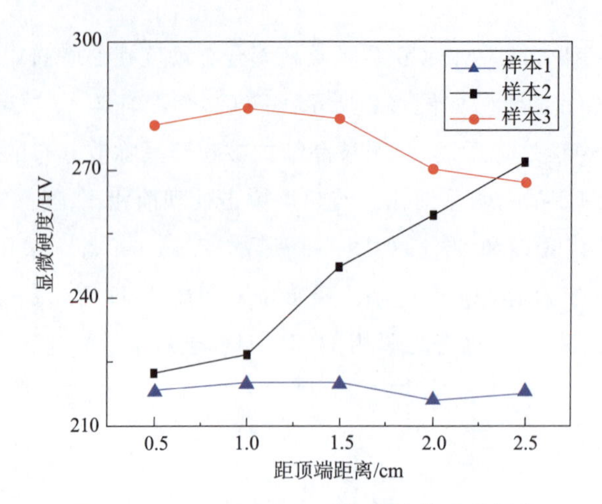

图 8-8　Al-Zn-Li-Mg-Cu 系轻质高熵合金硬度

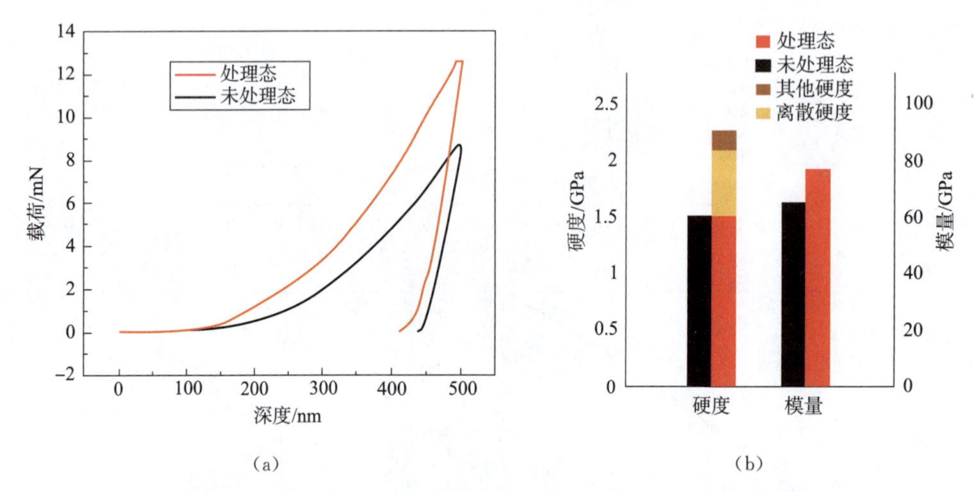

图 8-9　$Al_{80}Li_5Mg_5Zn_5Cu_5$ 轻质高熵合金超声锤处理前后力学性能对比

AlNbTiV 系轻质高熵合金力学性能。Stepanov 等[5]通过电弧熔炼制备了 AlNbTiV 轻质高熵合金(密度为 5.59 g/cm^3)，研究发现为单相 B2 结构，具有较高的屈服强度(1 020 MPa)，但塑性较差。随后，Stepanov[30]加入适量的 Zr，制备了 $AlNbTiVZr_{0.5}$ 轻质高熵合金(密度为 5.64 g/cm^3)。对其进行力学性能测试发现，由于 Zr 元素固有的塑性较好，使该合金塑性提升明显(压缩至 50%不断裂)，再加入新生成的 Laves 相和 Zr_2Al 型第二相的产生，使其强度升高，因此 $AlNbTiVZr_{0.5}$ 轻质高熵合金具有优异强度和塑性。在上述研究基础上，Stepanov[15]对 $AlCr_xNbTiV$(x=0、0.5、1、1.5)轻质高熵合金的力学性能进行了探究，研究发现，随着 Cr 元素的增加，其相组成由单相 BCC 向 BCC+Laves 相过渡，进而提高了压缩屈服强度。Yurchenko 等[31]对 $AlNbTiVZr_x$(x=0、0.1、0.25、0.5、1、1.5)合金的力学性能进行了探究，研究发现，随着 Zr 含量的增加，第二相逐渐增多，进而提高了屈服强度(由 1 000 MPa 提高至 1 535 MPa),而塑性与其 B2 相的长程有序参数相关,过高和过低均会降低其塑性,因此 $AlNbTiVZr_{0.5}$ 具有最佳塑性。Stepanov 等[16]还研究了退火处理对 $Al_{0.5}CrNbTi_2V_{0.5}$ 合金力学性能的影响,研究发现,退火后,由于 Laves 相的生成,合金的室温压缩屈服强度由 1 240 MPa 提高至 1 340 MPa。还有学者通过添加微量元素改善 AlNbTiV 轻质高熵合金的力学性能。Huang 等[32]分别采用 B、C、Si 对 AlCrTiV 进行微合金化,利用电弧熔炼法制备了 $(AlCrTiV)_{100-x}B_x$、$(AlCrTiV)_{100-x}C_x$ 和 $(AlCrTiV)_{100-x}Si_x$ 系列微合金化的轻质高熵合金。研究发现,基体合金 AlCrTiV 的晶体结构为单相 BCC 结构,当分别加入 B、C 和 Si 后,有第二相生成,分别为 TiB、TiC 以及 Ti_5Si_3。B、C、Si 微量元素的加入不仅降低了合金的密度,同时提高了合金的硬度,当加入 5%的 B 时,合金硬度由～500 HV 提高至 710 HV。

除上述结构及力学性能的研究外,还有少量关于轻质高熵合金高温性能和抗腐蚀性能的研究,且表现出与传统合金相当甚至更加优异的高温性能和耐蚀性。

8.2.2 高温性能

KoKai 等[26]通过电弧熔炼制备了 $Al_{20}Be_{20}Fe_{10}Si_{15}Ti_{35}$ 轻质高熵合金,研究发现,由于含有大量的 Al 和 Si 元素,在 700 ℃和 900 ℃时形成相应的氧化膜保护层,表现出较好的抗氧化性能(优于 Ti-6Al-4V 等商用合金)。Esmaily 等[33]研究并比较了 AlTiVCr 轻质高熵合金和 $Al_{0.9}FeCrCoNi$ 高熵合金的高温氧化行为。研究表明,AlTiVCr 轻质高熵合金的在 700 ℃ 和 900 ℃时氧化增重分别为 3 mg/cm^2(24 h)和 17.4 mg/cm^2(24 h),显著高于 $Al_{0.9}FeCrCoNi$ 高熵合金(0.12 mg/cm^2 和 0.55 mg/cm^2),前者由多层、复合氧化物薄膜组成(上层的 V_2O_5、中间层的含 V 和 Cr 的 TiO_2、内层的 $TiO_2+Al_2O_3$),而 $Al_{0.9}FeCrCoNi$ 高熵合金由单层的 Al_2O_3+AlN 颗粒组成;两种合金在 700 ℃和 900 ℃的氧化过程均遵循抛物线规律。

8.2.3 抗腐蚀性能

通常高熵合金中含有一定的 Ni、Cr 等元素,表现出较好的耐蚀性,轻质高熵合金中又引入 Al、Ti 等元素,能够促进钝化膜的形成,进一步提高了其抗腐蚀性能。Qiu 等[34]对 AlTiVCr 轻质高熵合金在 0.6 mol/L 的 NaCl 溶液中的腐蚀行为进行了探究,研究表明,相比于纯 Al 和 304 不锈钢,该合金具有较高的点蚀电位,表面腐蚀层的分析表明,该合金为 Al_2O_3、V_2O_3 和 Cr_2O_3 组成的复合钝化膜,这与纯 Al 和 304 不锈钢表面形成的单一钝化膜相比,能够更好地阻止点蚀的萌生,因此其抗腐蚀性能更好。Brien 等[2]研究了 AlFeMnSi 轻质高熵合金的抗腐蚀性,研究发现该合金在 0.6 mol /L NaCl 溶液中的抗腐蚀性与 304L 不锈钢相当。梁红英[35]等研究了 AlCoCrFeNiTiSi 轻质高熵合金分别在 5%、10%、12%和 30%硝酸溶液中的腐蚀行为,研究发现,合金在不同浓度的硝酸溶液中的腐蚀率及自腐蚀电流密度均低于铸造铝硅合金，可能是由于 Al、Cr、Ni 等耐腐蚀元素在合金表面形成了钝化膜，降低其腐蚀速率所致。Tan 等[36]研究了采用机械合金化制备的 $Al_2NbTi_3V_2Zr$ 高熵合金在质量分数为 10% HNO_3 溶液中的抗腐蚀性能，研究发现，该合金的抗腐蚀性能优于 Ti-6Al-4V，抗腐蚀性与第二相的含量、尺寸均有关，抗蚀性随第二相含量的增加而下降。

8.3 总结与展望

轻质高熵合金不仅具有常规高熵合金高强度、高硬度、抗腐蚀、抗氧化等优异性能，还有传统轻质合金低密度的特点，表现出高比强度、高比硬度的优势，具有良好的应用前景。基于上述研究现状，轻质高熵合金可以作如下总结：

目前，用于指导设计轻质高熵合金成分的方法主要依靠常规高熵合金的经验判据，其次是相图计算(CALPHAD)和第一性原理(DFT)，虽然这几种方法均表现良好，具有一定的适用性，但也有不足之处：即针对轻质高熵合金的经验判据较少；CALPHAD 的数据库不够丰富，难以准确预测等。例如 Yurchenko 等[19]用 TCHEA2 数据计算了 $AlNbTiVCr_x$ 与 $AlNbTiVZr_x$ 合金的平衡相图，对比实验数据发现，相图计算虽然能够预测合金相形成趋势，但不能够准确预测相成分。因此有必要建立轻质高熵合金的专用数据库，以更精确的指导成分设计。

由于目前开发的轻质高熵合金以 BCC 及其多相为主(包括金属间化合物)，大多具有强度高但塑性差的特点，只有少数的轻质高熵合金具有较好的塑性，例如：$AlNbTiVZr_{0.5}$ 和含 Al 量高的 Al-Mg 系轻质高熵合金。因此如何改善其室温塑性是亟待解决的问题之一。

目前对轻质高熵合金的探究大多仅局限于铸态和退火态，而轻质高熵合金经过热处理尤其时效处理对微观结构和性能影响的研究较少，关注后续热处理的研究，可能有助于开发综合力学性能更加优异的轻质高熵合金。作为高熵合金研究领域的一个分支，有关轻质高熵合金的研究相对较少，为拓宽轻质高熵合金的应用领域，也为了能更深入的解析其组织、性能特点，仅限于上述研究是不够的，疲劳性能、高温性能、抗腐蚀性能等方面的研究也值得关注。

参考文献

[1] 李萌，杨成博，张静，等．轻质高熵合金的研究进展[J]．材料导报，2020，34(21)：21125-21134.

[2] 贾岳飞，王刚，贾延东，等．轻质高熵合金研究进展[J]．材料导报，2020，34(9)：17003-17017.

[3] 赵海朝，乔玉林，梁秀兵，等．轻质高熵合金的研究进展与展望[J]．稀有金属材料与工程，2020，49(4)：1457-1468.

[4] YOUSSEF K M，ZADDACH A J，NIU C，et al. A novel low-density，high-hardness，high entropy alloy

with close-packed single-phase nanocrystalline structures[J]. Materials Research Letters,2015,3(2): 95-99.

[5] STEPANOV N D, SHAYSULTANOV D G, SALISHCHEV G A, et al. Structure and mechanical properties of a light-weight AlNbTiV high entropy alloy[J]. Materials Letters,2015,142:153-155.

[6] YANG X,CHEN X Y,COTTON J D,et al. Phase stability of low-density, multiprincipal component alloys containing aluminum, magnesium, and lithium[J]. JOM,2014,66(10):2009-2020.

[7] SUN W, HUANG X, LUO A A. Phase formations in low density high entropy alloys [J]. CALPHAD,2017,56:19-28.

[8] SANCHEZ J M,VICARIO I,ALBIZURI J,et al. Compound formation and microstructure of as-cast high entropy aluminums[J]. Metals,2018,8(3):167.

[9] SANCHEZ J M,VICARIO I,ALBIZURI J,et al. Phase prediction, microstructure and high hardness of novel light-weight high entropy alloys[J]. Journal of Materials Research and Technology,2019,8(1):795-803.

[10] QIU Y,HU Y J,TAYLOR A,et al. A lightweight single-phase AlTiVCr compositionally complex alloy[J]. Acta Materialia,2017,123:115-124.

[11] LI H F,XIE X H,ZHAO K,et al. In vitro and in vivo studies on biodegradable CaMgZnSrYb high-entropy bulk metallic glass[J]. Acta Materialia,2013,9:8561-8573.

[12] CHEN Y L,TSAI C W,JUAN C C,et al. Amorphization of equimolar alloys with HCP elements during mechanical alloying[J]. Journal of Alloys and compounds,2010,506:210-215.

[13] Zhao K,Xia X X,Bai H Y,et al. Room temperature homogeneous flow in a bulk metallic glass with low glass transition temperature [J]. Applied Physics Letters,2011,98:141913.

[14] ZEPON G,LEIVA D R,STROZI R B,et al. Hydrogen-induced phase transition of $MgZrTiFe_{0.5}Co_{0.5}Ni_{0.5}$ high entropy alloy[J]. International Journal of Hydrogen Energy,2018,43:1702-1708.

[15] STEPANOV N D,YURCHENKO N Y,SKIBIN D V,et al. Structure and mechanical properties of the $AlCr_xNbTiV$ ($x=0$、0.5、1、1.5) high entropy alloys[J]. Journal of Alloys and Compounds, 2015,652:266-280.

[16] STEPANOV N D,YURCHENKO N Y,PANINA E S,et al. Precipitation-strengthened refractory $Al_{0.5}CrNbTi_2V_{0.5}$ high entropy alloy[J]. Materials Letter,2017,188:162-164.

[17] LI R X,LI X,MA J,et al. Sub-grain formation in Al-Li-Mg-Zn-Cu lightweight entropic alloy by ultrasonic hammering[J]. Intermetallics,2020,121:106780.

[18] SHAO L,ZHANG T,LI L,et al. A low-cost lightweight entropic alloy with high strength[J]. Journal of Materials Engineering and Performance,2018,27(12):6648-6656.

[19] YURCHENKO N Y,STEPANOV N D,GRIDNEVA A O,et al. Effect of Cr and Zr on phase stability of refractory Al-Cr-Nb-Ti-V-Zr high-entropy alloys[J]. Journal of Alloys and Compounds, 2018,757:403-414.

[20] FENG R,GAO M C,LEE C,et al. Design of light-weight high-entropy alloys[J]. Entropy,2016,18(9):333.

[21] FENG R,GAO M C,ZHANG C,et al. Phase stability and transformation in a light-weight high-entropy alloy[J]. Acta Materialia,2018,146:280-293.

[22] HAMMOND V H,ATWATER M A,DARLING K A,et al. Equal-channel angular extrusion of a

low-density high-entropy alloy produced by high-energy cryogenic mechanical alloying[J]. JOM, 2014, 66(10): 2021-2029.

[23] MAULIK O, KUMAR V. Synthesis of $AlFeCuCrMg_x$ ($x=0, 0.5, 1, 1.7$) alloy powders by mechanical alloying[J]. Materials Characterization, 2015, 110: 116-125.

[24] LI R, GAO J, FAN K. Study to microstructure and mechanical properties of Mg containing high entropy alloys[J]. Materials Science Forum, 2010, 650: 265-271.

[25] LI R, GAO J, FAN K. Microstructure and mechanical properties of MgMnAlZnCu high entropy alloy cooling in three conditions[J]. Materials Science Forum, 2011, 686: 235-241.

[26] KO KAI T, YACHU Y, CHIENCHANG J, et al. light-weighthigh-entropy alloy $Al_{20}Be_{20}Fe_{10}Si_{15}Ti_{35}$ [J]. Science China Technological Sciences, 2018, 61(2): 184-188.

[27] LI Y, LI R, ZHANG Y. Effects of Si addition on microstructure, properties and serration behaviors of lightweight Al-Mg-Zn-Cu medium-entropy alloys[J]. Research and Application of Materials Science, 2019, 1(1): 10-17.

[28] LI R X, WANG Z, GUO Z C, et al. Graded microstructures of Al-Li-Mg-Zn-Cu entropic alloys under supergravity[J]. Science China Materials, 2018, 62(5): 736-744.

[29] ZHANG Y, LI R X, ZHANG T et al. 1 GPa high-strength high-modulus aluminum-based light medium-entropy alloy and preparation method thereof : US201916656843[P]. 2022-6-14.

[30] STEPANOV N, YURCHENKO N, SOKOLOVSKY V, et al. An $AlNbTiVZr_{0.5}$ high-entropy alloy combining high specific strength and good ductility[J]. Materials Letters, 2015, 161: 136-139.

[31] YURCHENKO N, STEPANOV N, ZHEREBTSOV S, et al. Structure and mechanical properties of B2 ordered refractory $AlNbTiVZr_x$ ($x=$ 0-1.5) high-entropy alloys[J]. Materials Science and Engineering: A, 2017, 704: 82-90.

[32] HUANG X, MIAO J, LUO A. Lightweight AlCrTiV high-entropy alloys with dual-phase microstructure via microalloying[J]. Journal of Materials Science, 2019, 54: 2271-2277.

[33] ESMAILY M, QIU Y, BIGDELI S, et al. High-temperature oxidation behaviour of $Al_xFeCrCoNi$ and AlTiVCr compositionally complex alloys[J]. npj Materials Degradation, 2020, 4(1). DOI: 10.1038/s41529-020-00129-2.

[34] QIU Y, THOMAS S, GIBSON M, et al. Microstructure and corrosion properties of the low-density single-phase compositionally complex alloy AlTiVCr[J]. Corrosion Science, 2018, 133: 386-396.

[35] 梁红英. AlCoCrFeNiTiSi高熵合金在酸性介质中的耐蚀性[J]. 机械工程师, 2016, 12: 11-13.

[36] TAN X, ZHI Q, YANG R, et al. Effects of milling on the corrosion behavior of $Al_2NbTi_3V_2Zr$ high-entropy alloy system in 10% nitric acid solution[J]. Materials and Corrosion, 2017, 68: 1080-1089.

第9章 高熵合金薄膜

高熵合金薄膜(高熵薄膜)是在高熵合金基础上发展起来的一种新型薄膜。它具有诸多优良性能:如高强度和高硬度,优异的耐磨性和耐腐蚀性,热稳定性,抗辐照性,高韧性等,适用于宽温域的应用。目前,高熵薄膜主要包括氮化膜和氧化膜,其设计原理与高熵合金类似,即元素组成分为基本元素和功能元素[1],如图9-1所示。例如,Cr、Fe、Co、Ni、Cu等元素与其他元素在原子尺寸上差别不大,容易形成简单的面心立方(FCC)或体心立方(BCC)固溶体结构,被称为基本元素。同时Ti、V、W等具有优良的热稳定性和耐腐蚀性能,可称为功能元素,根据性能要求,可在基本元素中添加功能元素。此外,还可以添加一些非金属元素,如C、N、B、O,它们可以填充薄膜的空隙位置,以提高硬度等特性。近年来,高熵薄膜在各个领域显示出快速发展的潜力,作为一类颠覆性的新材料,将在下一阶段的我国制造业发展中发挥举足轻重的作用。本章综述了近年来高熵薄膜的研究进展,主要讨论高熵膜的制备方法、成分设计、相结构及各种性能,并提出了高熵膜在高通量实验中的应用前景。高熵薄膜包括氮化物、氧化物、碳化物薄膜等,其中,研究最为广泛的是高熵氮化物薄膜。

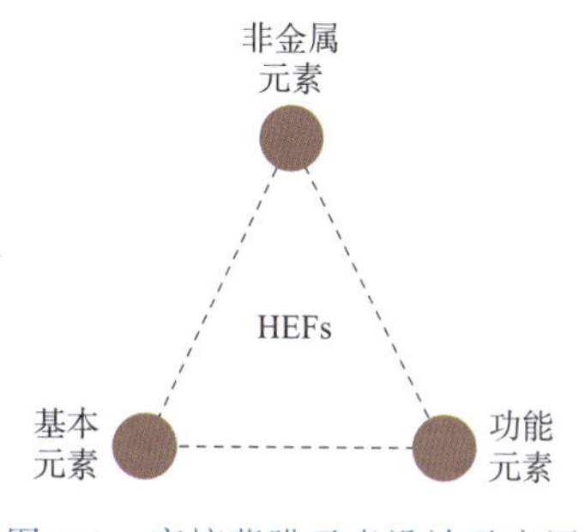

图9-1 高熵薄膜元素设计示意图

9.1 高熵合金薄膜的发展历程

2005年,Chen等[2]首次报道了通过磁控溅射制备FeCoNiCrCuAlMn和$FeCoNiCrCuAl_{0.5}$氮化膜,并探索了其相结构随氮流量的变化,结果如图9-2所示。随着氮气流量的增加,薄膜沉积速率降低,膜厚度在2.5 μm以上时达到最大值。不充氮气时,合金膜为混合FCC+BCC结构或简单FCC固溶体的结构,而随着氮气流量的增加,氮化膜结晶度降低,接近非晶态。其电阻率、表面粗糙度、硬度均随着氮流量的增加而增大。高熵合金薄膜非晶相结构的形成原因可概括如下:薄膜在沉积过程中冷却速度快,晶粒无法获得足够的能量和时间生长和长大,未达到熔炼制备块体的最终平衡状态;高的混合熵以及较大的原子尺寸差异有利于非晶结构的形成。与简单的二元氮化物相比,高熵氮化物薄膜也倾向于形成固溶体。以(TiVCrZrHf)N薄膜为例,组成元素均可以与N元素形成TiN、VN、CrN、ZrN、HfN氮化物，但在 XRD 衍射图谱中，高熵氮化物薄膜的相结构为简单的 FCC 相，而非多个氮化物相，这说明合金薄膜中的氮化物之间发生了固溶过程。随着 N_2 流率的增加，氮化物的生成得到了促进，而二元氮化物之间具有相似的尺寸与结构，这使得在氮化物之间更容易发生固溶置换，从而使氮化物合金薄膜最终获得了单一固溶体结构[3]。

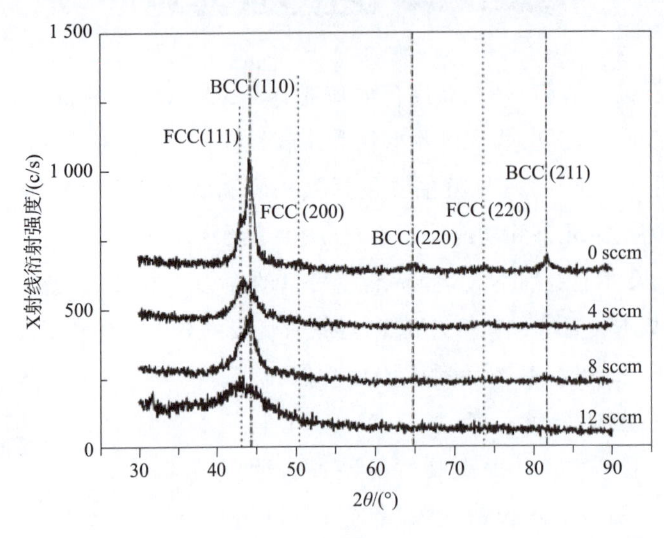

(a) Fe-Co-Ni-Cr-Cu-Al-Mn

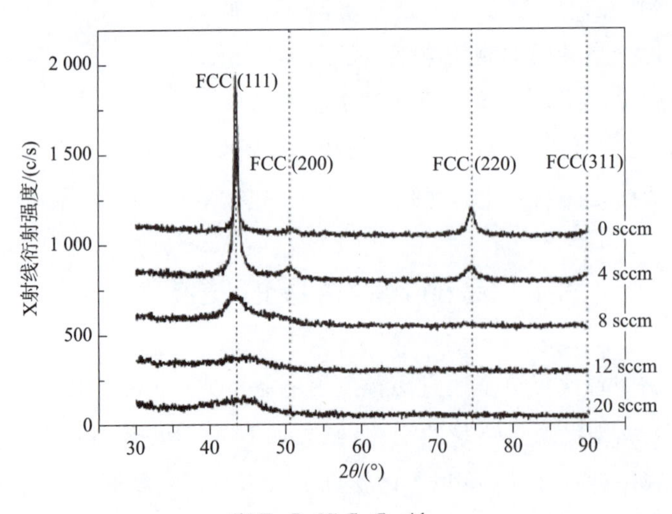

(b) Fe-Co-Ni-Cr-Cu-$Al_{0.5}$

图 9-2　FeCoNiCrCuAlMn 和 $FeCoNiCrCuAl_{0.5}$ 氮化膜随氮含量变化的 XRD 结果

随后，Huang 等[4]采用磁控溅射技术制备了 $AlCoCrCu_{0.5}NiFe$ 氧化膜，并分析了其相结构、硬度和相稳定性等。研究发现，随着氧含量的增加，该系列薄膜由非晶态向晶态转变，如图 9-3 所示。这与上述的 FeCoNiCrCuAlMn 和 $FeCoNiCrCuAl_{0.5}$ 氮化膜晶体结构的变化趋势截然相反。$AlCoCrCu_{0.5}NiFe$ 氧化膜在 500 ℃、700 ℃和 900 ℃退火后没有形成新的相，表明氧化膜在高温下非常稳定。

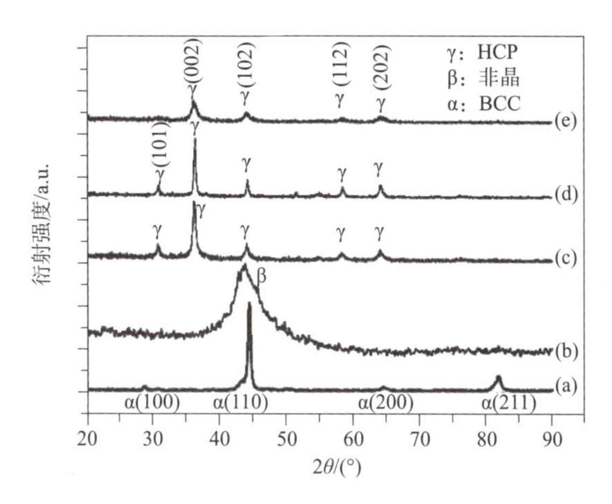

图 9-3 不同氧含量的 $AlCoCrCu_{0.5}NiFe$ 氧化膜对应的 XRD 结果

研究还发现，随着退火温度的升高，晶粒有长大的趋势，同时晶粒间微孔的尺寸逐渐增大，如图 9-4 所示，这种组织上的变化虽然没有改变相结构，但可能会导致力学性能的变化。

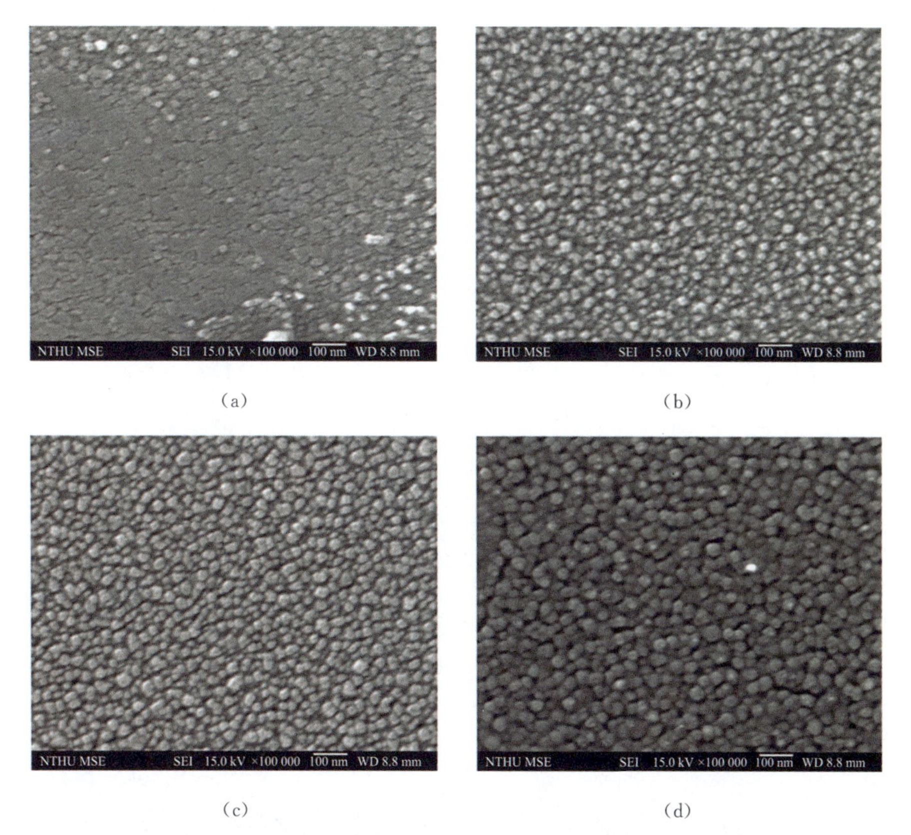

图 9-4 $AlCoCrCu_{0.5}NiFe$ 氧化膜不同温度退火时显微组织演化

随着高熵合金薄膜的不断发展，Tsai 等[5]将 AlMoNbSiTaTiVZr 薄膜应用于 Cu 和 Si 晶片之间的扩散屏障。实验结果表明，由于迟滞扩散效应使该薄膜具有稳定的非晶结构，其在 700 ℃条件下，防止铜硅化物的形成。因此，高熵合金有可能作为铜金属化的有效扩散屏障。

除上述磁控溅射制备薄膜的方法，近年来，激光熔覆制备的高熵薄膜、涂层也逐渐发展起来。Zhang 等[6]较早地开展了激光熔覆制备了 $NiCoFeCrAl_3$ 高熵涂层的研究。研究发现，激光熔覆快速冷却的特点和少量 C、Si、Mn、Mo 元素的添加使制备的高熵合金涂层晶粒细小、晶格畸变较大，进而提高其硬度，结果表明硬度最高达到 800 HV(比电弧熔炼制备的高 50%)。

9.2 高熵薄膜的制备方法

目前文献报道的制备薄膜的方法有：磁控溅射法、激光熔覆法、电化学沉积、电弧热喷涂、冷喷涂、电子束蒸发沉积、等离子熔覆等。其中，磁控溅射和激光熔覆是制备高熵薄膜最成熟的技术。磁控溅射沉积的原理是一种溅射效应，示意图如图 9-5 所示[1]。高能粒子轰击靶表面，使靶原子逃逸并沿一定方向运动，最终在基板上形成薄膜。磁场和电场的双重作用增加了电子、带电粒子和气体分子的碰撞概率。此外，由于不同元素的溅射输出能力不同，因此很难获得等原子比薄膜。根据高熵合金薄膜的成分设计，可以制备多个单元素靶或合金靶，通过调节靶溅射功率可以控制靶元素的原子比。

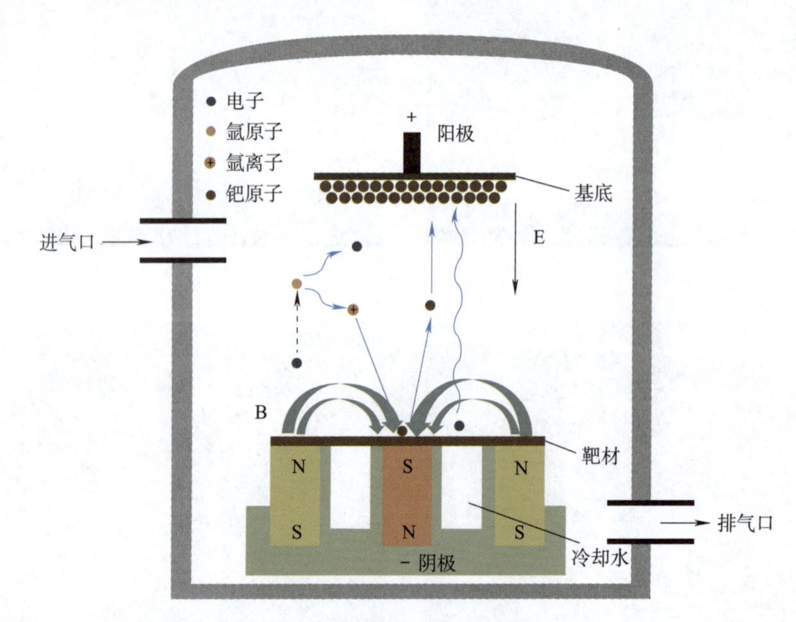

图 9-5　磁控溅射过程示意

激光熔覆技术是利用高功率激光熔化具有一定物理、化学或机械性能的金属粉末，采用冶金结合的方式与基体结合，可以提高基体与基体之间的力学性能，根据粉末的供给方式的不同,可以分为送粉式和铺粉式两种[1],如图 9-6 所示。

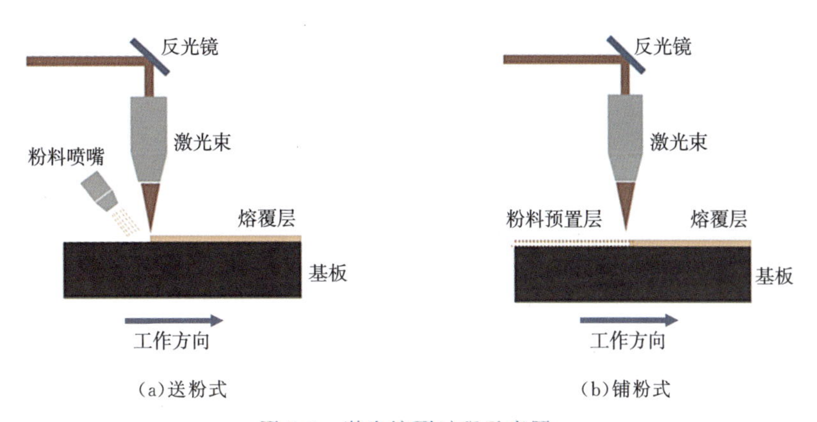

图 9-6 激光熔覆过程示意图

9.3 高熵薄膜在高通量成分筛选中的应用

高熵薄膜还可用于高熵合金的高通量筛选。众所周知,材料科学是在实验的基础上发展起来的。在科学探索的过程中,形成了依靠科学直觉和“试错法”的方法。这种研究方法不可避免地会导致耗时、研究周期长、效率低等缺点。在 20 世纪 70 年代,Hanak 提出了一个具有“高通量”特性的实验方案[7],通过发展单阴极、多靶、射频共溅射的方法对薄膜成分进行分析,实现了高通量。高通量磁控溅射,可以有效地研究薄膜的物理和化学性能,如颜色、耐腐蚀性、生物相容性、抗菌活性和玻璃形成能力等。举例来说,利用这种方法研究新的二元超导组成,发现新材料的速度提高了 30 倍。该过程中,靶原子与基底之间的距离不同,靶原子在附近沉积的概率较大,因此在基底上形成了一层成分梯度连续的薄膜。根据高熵合金的成分设计,可以制备多个单元素靶或合金靶,通过调节靶溅射功率可以控制元素的原子比。结合高通量表征技术,我们可以实现高熵合金的快速筛选。

北京科技大学邢秋玮博士采用高通量筛选策略研究了$(Cr_{0.33}Fe_{0.33}V_{0.33})_x(Ta_{0.5}W_{0.5})_{100-x}$,$(0<x<100)$,高熵薄膜的性能和微观结构,以探索高效的光热转换材料[8]。其仔细研究了元素的原子含量对结构和性质的影响,溅射过程示意图如图 9-7 所示,其中(a)为 TaW 靶和 CrFeV 靶实物图,(b)为溅射过程示意图,(c)为溅射后基片正面和背面实物图,两个靶材组成了伪二元合金。结果表明,当 x 为 32.5～86.9 时,薄膜呈现非晶结构,而 x 较低时(即高浓度的 Ta 和 W)会导致薄膜中形成 BCC 结构。薄膜的太阳吸收率就是在非晶态到 BCC 结构的过渡区域达到峰值。此研究提供了一种高效的组合技术来发现高性能的高熵合金薄膜。

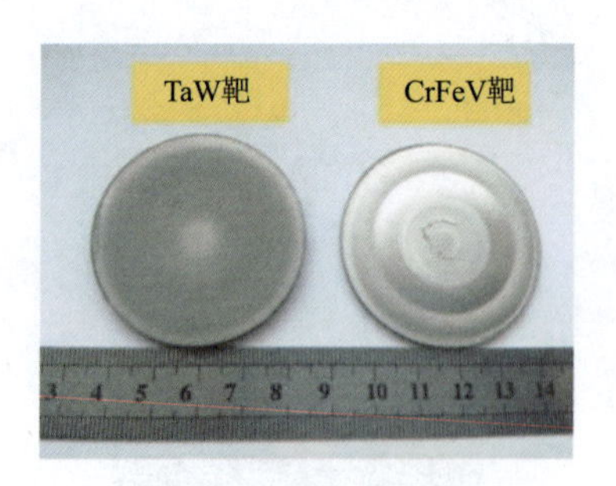

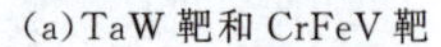
(a)TaW 靶和 CrFeV 靶

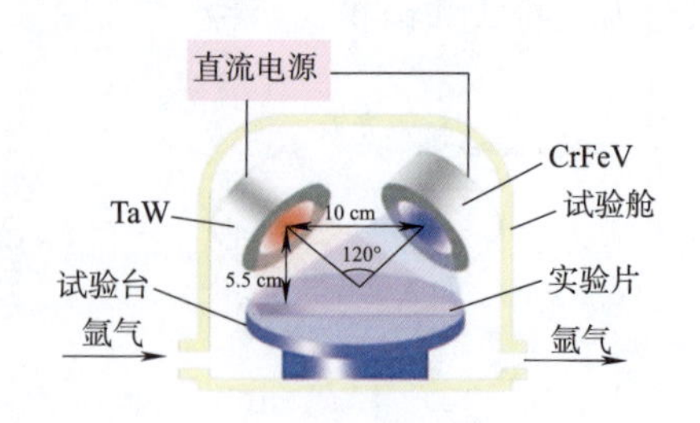

(b)溅射过程示意图

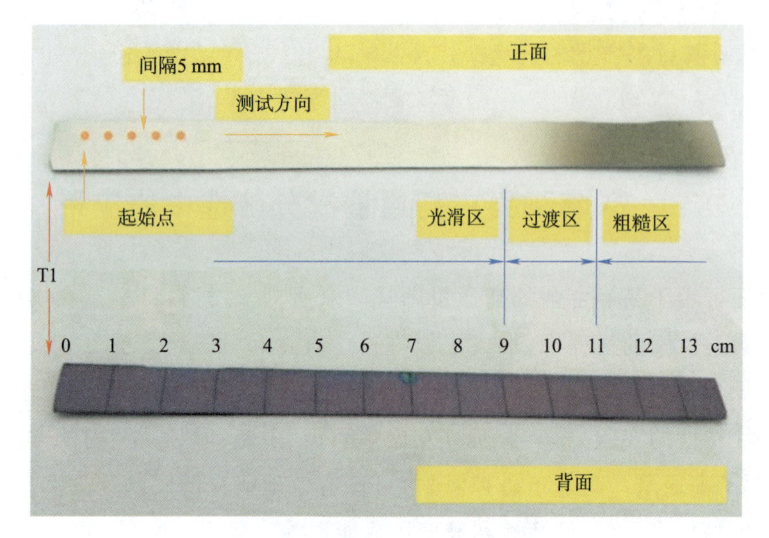

(c)溅射后基片正面和背面实物图

图 9-7 $(Cr_{0.33}Fe_{0.33}V_{0.33})_x(Ta_{0.5}W_{0.5})_{100-x}$ 高熵薄膜磁控溅射示意图

详细的成分分布如图 9-8 所示，由图可知，随着距 T1 端逐渐变远，Cr、Fe、V 元素含量逐渐减少，而 Ta、W 含有逐渐升高(相邻成分点间隔为 5 mm)。Cr、Fe、V 元素的比例为近似 1∶1∶1，Ta、W 元素比例也保持 1∶1，与靶材元素组成相同，说明同一靶材中各元素的沉积速率基本相同。

成分的变化可能会导致相结构的改变，图 9-9 的 XRD 结果显示，随着距离 T1 端逐渐变远，$(Cr_{0.33}Fe_{0.33}V_{0.33})_x(Ta_{0.5}W_{0.5})_{100-x}$ 高熵薄膜 XRD 图谱由“馒头峰”向尖峰过渡，表示随着 Ta、W 元素的增加和 Cr、Fe、V 元素的减少，薄膜的相结构由非晶态向晶态转变，其中晶态结构为 BCC。其中非晶相的形成还与磁控溅射制备工艺的快速冷却速率有关。

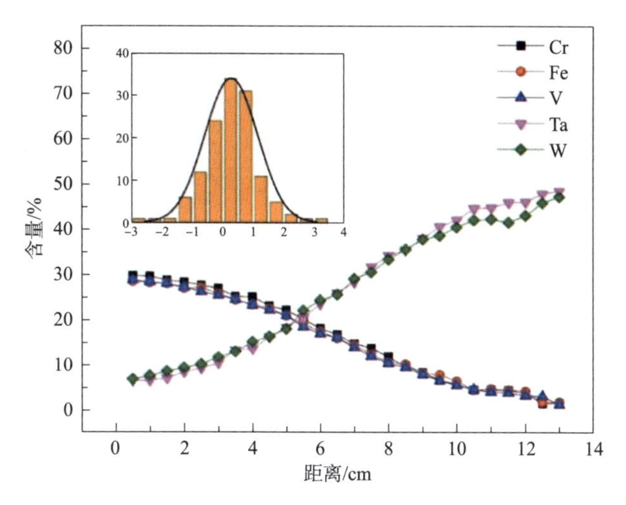

图 9-8　高通量磁控溅射成分分布

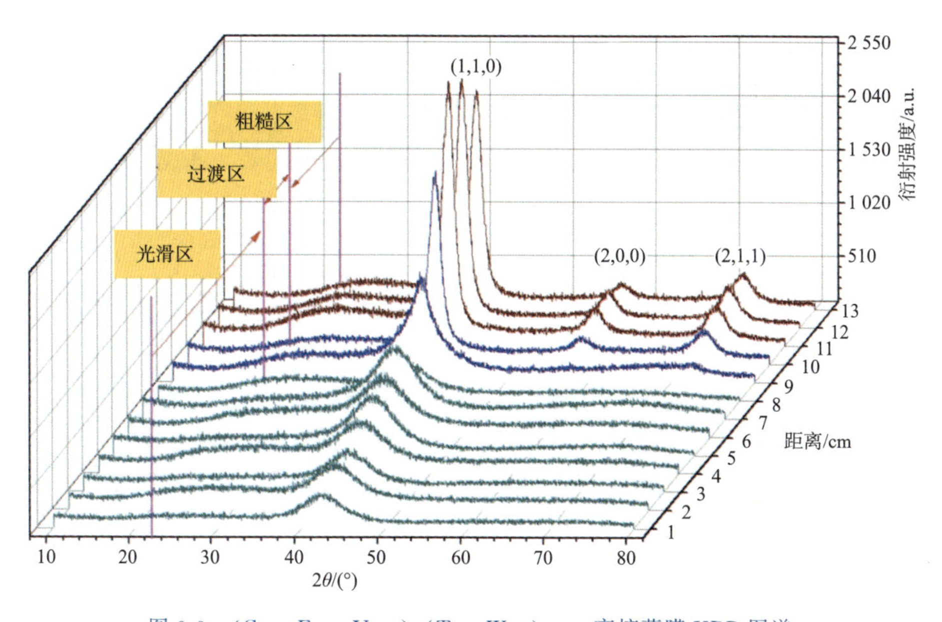

图 9-9　$(Cr_{0.33}Fe_{0.33}V_{0.33})_x(Ta_{0.5}W_{0.5})_{100-x}$ 高熵薄膜 XRD 图谱

用扫描电子显微镜对 $(Cr_{0.33}Fe_{0.33}V_{0.33})_x(Ta_{0.5}W_{0.5})_{100-x}$ 高熵薄膜的表面形貌和截面进行表征，如图 9-10 所示。研究发现，非晶态区域，即 $(Cr_{0.33}Fe_{0.33}V_{0.33})_x(Ta_{0.5}W_{0.5})_{100-x}$ $(32.5<x<86.9)$，薄膜表面光滑，裂纹分布较多。当 Ta 和 W 的原子含量增加到 38%时，薄膜表面出现少量弥散分布的大颗粒[图 9-10(c)]。随着 Ta 和 W 含量的进一步增加，薄膜表面的粗大颗粒逐渐更大、也更密集[图 9-10(d)]。当薄膜成分为 $Cr_4Fe_5V_4Ta_{45}W_{42}$ 时，粗大颗粒完全粘在一起，但表面仍存在间隙[图 9-10(e)]。当薄膜成分为 $Cr_4Fe_4V_3Ta_{46}W_{43}$ 时，粗大颗粒之间的间隙消失[图 9-10(f)]。

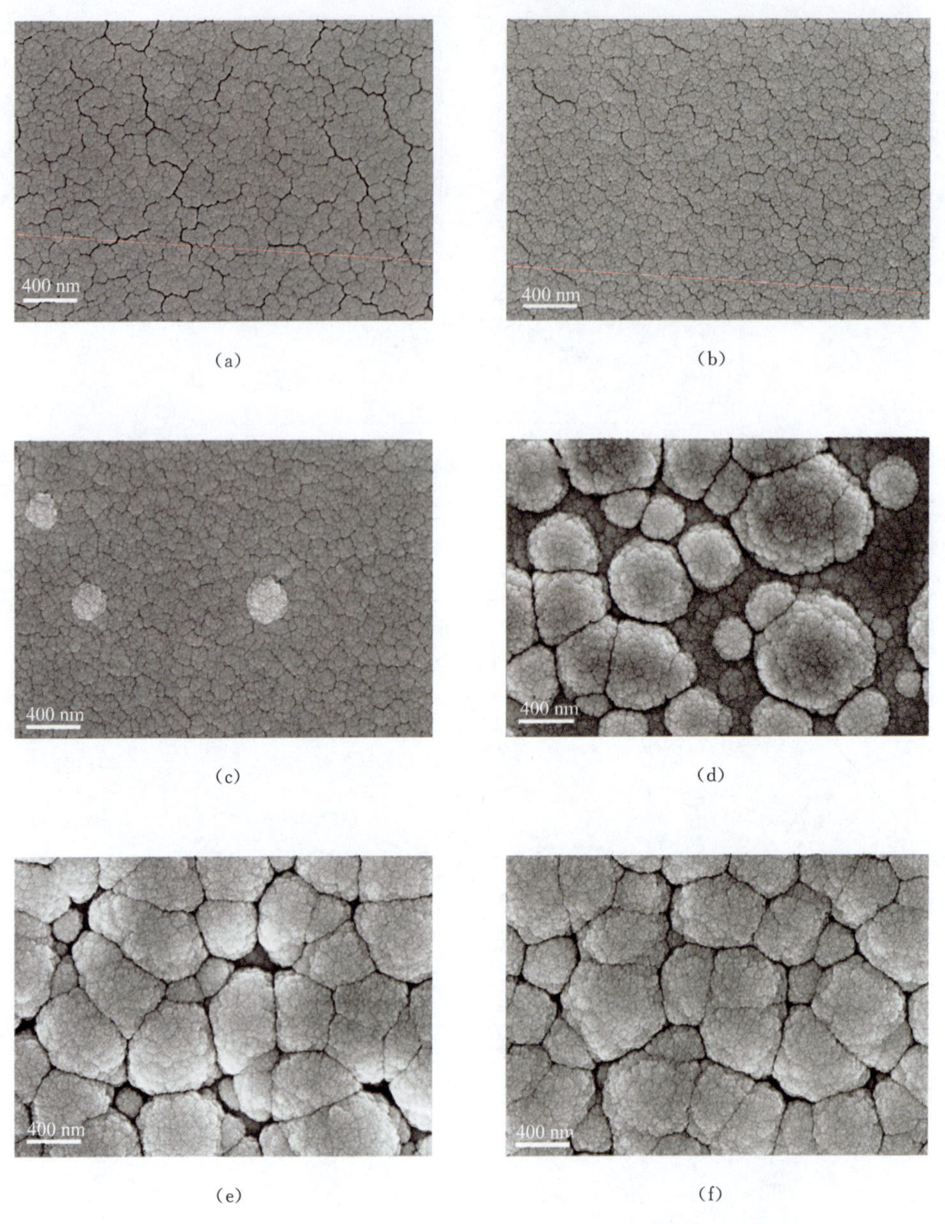

(a) (b) (c) (d) (e) (f)

图 9-10 $(Cr_{0.33}Fe_{0.33}V_{0.33})_x(Ta_{0.5}W_{0.5})_{100-x}$ 高熵薄膜的表面形貌

图 9-11 显示了$(Cr_{0.33}Fe_{0.33}V_{0.33})_x(Ta_{0.5}W_{0.5})_{100-x}$ 高熵薄膜的截面图。当 $32.5<x<86.9$ 时，主要由较细小的柱状晶组成。当 $x=24$ 时，在薄膜截面上观察到较大柱状晶结构，并贯穿薄膜的整个厚度。当 $4<x<13$ 时，非晶膜上方形成了 BCC 结构层，BCC 层厚度为 0.68 μm。

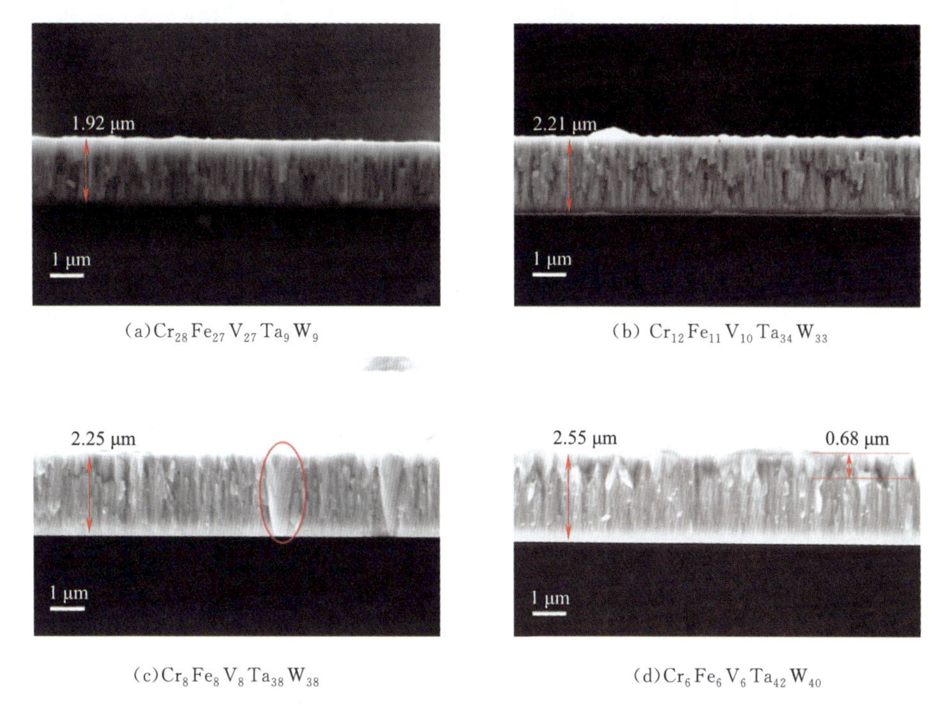

(a)$Cr_{28}Fe_{27}V_{27}Ta_{9}W_{9}$　　(b) $Cr_{12}Fe_{11}V_{10}Ta_{34}W_{33}$

(c)$Cr_{8}Fe_{8}V_{8}Ta_{38}W_{38}$　　(d)$Cr_{6}Fe_{6}V_{6}Ta_{42}W_{40}$

图 9-11　$(Cr_{0.33}Fe_{0.33}V_{0.33})_{x}(Ta_{0.5}W_{0.5})_{100-x}$ 高熵薄膜截面图

对$(Cr_{0.33}Fe_{0.33}V_{0.33})_{x}(Ta_{0.5}W_{0.5})_{100-x}$ 高熵薄膜的太阳能吸收率和热发射率进行表征，如图 9-12 所示，当距离 T1 为 2～8 cm 时，太阳能吸收率为 0.653～0.656，热发射率为 0.557～0.582。当距离 T1 为 8～10 cm 时，太阳能吸收率从 0.653 增加到 0.809，热发射率从 0.557 增加到 0.722。随后，太阳能吸收率略有下降，为 0.789，对应距离为 10～12 cm。过渡区薄膜的太阳吸收率和热发射率均优于其他位置的样品。

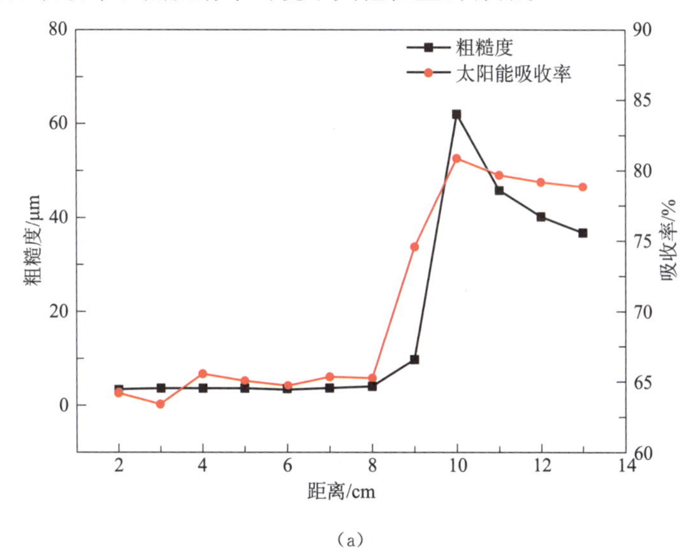

(a)

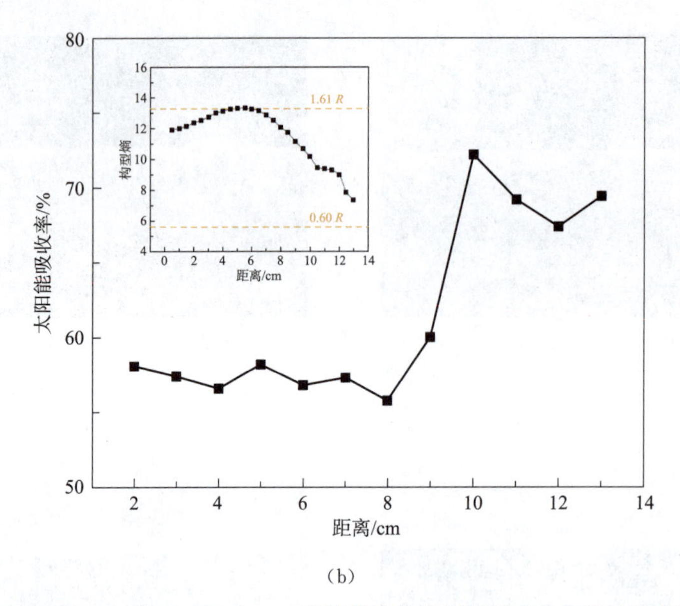

(b)

图 9-12 $(Cr_{0.33}Fe_{0.33}V_{0.33})_x(Ta_{0.5}W_{0.5})_{100-x}$ 高熵薄膜的表面粗糙度和太阳能吸收率随成分的变化

由高熵薄膜的组织、形貌和太阳能吸收率、热发射率可以看出，薄膜中的柱状结构影响了太阳能吸收和热发射率。在光滑区域，薄膜充满细小的柱状结构，导致较低的太阳吸收和热发射率。在过渡区 BCC 嵌入到细小柱状结构，薄膜由大柱状结构和细小柱状结构的混合物，由此粗糙度达到最大。在雾化区，随着 Ta 和 W 含量的增加，BCC 结构从细小的柱状结构中分离出来，逐渐覆盖薄膜表面。薄膜的粗糙度略有降低。由于太阳吸收率与薄膜表面粗糙度呈正相关，示意图如图 9-13(a)所示。当光照在光滑的表面上时，阳光被直接从薄膜上反射出去，薄膜的太阳吸收率很低[图 9-13(b)]。在反射过程中，光路被困在光斑之间的缝隙中[图 9-13(c)]，因此提高了薄膜的太阳吸收率。随着斑点的进一步扩大，一些缝隙被填补，粗糙度略有降低，因此薄膜的太阳吸收率相应下降。作者采用磁控溅射方法高通量制备、筛选出具有较高太阳能吸收率的 $Cr_6Fe_6V_6Ta_{42}W_{40}$ 高熵薄膜，其吸收率达 81.94%。

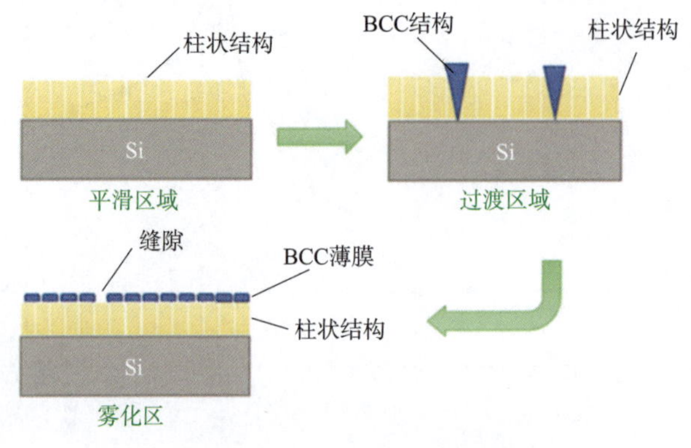

(a)(Cr、Fe、V)(Ta、W)高熵薄膜的结构变化

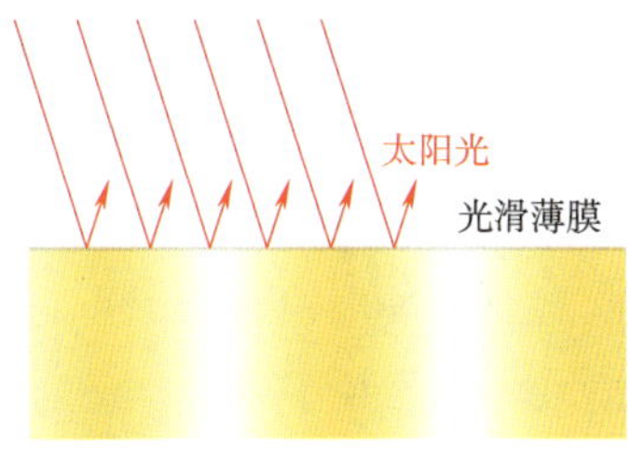

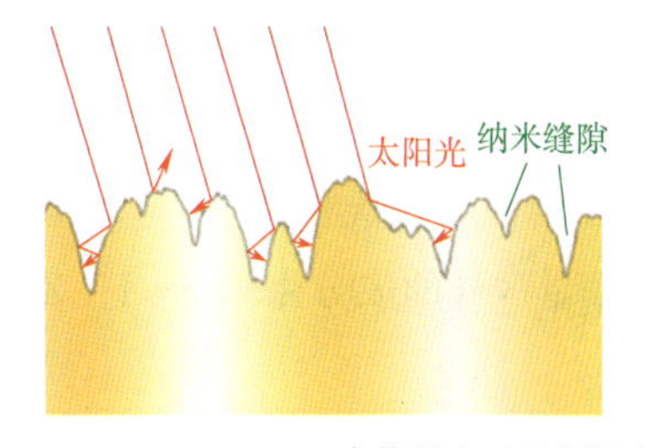

(b)平滑表面吸收阳光示意图　　(c)$Cr_6Fe_6V_6Ta_{42}W_{40}$ 高熵膜表面吸收阳光

图 9-13　高熵薄膜对太阳能和热发射率的影响

闫薛卉采用高通量磁控溅射策略成功筛选出了适用作生物植入材料的低模量 $Ti_{34}Zr_{52}Nb_{14}$ 多主元合金[9]。其选用 3 靶共溅射(即 Zr、Ti、Nb3 个靶材),在 Si 基片上覆盖掩膜版以同时制备 16 个不同成分的薄膜样品,如图 9-14 所示。

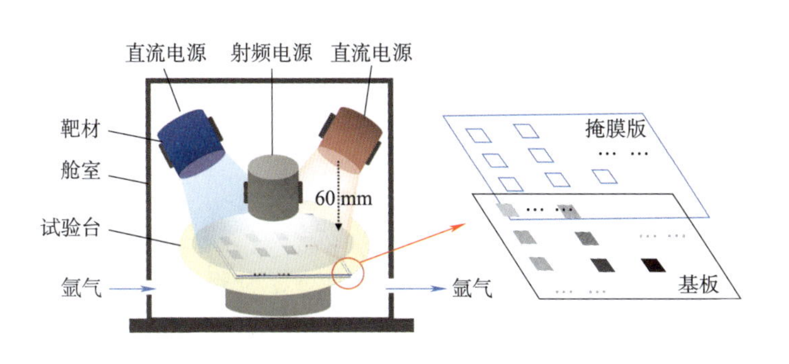

(a)Ti-Nb-Zr 体系三元合金制备的原理

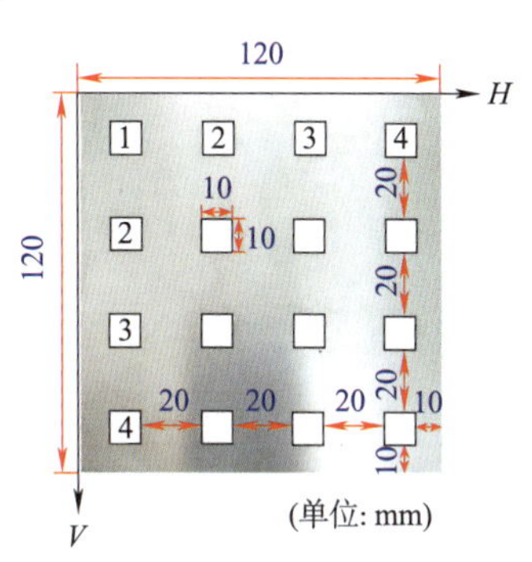

(b)掩膜版实物

图 9-14　薄膜样品制备及实物

通过能谱分析,16 个样品成分范围落于中心区域,如图 9-15 所示。

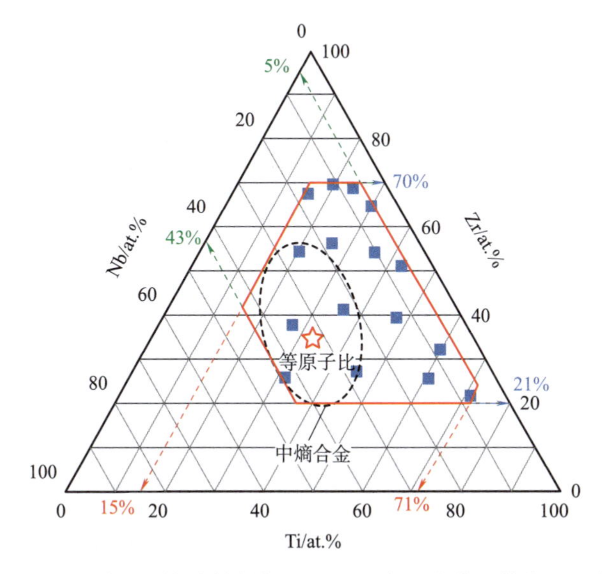

图 9-15　采用磁控溅射制备 Ti-Zr-Nb 合金成分坐落位置示意

为了筛选出低杨氏模量的 Ti-Zr-Nb 合金，其采用纳米压痕法测试了合金的杨氏模量和压痕硬度。总体来说，这 16 个试样的杨氏模量均较低，在 80.3～94.8 GPa 之间。如图 9-16 显示了不同成分合金的杨氏模量值，边缘角落区域模量较高，而中心区域模量较低，形成了盆地趋势。低模量区域的成分主要为：$Ti_{47}Zr_{40}Nb_{13}$、$Ti_{36}Zr_{41}Nb_{23}$、$Ti_{36}Zr_{54}Nb_{10}$、$Ti_{26}Zr_{56}Nb_{18}$ 和 $Ti_{20}Zr_{54}Nb_{16}$。

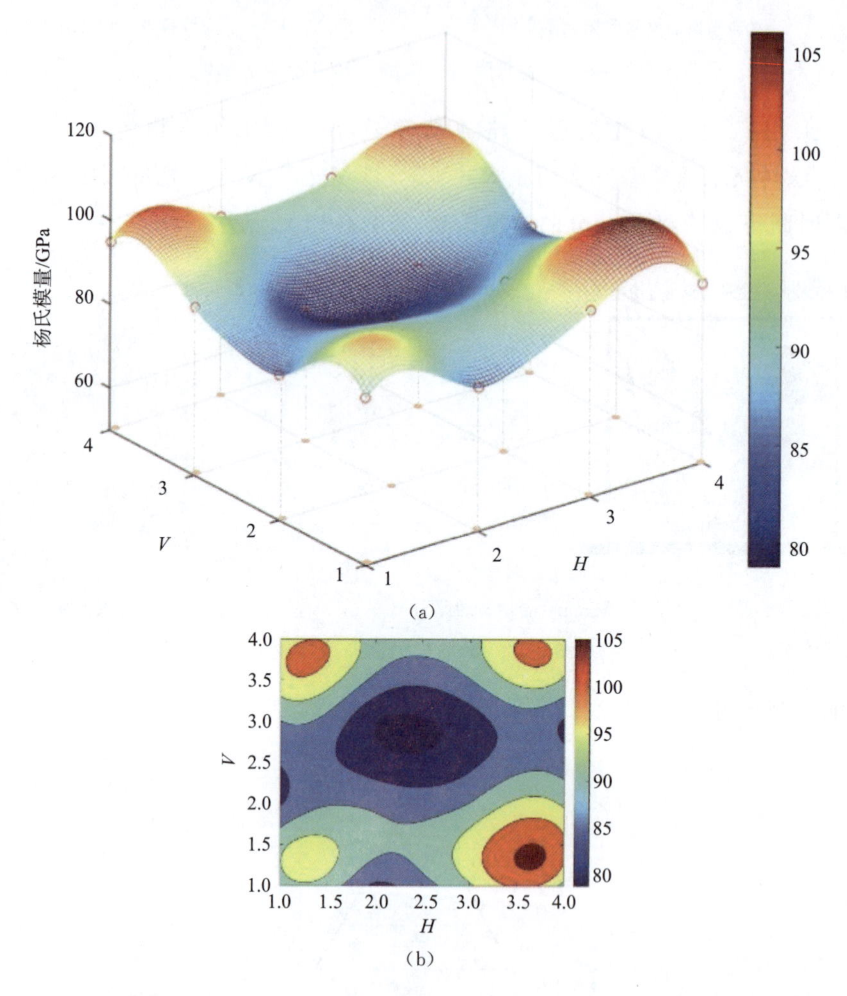

(a)

(b)

成分	E/GPa	H/GPa
$Ti_{47}Zr_{40}Nb_{13}$	88.9	3.80
$Ti_{36}Zr_{41}Nb_{23}$	90.2	4.04
$Ti_{36}Zr_{54}Nb_{10}$	80.3	3.68
$Ti_{26}Zr_{56}Nb_{18}$	83.3	3.78
$Ti_{20}Zr_{54}Nb_{16}$	85.5	3.74

(c)

图 9-16　Ti-Zr-Nb 合金杨氏模量的变化趋势

随后对筛选的低模量成分进一步表征。如图 9-17 显示了 5 个 Ti-Zr-Nb 合金的 XRD 谱图。结果表明,以上 5 个成分均为 BCC 结构。

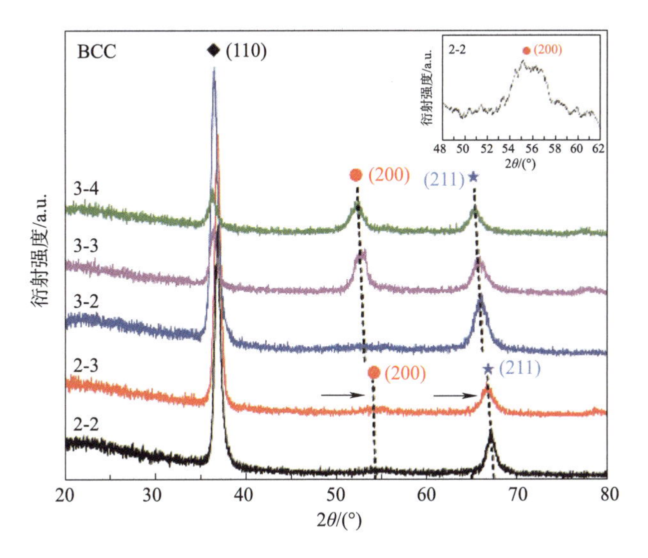

2-2— $Ti_{47}Zr_{40}Nb_{13}$;2-3—$Ti_{36}Zr_{41}Nb_{23}$;3-2—$Ti_{36}Zr_{54}Nb_{10}$;3-3—$Ti_{26}Zr_{56}Nb_{18}$;3-4—$Ti_{20}Zr_{54}Nb_{16}$。

图 9-17　Ti-Zr-Nb 合金 XRD 图谱

通过进一步优化成分,获得了具有最低杨氏模量的 $Ti_{34}Zr_{52}Nb_{14}$ 合金,并对该合金的抗腐蚀性进行了探究。在磷酸盐腐蚀液(PBS)中的室温动电位极化曲线如图 9-18 所示。合金的腐蚀电位(E_{corr})为 0.38 V,钝化电流密度(I_{corr})为 0.57 $\mu A/cm^2$。此外,$Ti_{34}Zr_{52}Nb_{14}$ 合金在 1 V_{sce} 电位下没有发生点蚀。相比之下,$Ti_{34}Zr_{52}Nb_{14}$ 合金的耐点蚀性明显优于 316 L 不锈钢和 CoCrMo 合金。

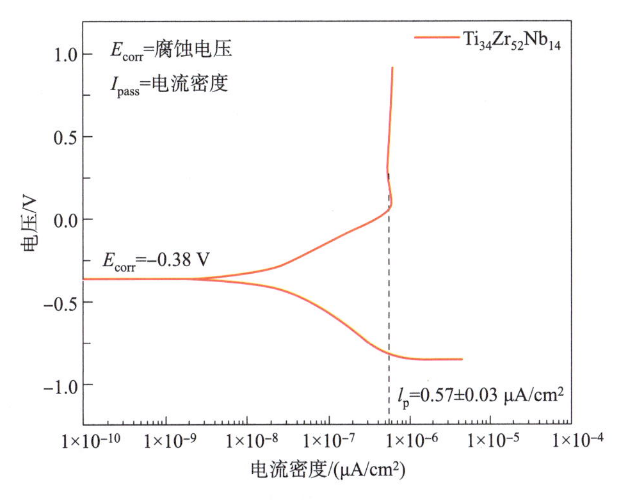

图 9-18　$Ti_{34}Zr_{52}Nb_{14}$ 合金在磷酸盐腐蚀液(PBS)中的电位极化曲线

综上所述，Ti-Zr-Nb 合金的初步研究显示出其作为潜在植入材料的许多显著优势。该制备工艺也为生物医学材料的高通量制备提供了新的方向。

在此基础上，闫薛卉制备了 $Ti_{35}Zr_{50}Nb_{15}$ 合金块体材料[10]。对其微观组织表征（图 9-19）发现，其铸态组织由柱状晶和等轴晶组成；与薄膜样品晶体结构一致，块体样品的 XRD 和 TEM 衍射斑均显示为简单 BCC 结构。

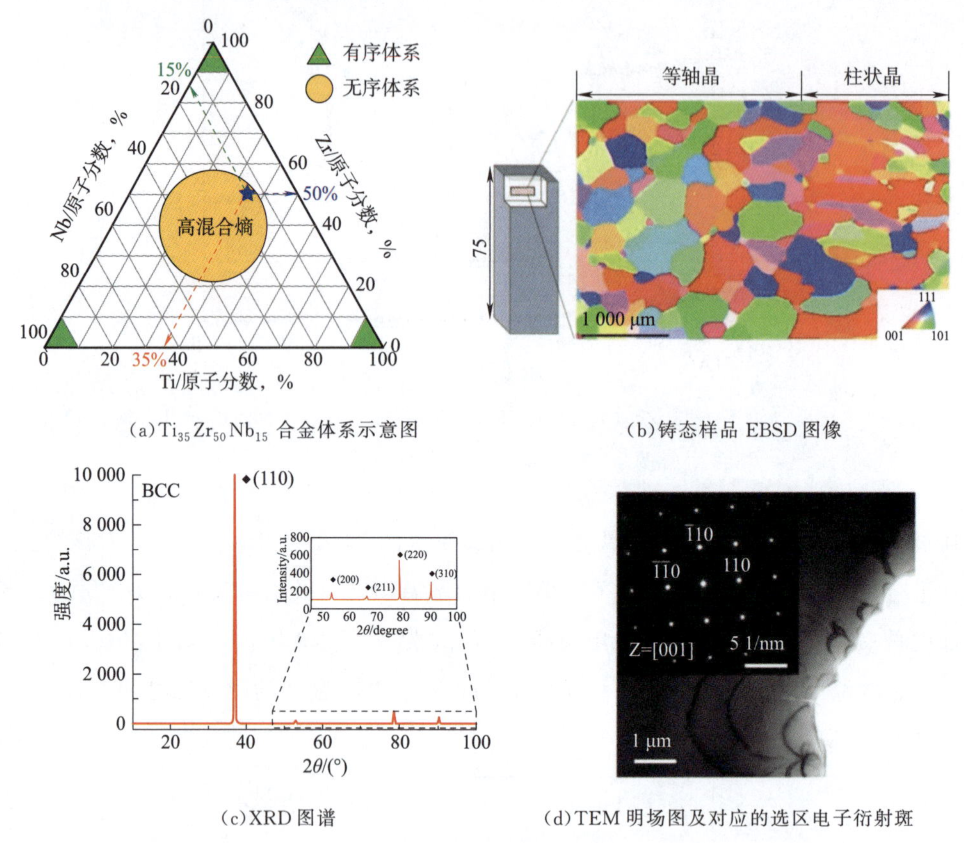

(a) $Ti_{35}Zr_{50}Nb_{15}$ 合金体系示意图

(b) 铸态样品 EBSD 图像

(c) XRD 图谱

(d) TEM 明场图及对应的选区电子衍射斑

图 9-19 微观组织表征

众所周知，BCC 结构的多主元合金具有较高的强度而极其有限的拉伸塑性，只有少数 BCC 结构多主元合金具有较好的拉伸塑性，例如 HfNbZrTi。闫薛卉通过高通量筛选，成功制备了具有拉伸塑性的 BCC 结构 $Ti_{35}Zr_{50}Nb_{15}$ 多主元合金，力学性能如图 9-20 所示。该合金的不仅具有较好的强度（612～810 MPa），还有优异的拉伸塑性（大于 10%）。铸态时的屈服强度为 657 MPa，拉伸塑性为～22%；冷轧后，屈服强度达到 810 MPa，拉伸塑性保持在 10%；再结晶退火后的合金塑性显著提高到 26%，抗拉强度与铸态相当。$Zr_{50}Ti_{35}Nb_{15}$ 合金可实现完全再结晶，结晶度为 96%，晶粒明显细化，晶粒尺寸一般小于 100 μm，如图 9-20 所示。此外，极图结果也表明，该合金没有任何优选取向。与钛合金相比，$Zr_{50}Ti_{35}Nb_{15}$ 合金通过线性拟合得到的杨氏模量更低，约为 62 GPa。

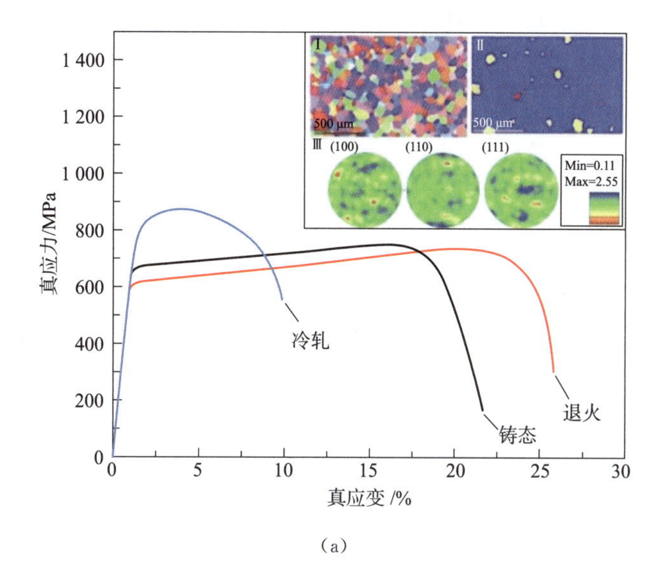

(a)

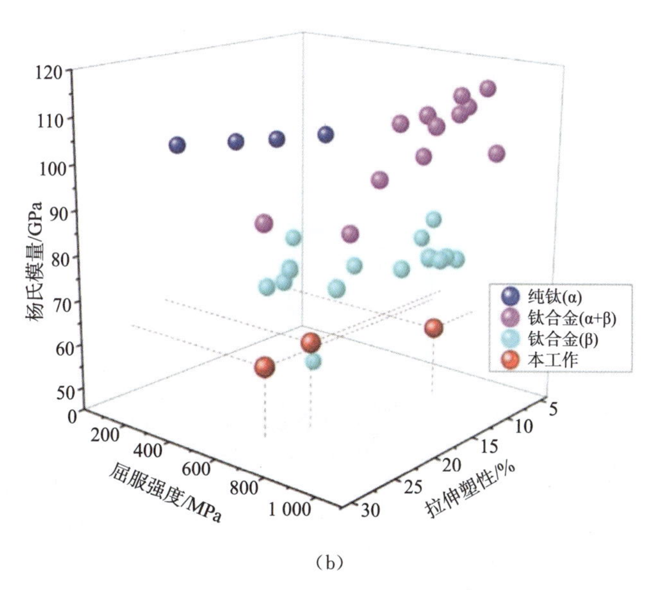

(b)

图 9-20　$Ti_{35}Zr_{50}Nb_{15}$ 多主元合金力学性能

随后对铸态 $Zr_{50}Ti_{35}Nb_{15}$ 合金的断裂机理进行了详细的探究。研究发现，良好的塑性与韧性断裂有关，宏观可以观察到明显的塑性变形，如图 9-21 所示。断口的图像表明，断口表面主要覆盖有塑性撕裂脊和大尺寸韧窝，表明大角度晶界众多，局部取向错严重。此外，还出现了一定量的波形滑移带。大韧窝在变形过程中吸收能量，以保证合金良好的塑性。通过 EBSD 对断口附近区域进行表征，发现了少量变形孪晶，变形孪晶的出现促进了新的滑移系统的启动，从而保证了连续的塑性变形。与铸态晶粒相比，拉伸断口附近的晶粒发生严重变形并伴有晶粒破碎，这是位错滑移和机械孪晶相互作用造成的。TEM 图像还可以清楚地观察到合金中位错交叉滑移产生的位错偶极子和应力诱导的变形孪晶。

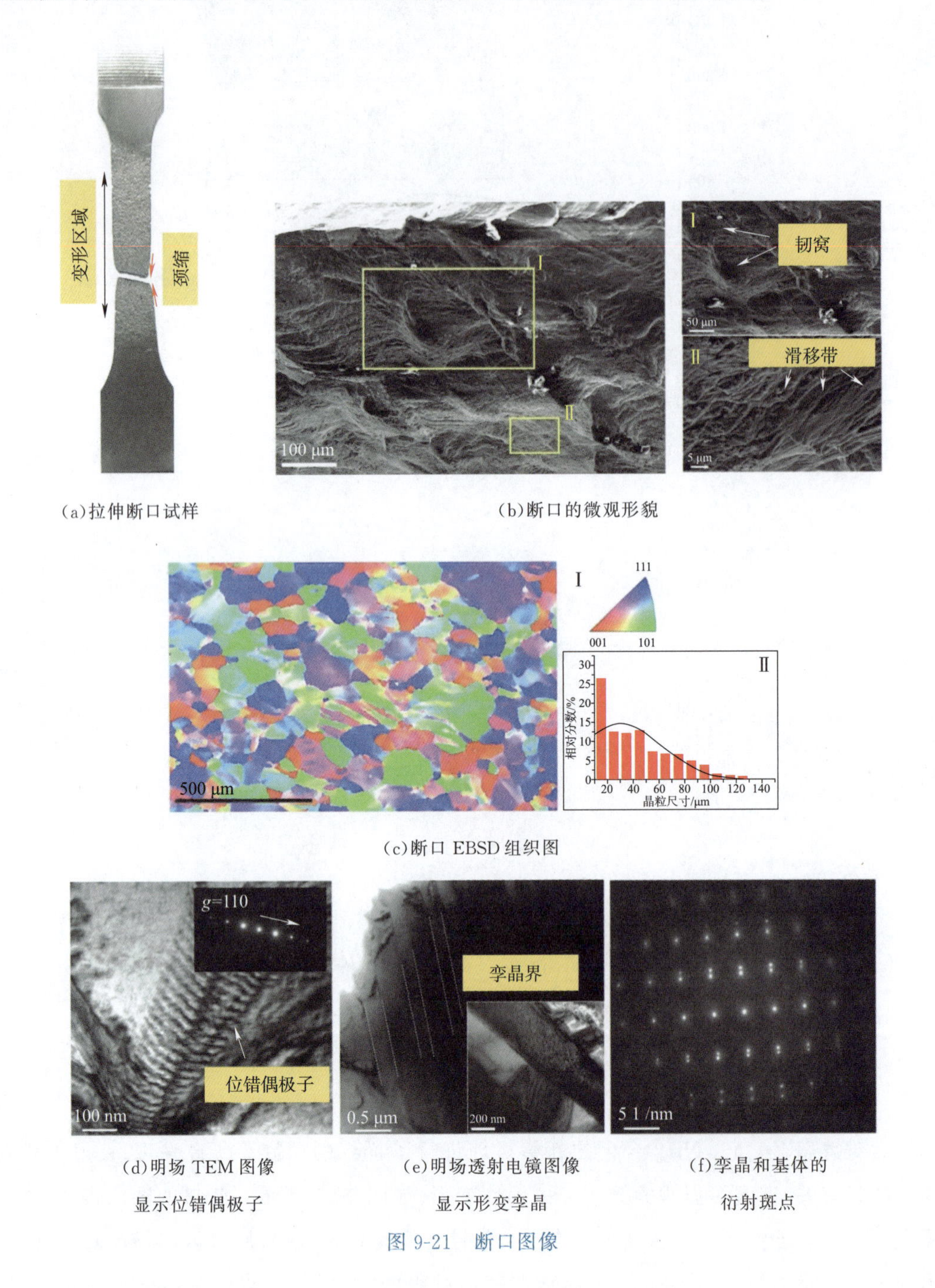

(a)拉伸断口试样　(b)断口的微观形貌

(c)断口 EBSD 组织图

(d)明场 TEM 图像显示位错偶极子　(e)明场透射电镜图像显示形变孪晶　(f)孪晶和基体的衍射斑点

图 9-21　断口图像

与前文中薄膜样品类似，$Zr_{50}Ti_{35}Nb_{15}$ 块体合金同样具有较好的抗腐蚀性能。$Zr_{50}Ti_{35}Nb_{15}$ 块体合金在 PBS 溶液中的室温电位极化曲线如图 9-22 所示。合金的腐蚀电位(E_{corr})和钝化密度(I_{pass})分别为 0.422 V 和 0.336 $\mu A/cm^2$。与传统的几种合金相比，

$Zr_{50}Ti_{35}Nb_{15}$ 块体合金 E_{corr} 值相对较高，而 I_{pass} 值最低。相比之下，$Zr_{50}Ti_{35}Nb_{15}$ 块体合金的电化学性能明显优于 316 L 不锈钢和 CoCrMo 合金，与 Ti_6Al_4V 合金的电化学性能相当。值得注意的是，该合金在电位高达 1.5 V_{sce} 时没有出现点蚀。一般来说，点蚀是生物医学材料失效的潜在危险。初步评价表明，所研制的合金具有良好的耐蚀性，满足实际应用的要求。

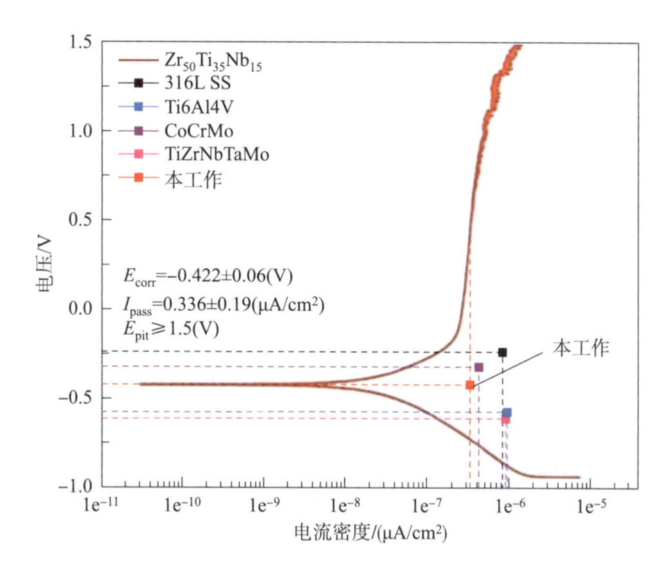

图 9-22 $Zr_{50}Ti_{35}Nb_{15}$ 块体合金在 PBS 中的腐蚀电位和钝化电流密度

这是通过高通量的磁控溅射设计、筛选、制备出的成功案例，也是从二维薄膜材料成功走向三维块体材料的典型示范，说明了高通量磁控溅射技术的可行性。

9.4 特殊结构的高熵薄膜

通常，高熵薄膜在生长方向为近似的均质结构。磁控溅射制备中熵合金/非晶复合材料。近期，Wu 等采用磁控溅射技术在 Si 基板和 $Fe_{34}Ni_{11}Mn_{15}Co_{20}Cr_{20}$ 高熵合金上交替沉积 Co-Cr-Ni 和 Ti-Zr-Hf-Nb 合金，成功制备了 Co-Cr-Ni 晶体/TiZrHfNb 非晶复合材料[11]，如图 9-23 所示。单次沉积 Co-Cr-Ni 晶体厚度约 18 nm，Ti-Zr-Hf-Nb 约 12 nm，复合材料整体厚度约 2～3 μm，属于薄膜范畴。令人意外的是，Co-Cr-Ni 和 Ti-Zr-Hf-Nb 合金在常规铸造中分别表现出面心立方(FCC)和体心立方(BCC)结构。对于 Co-Cr-Ni 体系来说，适当的降低 Ni 元素含量(Ni 是稳定 FCC 相的元素)，能够促进 Co-Cr-Ni 体系向密排六方结构(HCP)转变；同时，磁控溅射这种极端非平衡态条件也能促使其发生相变，转变为 HCP 结构，因此 Co-Cr-Ni 合金表现出截然不同的晶体结构。Ti-Zr-Hf-Nb 非晶层还有少量 Co、Cr、Ni 元素引入，这些元素与 Ti、Zr、Hf、Nb 的混合焓较低(＜−23 kJ/mol)。根据日本学者 Inoue 的经典非晶形成能力判据，混合焓越低，非晶形成能力越高，因此 Ti-Zr-Hf-Nb 合金层表现出不同于常规的非晶结构。这种晶体/非晶复合片层材料表现出较高的室温压缩强度(3.6 GPa)和塑性(～15%)，同时该非晶层还具有较好的热稳定性，即 973 K 不晶化，比传统 TiZrHfNb 基非晶合金高约 200 K。

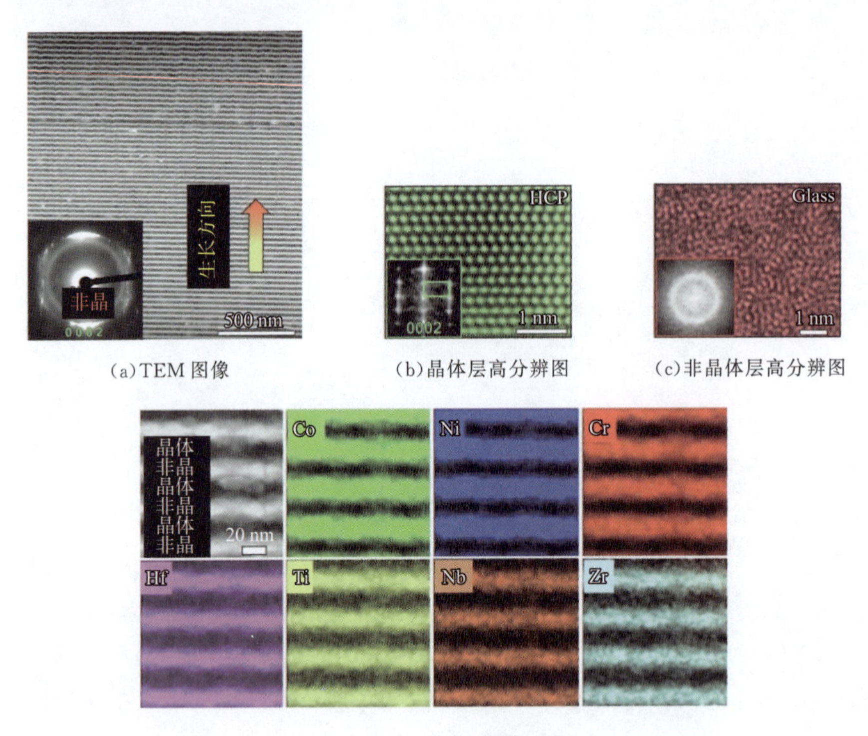

(a)TEM 图像　(b)晶体层高分辨图　(c)非晶体层高分辨图

(d)元素分布图(能谱)

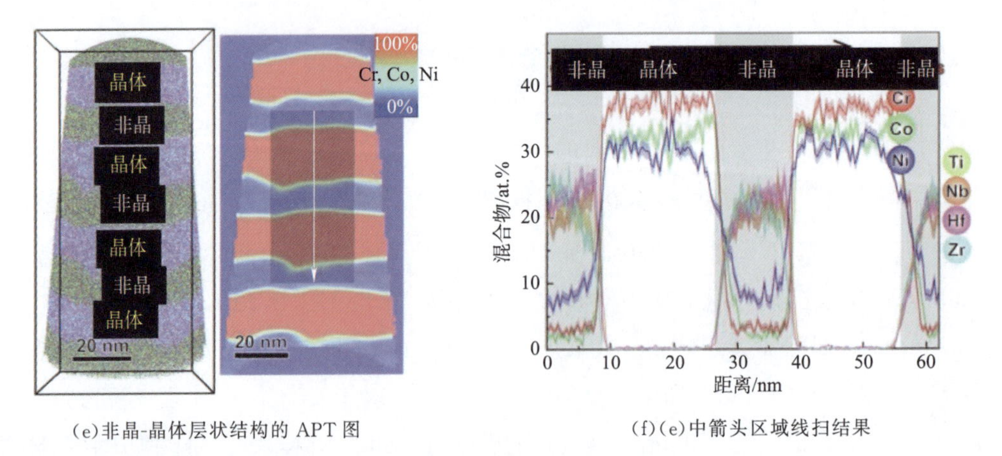

(e)非晶-晶体层状结构的 APT 图　(f)(e)中箭头区域线扫结果

图 9-23　非晶—晶体层状复合材料的微观组织

王子鑫[12]利用单靶射频磁控溅射技术，在单晶硅基底上制备了两个系列 $FeCrVTa_{0.4}W_{0.4}$ 高熵合金氮化物成分梯度多层薄膜和 $(FeCrVTa_{0.4}W_{0.4})N_x$ 单层薄膜。结果表明，在不通入氮气时，薄膜为非晶结构，当氮气含量升高后，转变为面心立方固溶体结构；当表层氮气流量为 15 mL/min 时，$FeCrVTa_{0.4}W_{0.4}$ 氮化物多层薄膜及单层薄膜均具有最佳的力学性能如图 9-24 所示。其中，多层薄膜的硬度为 22.05 GPa，模量为 287.4 GPa，单层薄膜的硬度为 22.8 GPa，模量为 280.7 GPa，随着表层氮气含量的继续增加，力学性能下降；$FeCrVTa_{0.4}W_{0.4}$ 氮化物成分梯度多层薄膜在 300～800 nm 波长范围内均具有太阳光谱选择吸收性，当氮化物薄膜层数较少时具有较好的疏水性；$(FeCrVTa_{0.4}W_{0.4})N_x$ 单层薄膜随着氮气含量的增加，薄膜方块电阻增加。目前的光热转化涂层大多是由减反层、吸收层与红外反射层组成的“三明治”结构。高熵合金薄膜具有良好的热稳定性，将其用于光热转化涂层中的吸收层，能够有效抑制高温下多个膜层之间的互扩散作用，提高膜层使用寿命，利用高熵合金多层薄膜的表面粗糙性可以加强对光的吸收。该实验表明 $FeCrVTa_{0.4}W_{0.4}$ 氮化物成分梯度多层薄膜对 300～400 nm 波段的可见光具有低反射率，而对 400～800 nm 波段具有较高的反射率，可以看出，该系列薄膜对短波长的可见光有较高的吸收率，具有一定的选择吸收性，当镀 3 层氮化物薄膜时，吸收率最高，可能是由于多层膜之间的相互干涉及表面较大的粗糙度对光吸收率有贡献，如图 9-25 所示。

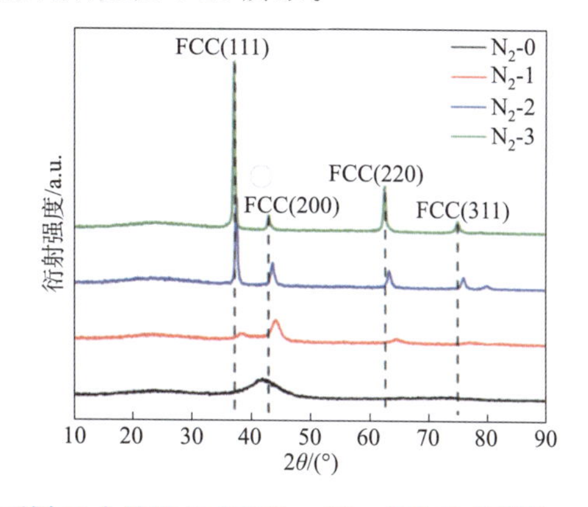

图 9-24　不同 N 含量下 $FeCrVTa_{0.4}W_{0.4}$ 氮化物薄膜的 XRD 衍射图

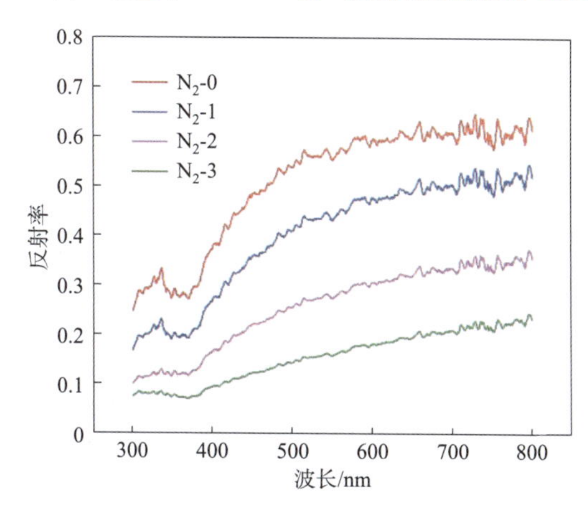

图 9-25　$FeCrVTa_{0.4}W_{0.4}$ 氮化物成分梯度多层梯度薄膜在不同波长下的反射率

可控褶皱结构是一种简单而有效的实现独特性能的方法，已广泛应用于柔性材料中。黄浩[13]基于衬底预应变的方法制备具有褶皱结构的 $Zr_{52}Ti_{34}Nb_{14}$ 多基元合金薄膜。通过改变薄膜厚度和衬底预紧，可以精确控制褶皱结构的振幅和波长，范围从微米到纳米。此外，由于褶皱结构的灵活性，可以通过简单地放松或进一步拉伸基体来调整褶皱结构模式，从而产生动态可调的透光率和润湿行为。这一结果不仅揭示了 $Zr_{52}Ti_{34}Nb_{14}$ 多基元合金薄膜是一种潜在的柔性材料，而且为其他合金体系的结构设计提供了一种新的方法。基底预应变法制备 $Zr_{52}Ti_{34}Nb_{14}$ 薄膜的表面皱缩微观结构示意图如图 9-26 所示。首先，使用自制的拉伸装置将基板从初始长度 L_0 单向拉伸到 $L(L=L_0+d_L)$，其中 L 是基板的最终长度。然后通过 $\varepsilon_{pre}=(L-L_0)/L$ 给出施加的预应变，通过将基底拉伸到不同长度，可以得到不同的 ε_{pre} 值。随后将 $Zr_{52}Ti_{34}Nb_{14}$ 薄膜沉积在拉伸衬底上。磁控溅射时，薄膜厚度通常与溅射时间成正比，提供了简单的厚度控制。沉积后，衬底从拉伸状态缓慢释放到松弛状态。由于压应力的作用，基板自发收缩，最终导致沉积膜皱缩结构的形成。前期工作表明 $Zr_{52}Ti_{34}Nb_{14}$ 多基元合金表现为 BCC 结构，而该工作显示为非晶结构，这种情况应归因于磁控溅射的快速冷却速率。由于该薄膜厚度较小，冷却速度快，溅射出的颗粒在沉积过程中来不及形核和结晶，直接生成非晶态薄膜。

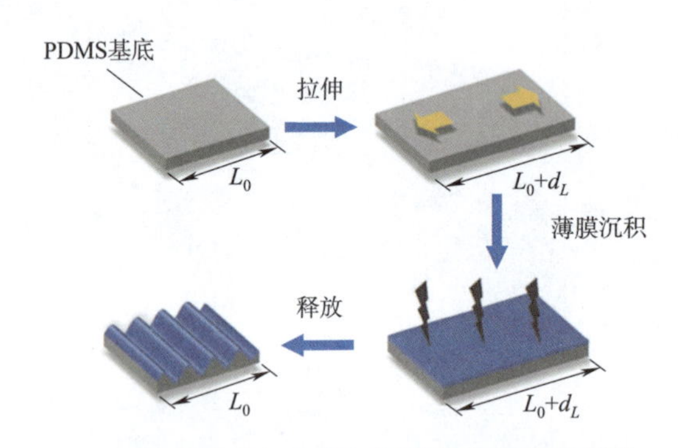

图 9-26　预应变加载制备褶皱结构薄膜示意图

图 9-27(a)显示了不同薄膜厚度(5、10、30 和 50 nm)的单轴预应变基底在恒定预应变(0.1)下形成的褶皱结构的光学形貌。结果表明，随着薄膜厚度的增加，薄膜起皱结构的形貌和单皱的尺寸显著增加。为了进一步研究不同膜厚下褶皱结构的结构演变行为，利用 AFM 测量了三维形貌和对应的截面轮廓，如图 9-27(b)和图 9-27(c)所示，显示出周期性和高度有序的正弦波微观结构，且随着薄膜厚度的增加，起皱区规模相应增大。

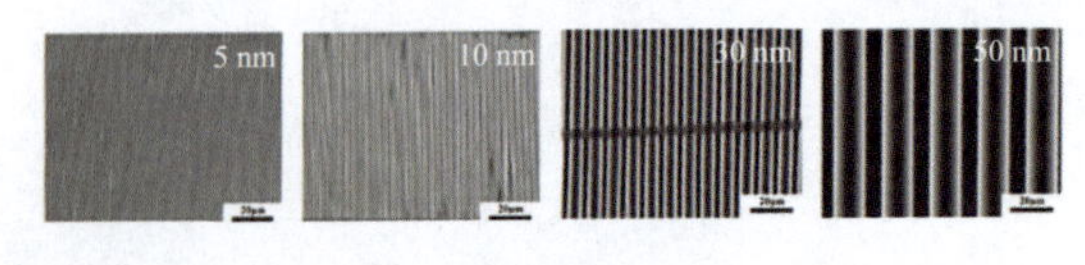

(a)表面形貌

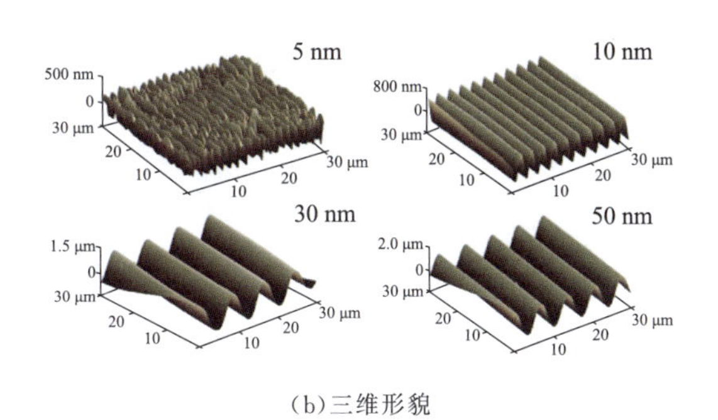

(b)三维形貌

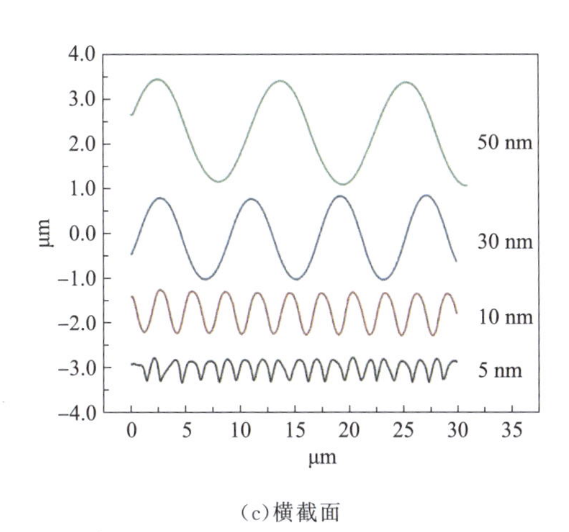

(c)横截面

图 9-27 不同厚度 $Zr_{52}Ti_{34}Nb_{14}$ 薄膜的褶皱结构

图 9-28 (a)显示了该可控褶皱薄膜厚度为 5 nm 时，褶皱结构随预应变(0.1、0.2、0.3 和 0.4)的增加而变化图像。除了上述恒定的预应变会造成明显的结构变化外，很难区分预应变增加所形成的褶皱结构与它们各自表面形貌之间的区别。然而，在三维形态和相应的截面剖面上可以发现细微的变化，如图 9-28(b)和图 9-28(c)所示。随着预应变的增加，每条皱纹之间的距离略有减小，而波长呈增加趋势，但振幅随着预应变的增加而逐渐减小。

在白炽灯下还观察到了褶皱薄膜的异常透射现象，如图 9-29(a)所示。在薄膜底部观察到许多不同颜色的平行白炽灯图像，而不是直接透射图像。正对白炽灯位置的图案更清晰，而边缘图案更模糊。这类似于相干干涉形成的光条纹和暗条纹。因此，我们将相干干涉理论引入到这种异常传输现象的研究中。图 9-29(b)是光路的示意图。部分入射光被褶皱脊散射，透射光穿过平坦的波峰和波谷，可视为狭缝，成为新的光源。由于衍射效应，相邻透射光之间产生相干干涉，形成异常图案。因此，该褶皱结构薄膜也可用于一些高精度光学器件中作为微细光栅。此外，这种独特的现象主要来自光与褶皱结构之间的相互作用，而不是薄膜本身的性质。

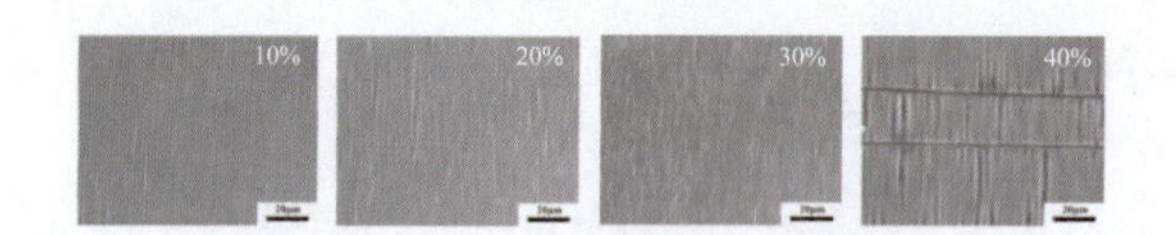

(a)表面形貌

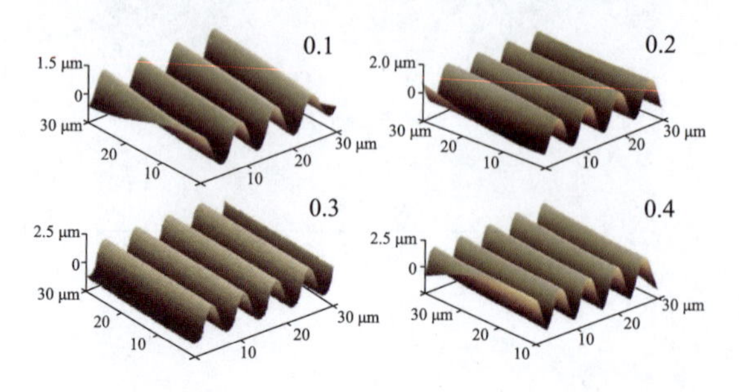

(b)三维形貌

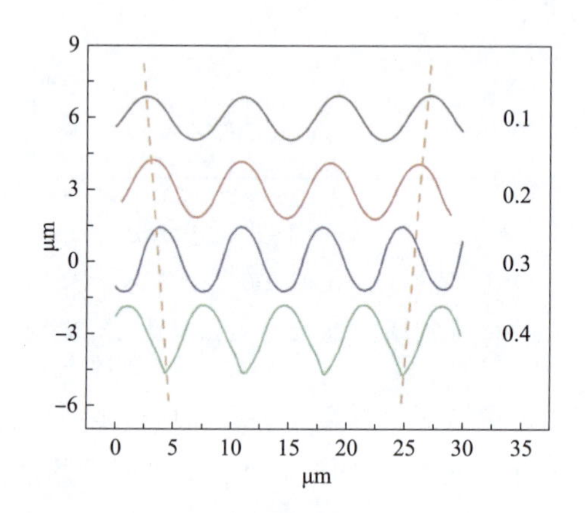

(c)横截面

图 9-28　不同预应变 $Zr_{52}Ti_{34}Nb_{14}$ 薄膜的褶皱结构

(a)用移动相机捕捉的光学图像

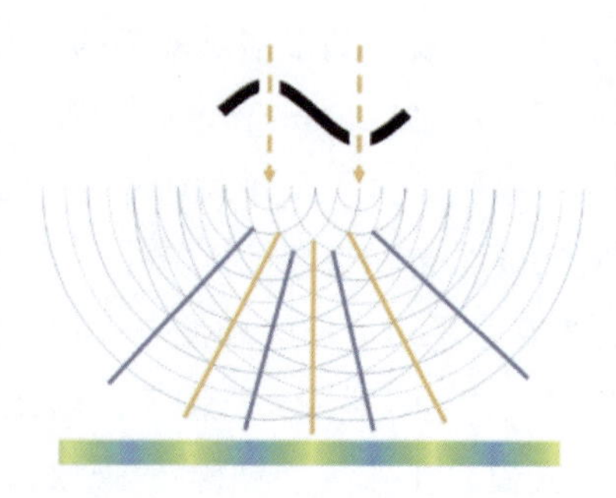

(b)光路示意图

图 9-29　褶皱结构的异常现象

9.5　高熵薄膜应用前景

由前文可知，适当的成分设计和工艺参数能够制备出性能优异(例如高光热转换效率、高硬度、耐腐蚀等)的高熵合金薄膜。因此，高熵薄膜在太阳热转换、工件表面工程和集成电路扩散屏障等领域显示出巨大的发展潜力。尤其是刀具涂层方面。随着装备制造业的快速发展，高速、智能、复合和环保等综合指标对切削刀具提出了更高的性能要求，如硬度高、耐磨性好、高温稳定性好等。而具有高硬度、耐磨、耐高温的多元高熵合金氮化物薄膜有望作为切削刀具的保护层。

然而，高熵薄膜的相关研究仍存在一些问题，主要表现在：高熵薄膜的研究主要集中在微观结构方面，而对耐蚀性、耐磨性、高温稳定性等性能的研究较少；到目前为止，高熵薄膜领域仍然缺乏完整的相形成规律以进一步推动相关研究。

参考文献

[1] YAN X H, LI J S, ZHANG W R, et al. Egami T, A brief review of high-entropy films [J]. Materials Chemistry and Physics, 2018, 210: 12-19.

[2] CHEN T K, SHUN T T, YEH J W, et al. Nanostructured nitride films of multi-element high-entropy alloys by reactive DC sputtering [J]. Surface and Coatings Technology, 2004, 188-189: 193-200.

[3] 闫薛卉，张勇．高熵薄膜和成分梯度材料 [J]．表面技术，2019，48(6)：98-106.

[4] HUANG Y S, CHEN L, LUI H W, et al. Microstructure, hardness, resistivity and thermal stability of sputtered oxide films of $AlCoCrCu_{0.5}NiFe$ high-entropy alloy[J]. Materials Science and Engineering A, 2007, 457: 77-83.

[5] TSAI M H, YEH J W, GAN J Y. Diffusion barrier properties of AlMoNbSiTaTiVZr high-entropy alloy layer between copper and silicon[J]. Thin Solid Films, 2008, 516: 5527-5530.

[6] ZHANG H, HE Y Z, PAN Y, et al. Synthesis and Characterization of NiCoFeCrAl3 High Entropy Alloy Coating by Laser Cladding [J]. Advanced Materials Research, 2010, 97-101: 1408-1411.

[7] HANAK J J. The "Multiple-Sample Concept" in Materials Research: Synthesis, Compositional Analysis and Testing of Entire Multicomponent Systems [J]. Journal of materials science, 1970, 5: 964-971.

[8] XING QW, MA J, WANG C, et al. High-Throughput Screening Solar-Thermal Conversion Films in a Pseudobinary (Cr, Fe, V)-(Ta, W) System[J]. ACS Combinatorial Science, 2018, 20: 602-610.

[9] YAN X H, MA J, ZHANG Y. High-throughput screening for biomedical applications in a Ti-Zr-Nb alloy system through masking co-sputtering [J]. Science China Physics, Mechanics and Astronomy, 2020, 62: 996111.

[10] YAN X H, ZHANG Y. A body-centered cubic $Zr_{50}Ti_{35}Nb_{15}$ medium-entropy alloy with unique properties [J]. Scripta Materialia, 2020, 178: 329-333.

[11] WU G, LIU C, BROGNARA A, et al. Symbiotic crystal-glass alloys via dynamic chemical partitioning [J].

Materials Today,2021,51:6-14.

[12] 王子鑫,张勇 . $FeCrVTa_{0.4}W_{0.4}$ 高熵合金氮化物薄膜的微观结构与性能 [J]. 工程科学学报,2021,43:684-692.

[13] HUANG H,LIAW P K,ZHANG Y. Structure design and property of multiple-basis-element (MBE) alloys flexible films [J]. Nano Research,2022,15(6):8.

第10章 高熵合金纤维

材料一般可以分为刚性材料和柔性材料，对于高熵合金而言，通常认为三维块体高熵合金是刚性材料，具有一定柔韧性的高熵纤维或薄带是柔性材料。目前，高熵合金的相关研究，尤其是力学性能方面多集中于块体材料，而纤维等相关研究较少。随着高新科学技术的发展，高强纤维等材料也越来越凸显出重要性，大大提高了对纤维、丝材的需求。传统的高强度金属丝，如珠光体钢丝等，由于具有超高的抗拉强度，科研人员对其进行了大量的研究，并使其广泛应用于关键基础设施，如大型斜拉桥、悬索桥、特种救援设备等。珠光体钢丝超高的抗拉强度源于其内部边界强化、位错强化、固溶硬化和非晶态转变等强化机制的作用。然而，受其固有设计理念限制，超高强度往往导致塑性显著降低，这就降低了其服役的安全性、可靠性。高熵合金或多主元合金以其新颖设计理念使其成为克服强度-延性权衡的有力候选。对于线材来说，变形量的增大会导致其直径显著减小，当材料塑性变形载体如位错线、孪晶缺陷等的特征尺度和作用空间与其外部几何尺寸或微观结构尺寸处于相似量级时，就可能导致金属材料表现出与宏观尺度材料不同的塑性变形行为，如尺度效应等。这些反常塑性行为对于微尺度材料的开发和应用至关重要，因而受到了人们的普遍关注。例如，对多晶银丝进行拉伸实验时，发现拉伸强度对丝径和晶粒尺寸具有明显的依赖性；对多晶铜丝进行拉伸测试时，发现其屈服强度同时受晶粒尺寸及丝径与晶粒尺寸比率的影响，因而对于高熵纤维等研究的重要性也越来越突显。然而，高熵合金在纤维、丝材方面的研究较少。

10.1 热拔工艺制备中熵、高熵合金纤维

张勇教授课题组李冬月博士率先开展了高熵合金纤维制备及其力学性能的探究[1]。在本研究中，李冬月博士成功地采用旋锻＋热拉拔法制备了直径为 1～3.15 mm 的 $Al_{0.3}CoCrFeNi$ 高熵合金纤维（图 10-1）。随后对其微观组织和力学性能进行了详细表征、测试。

其采用扫描电子显微镜（图 10-2）和透射电子显微镜（图 10-3）、原子探针层析成像对其显微结构进行了表征。这些分析表明，合金铸态由单一的面心立方结构组成，而后处理过程中在面心立方基体中产生了富含 Al 和 Ni 元素的纳米级 B2 颗粒，这种 B2 颗粒在不同直径的 $Al_{0.3}CoCrFeNi$ 高熵合金纤维均能产生，这与 Al 和其他元素 3d 过渡族元素的混合焓相关。Tang 等的前期研究表明，B2 型 Al-Ni 相在 800 ℃的焓为－43 kJ/mol，而 Al-Cr 和 Al-

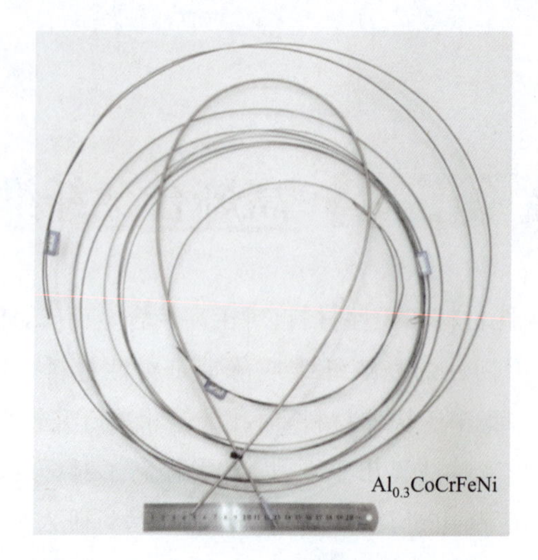

图 10-1 $Al_{0.3}$CoCrFeNi 高熵合金纤维实物图

Fe 的混合焓为正值。负的混合焓更易反应生成，因此热拉拔后生成了大量 B2 相。原子探针层析成像结果表明，该合金基体元素分布非常均匀，如图 10-2(j)所示。

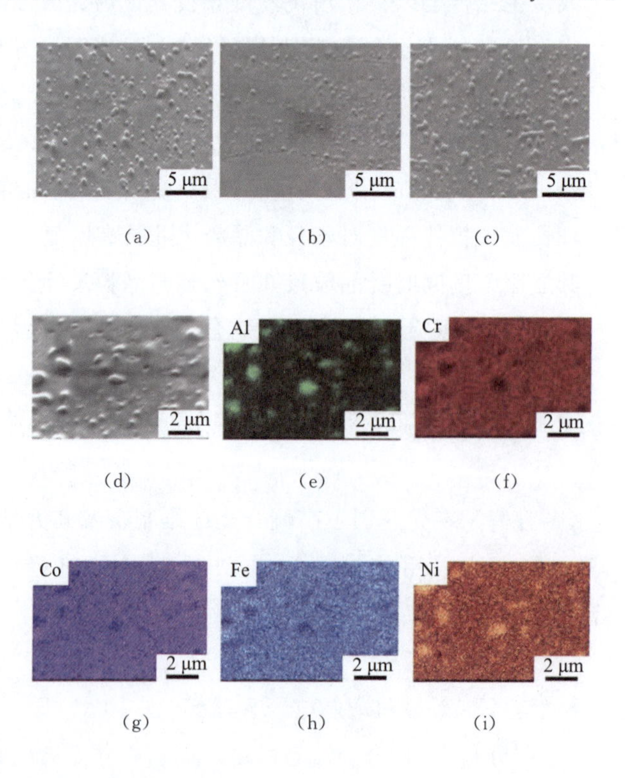

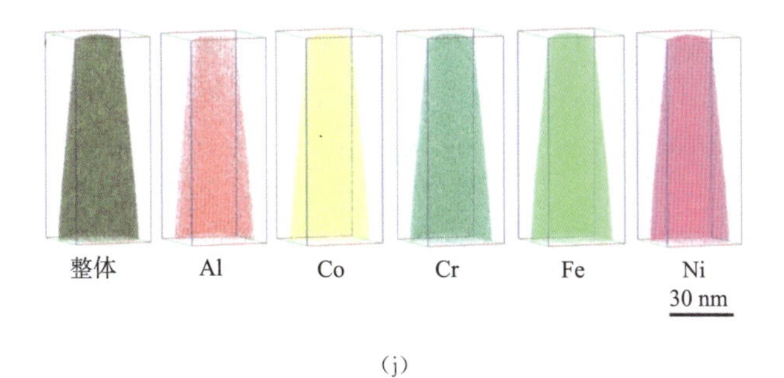

(j)

图 10-2　扫描电子显微镜下不同直径的 $Al_{0.3}CoCrFeNi$ 高熵合金纤维组织形貌

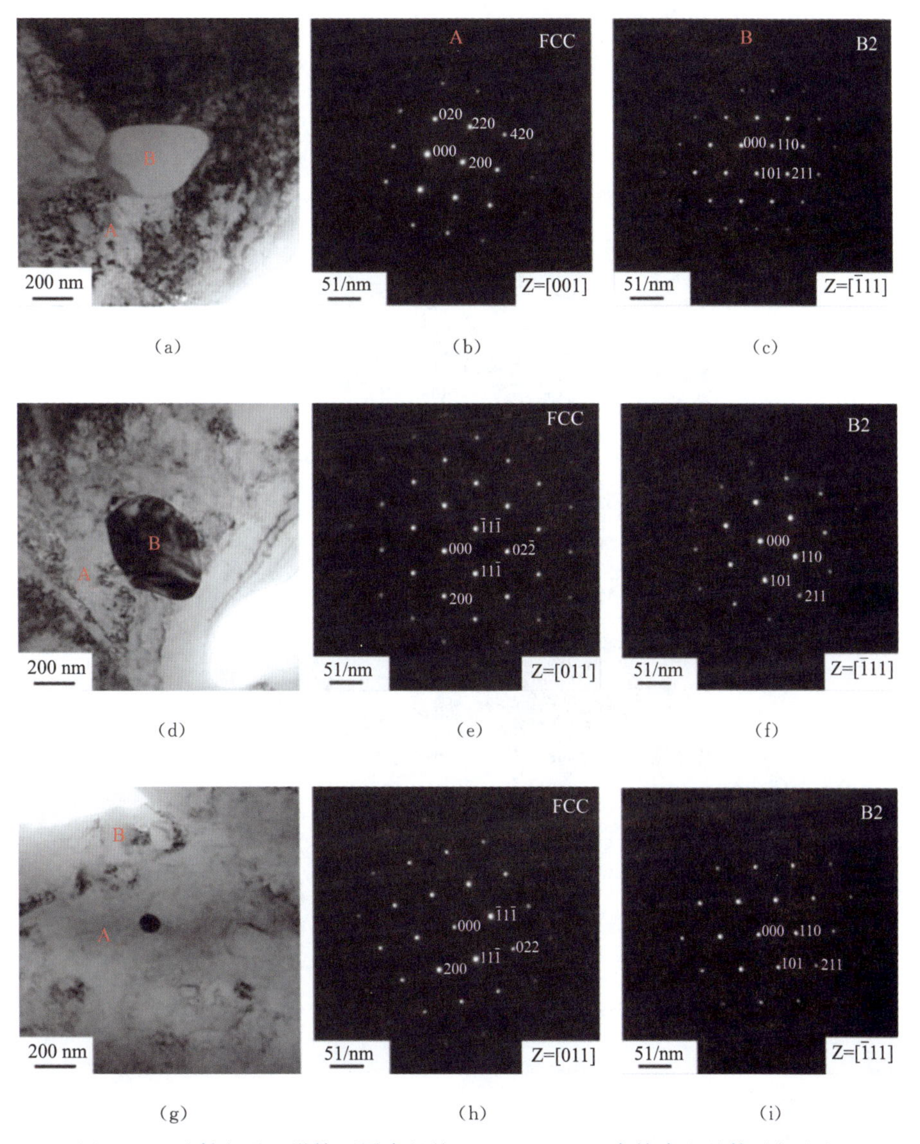

(a)　(b)　(c)

(d)　(e)　(f)

(g)　(h)　(i)

图 10-3　透射电子显微镜不同直径的 $Al_{0.3}CoCrFeNi$ 高熵合金基体及析出相

EBSD 表征结果直观的揭示了该纤维的晶粒尺寸和织构分布。不同直径的纤维其晶粒均比较细小，晶粒尺寸约 1.6 μm，沿轴向的<111>和<100>织构较为明显。与冷拔丝织构以<111>晶向为主不同，热拔产生的丝织构可能会出现<100>晶向为主织构的现象，如图 10-4 所示。

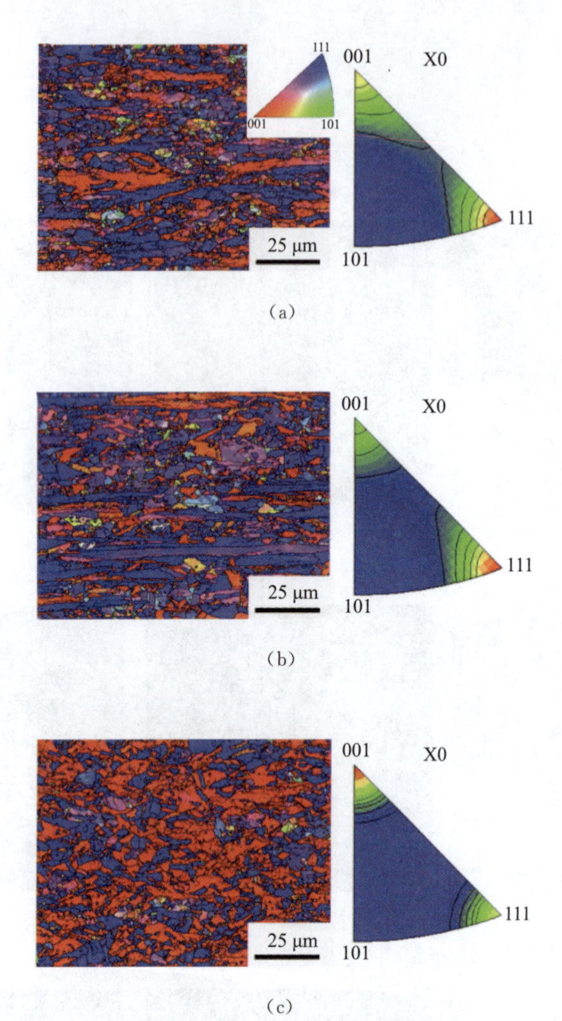

图 10-4　不同直径的 $Al_{0.3}$CoCrFeNi 高熵合金纤维 EBSD 图及其织构演化

该高熵合金纤维不仅具有优异的室温力学性能，在低温 77 K 时强度其强度和塑性还会同时提高，抗拉强度最高达～1.5 GPa，塑性～20%，如图 10-5 所示。透射电镜分析表明，77 K 时的力学性能提高是由于位错的平面滑移变形机制向纳米孪生变形机制的转变，这种特性可能有利于低温应用。

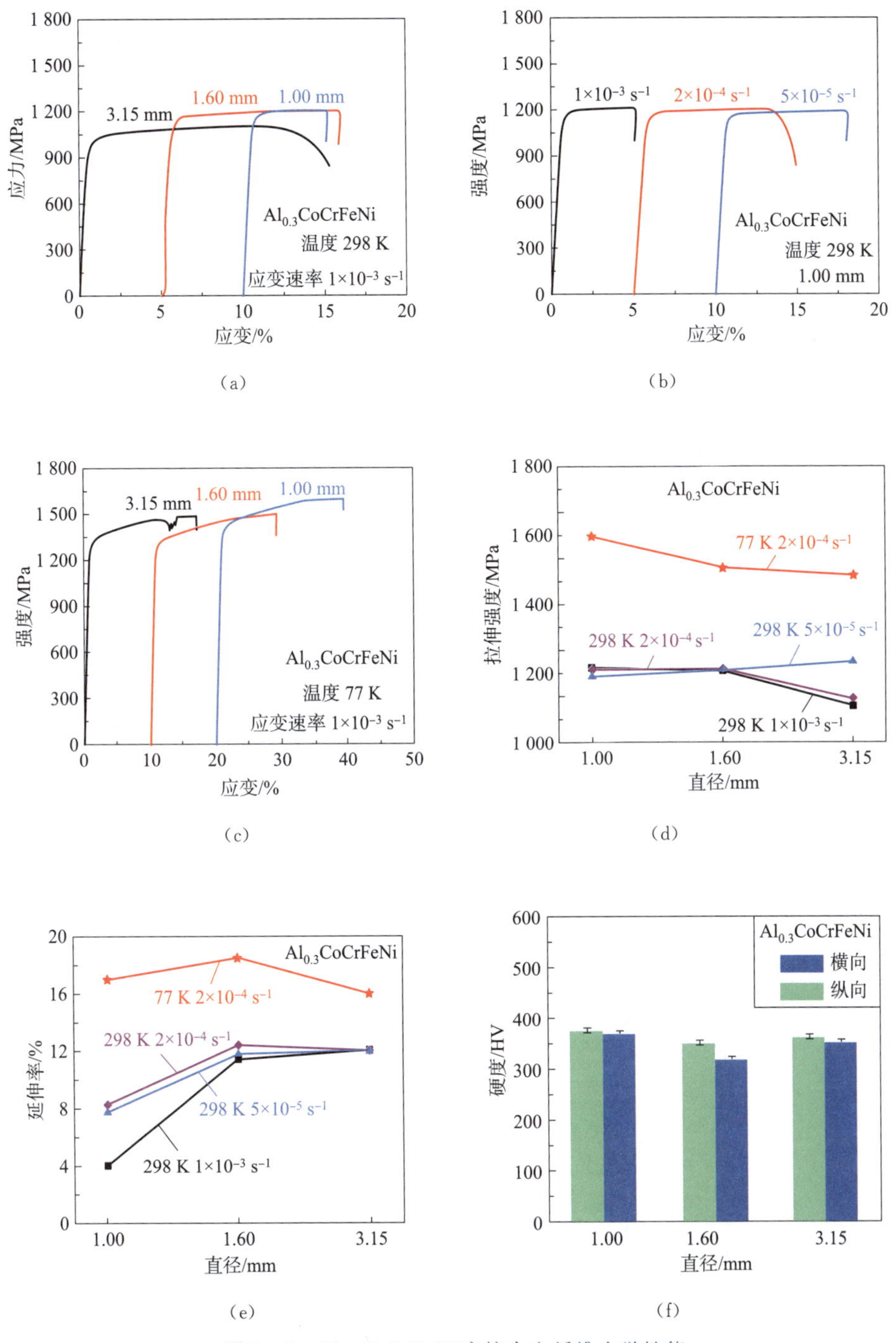

图 10-5　$Al_{0.3}CoCrFeNi$ 高熵合金纤维力学性能

在此基础上，李冬月详细研究了退火工艺对 $Al_{0.3}CoCrFeNi$ 高熵合金纤维的组织及力学性能影响[2]。根据先前科研人员研究，$Al_{0.3}CoCrFeNi$ 高熵合金的 CALPHAD 相图计算中预测在 900 ℃形成 NiAl-型 B2 相，并被大量的实验结果证实，因此其分别对直径 1 mm

和1.6 mm纤维在900 ℃下退火10 min、30 min、300 min、720 min，以控制晶粒尺寸和第二相的析出，达到平衡$Al_{0.3}$CoCrFeNi纤维的塑性和强度的目的。与拉拔态相比，热处理后的纤维伸长率显著提高，但屈服强度和断裂强度有所降低。

直径分别为1 mm和1.6 mm的$Al_{0.3}$CoCrFeNi高熵合金纤维在900 ℃不同退火时长下的XRD结果如图10-6所示。由图可知，直径1 mm和1.6 mm高熵合金纤维在900 ℃退火10～720 min时均由FCC相、B2相和少量未知相组成。

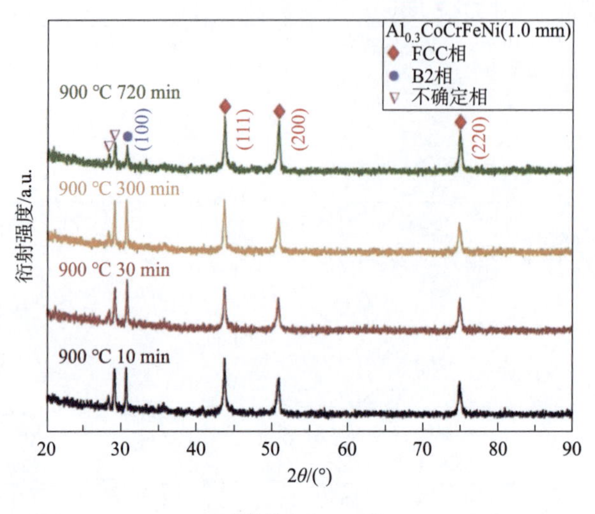

(a)直径为1 mm时

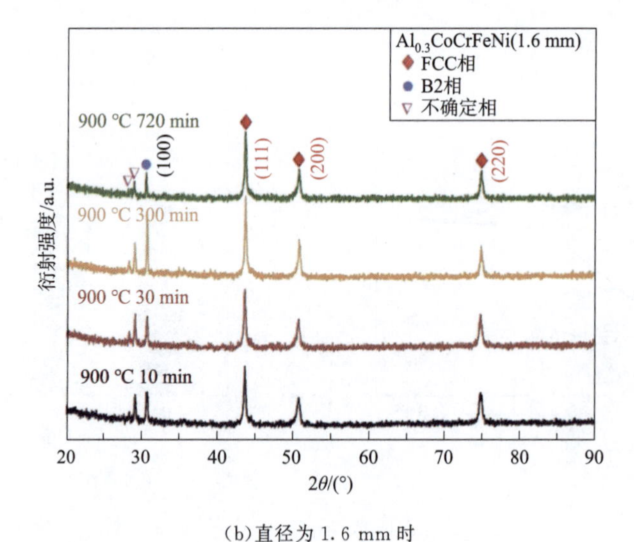

(b)直径为1.6 mm时

图10-6 $Al_{0.3}$CoCrFeNi高熵合金纤维在900 ℃退火不同时长下XRD结果

图10-7展示了直径1 mm的$Al_{0.3}$CoCrFeNi高熵合金纤维在900 ℃退火10 min、30 min、300 min、720 min后的组织演化。在退火态下，晶粒取向大致呈随机分布，生成了大

量的 B2 析出相和退火孪晶。随着退火时间的延长，晶粒尺寸差异不大，均约为 2 μm，而 B2 相体积分数及其尺寸略有增加。

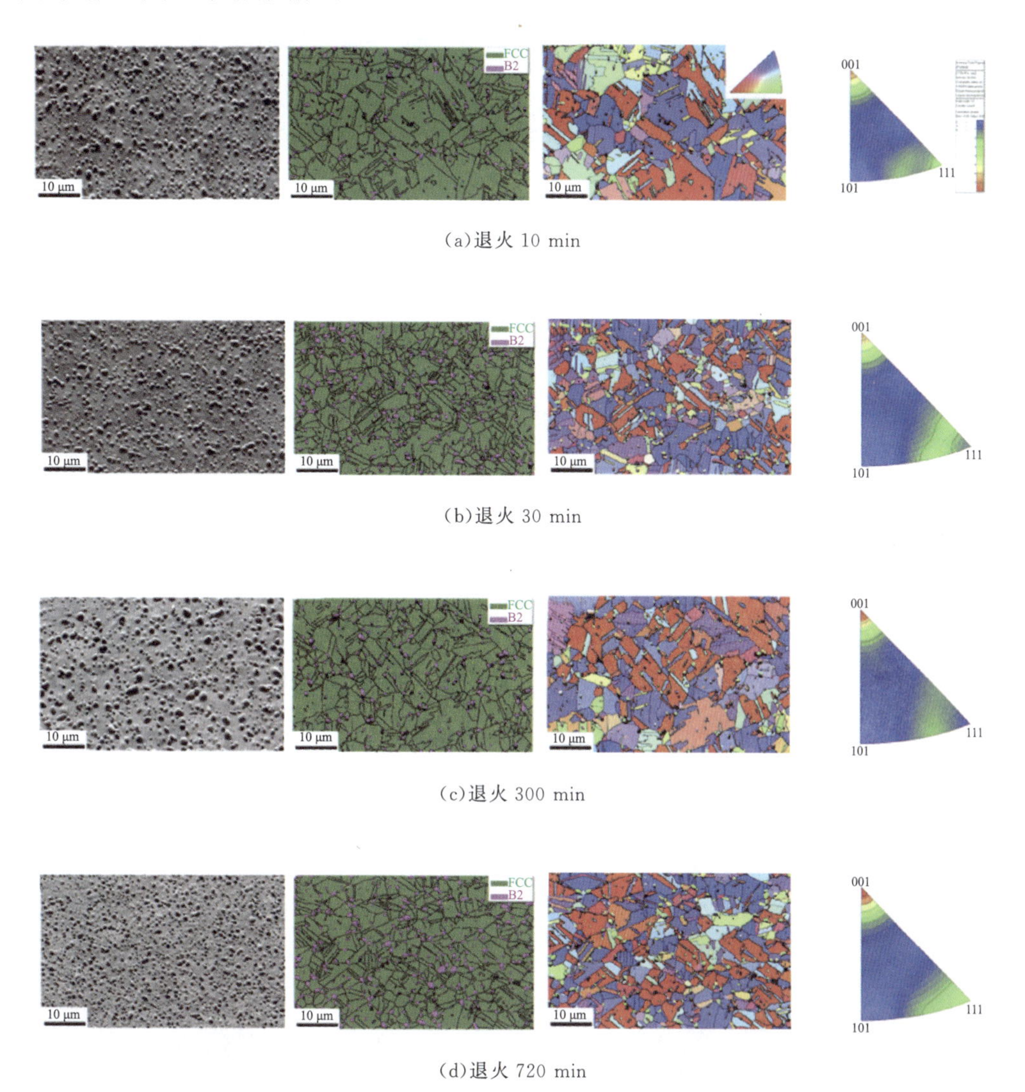

(a)退火 10 min

(b)退火 30 min

(c)退火 300 min

(d)退火 720 min

图 10-7　1 mm 直径的 $Al_{0.3}CoCrFeNi$ 高熵合金纤维在 900 ℃

图 10-8 显示直径为 1.6 mm 的 $Al_{0.3}CoCrFeNi$ 高熵合金纤维在 900 ℃分别退火 10 min、30 min、300 min 和 720 min 时对应的 EBSD 图片。其中，退火 30 min 后观察到异常晶粒长大[图 10-8(b)]现象。可能是由于晶界组织与析出相偏析的共同作用导致。还有些<111>和<100>丝织构形成。

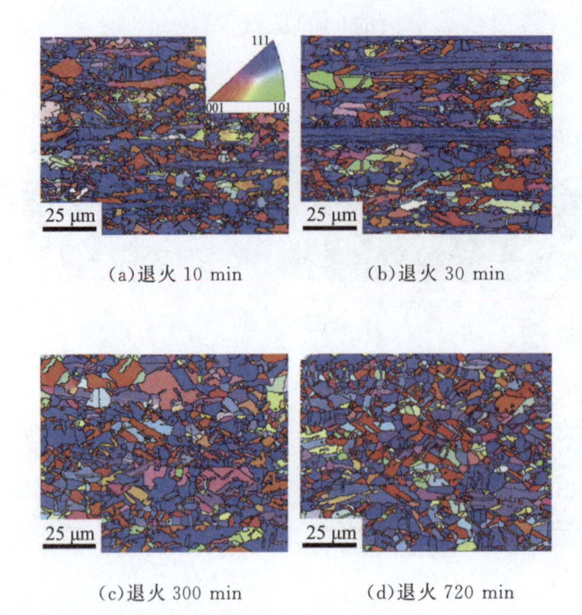

(a)退火 10 min　(b)退火 30 min

(c)退火 300 min　(d)退火 720 min

图 10-8　1.6 mm 直径的 $Al_{0.3}CoCrFeNi$ 高熵合金纤维在 900 ℃不同退火时长的 EBSD 图片

为了进一步证实相结构，对 1 mm 直径的 $Al_{0.3}CoCrFeNi$ 高熵合金纤维在(900 ℃退火 720 min)进行 TEM 表征，图 10-9 证明了基体为 FCC 结构，析出相为 B2 结构，与前人研究一致。

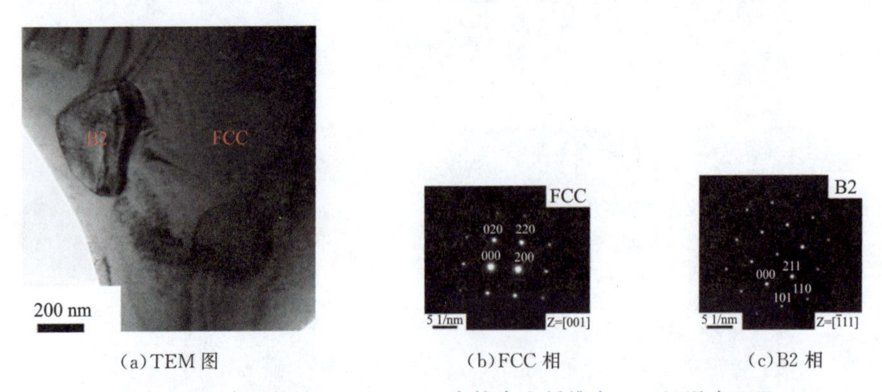

(a)TEM 图　(b)FCC 相　(c)B2 相

图 10-9　1 mm 直径的 $Al_{0.3}CoCrFeNi$ 高熵合金纤维在 900 ℃退火 720 min

图 10-10 显示了晶粒尺寸随退火时长的变化。在退火时长为 30 min 时，晶粒迅速长大，然后随着退火时间的增加，晶粒长大的速度显著减缓。经过 720 min 的退火后，1 mm 和 1.6 mm 直径纤维的平均晶粒尺寸均小于 3 μm。

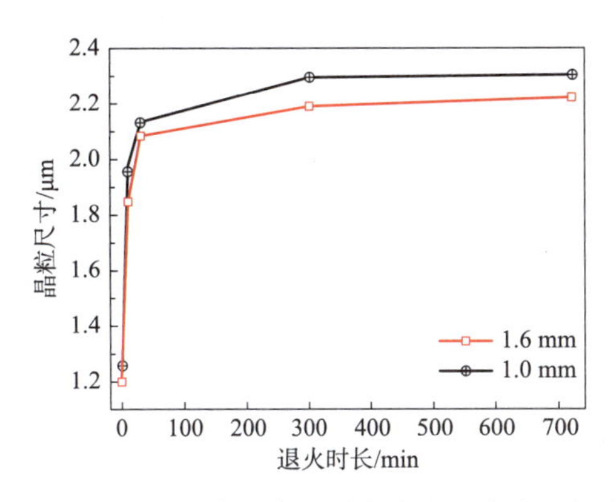

图 10-10　$Al_{0.3}$CoCrFeNi 高熵合金纤维晶粒尺寸随退火时间的变化

直径 1 mm 和 1.6 mm 高熵纤维丝材不同退火时长下对应的屈服强度、抗拉强度及延伸率如图 10-11 所示。与晶粒尺寸变化趋势类似，退火时长为 10～30 min 时，强度、塑性变化较为明显，而 300～720 min 区间变化较为缓慢。

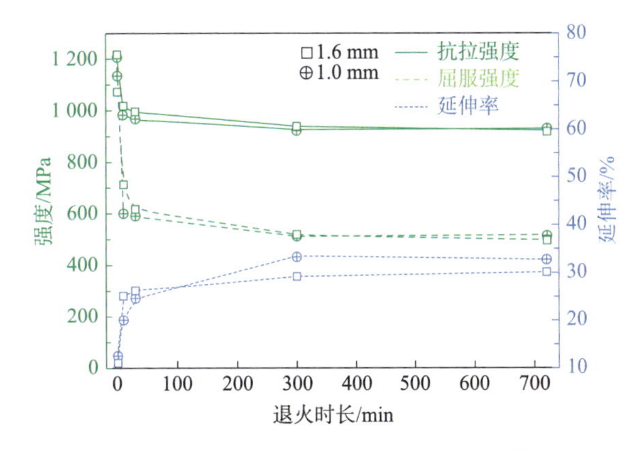

图 10-11　力学性能随退火时间的变化

图 10-12 对比了 $Al_{0.3}$CoCrFeNi 高熵合金纤维和其他传统合金纤维（包括 Cu-Sn、Cu-Al-Ni、Cu-Al、Ni-Mn-Ga、Zn-Li、Cu、Mg-Y-Zn 和 316 不锈钢）在室温下的极限拉伸强度和屈服强度与延伸率的关系。由图 10-12 可知，$Al_{0.3}$CoCrFeNi 纤维的屈服强度和抗拉强度均大大超过了其他传统合金纤维，这主要是由于高熵合金的固溶强化特性、晶界硬化（即细晶强化）、沉淀硬化（高密度细小 B2 相）和位错硬化所致。

刘俊鹏等[3]采用热拔的方法制备了直径为 2 mm 的 CoCrNi 合金丝材，实物如图 10-13(a) 所示。该丝材为单相 FCC 结构，平均晶粒尺寸约 2 μm，基体组织中有少量孪晶出现，TEM 表征结果显示初始态便有较高密度位错和少量{111}孪晶，如图 10-13 所示。

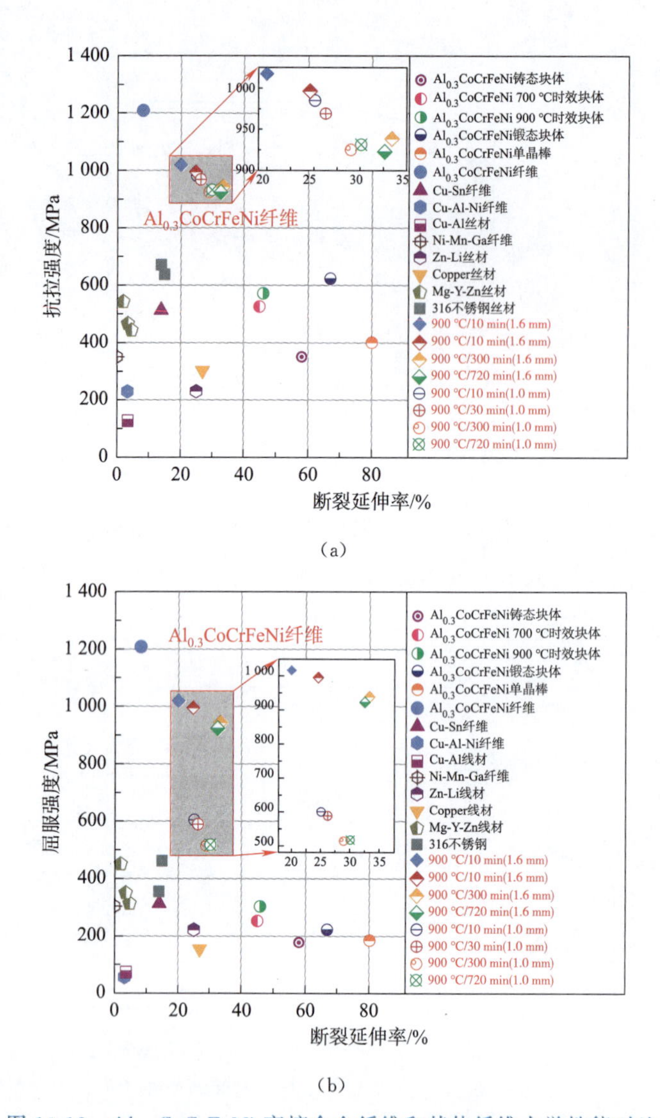

(a)

(b)

图 10-12　$Al_{0.3}CoCrFeNi$ 高熵合金纤维和其他纤维力学性能对比

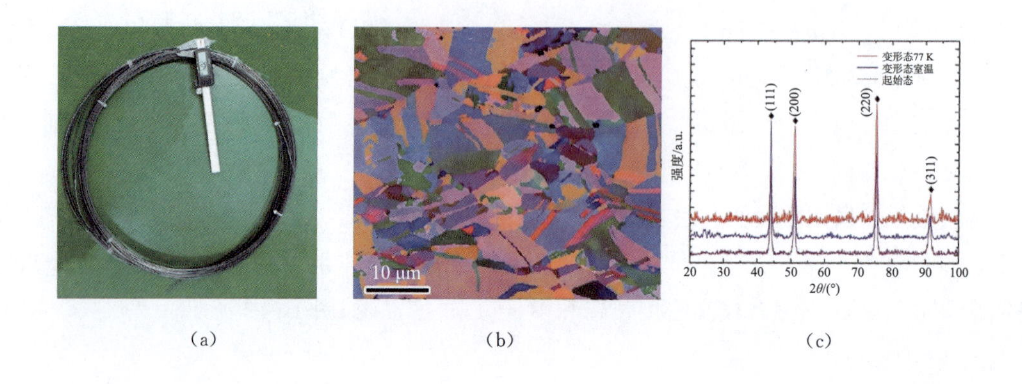

(a)　　　　(b)　　　　(c)

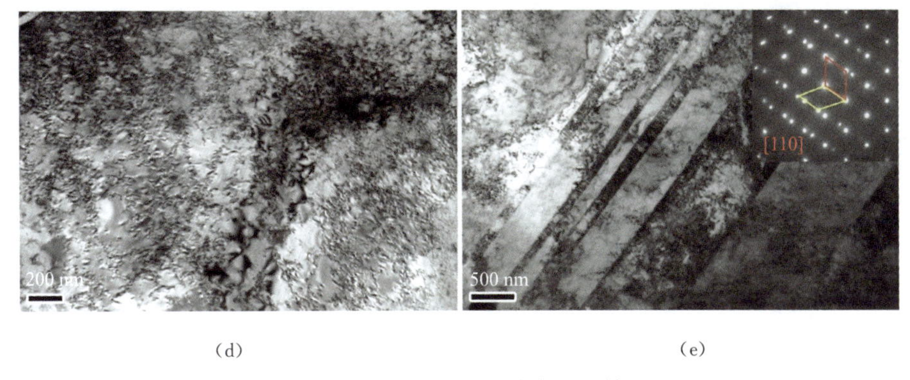

（d）　　　　　　　　（e）

图 10-13　CoCrNi 中熵合金丝材

CoCrNi 丝材不仅具有优异的室温力学性能，当温度降低至 77 K 时，性能还可进一步提升。其室温力学性能为：屈服强度 1 100 MPa，抗拉强度 1 220 MPa，断裂延伸率 24.5%；低温（77 K）力学性能为：屈服强度 1 515 MPa，抗拉强度 1 783 MPa，断裂延伸率 37.4%，如图 10-14(a)、(b)所示。室温变形态的 EBSD 结果显示其微观组织由大量被拉长晶粒和变形孪晶组成[图 10-14(c)、(d)]。CoCrNi 合金属于低层错能合金（层错能约 18 mJ/m^2），较低的低层错能能够有效促进孪晶的生成。TEM 结果显示样品中还出现了大量亚微米菱形块，这可能是由一个方向的{111}孪晶和另一个方向的一次孪晶、几何必要位错或位错墙等切割而成。这种菱形块起到细化晶粒并阻碍位错运动的作用，可以提高该丝材的加工硬化能力。

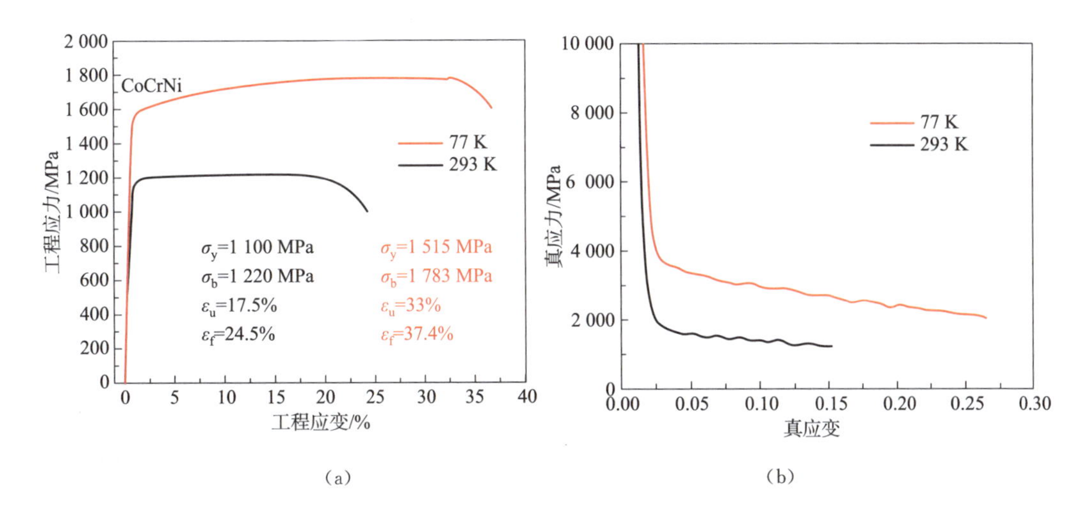

（a）　　　　　　　　（b）

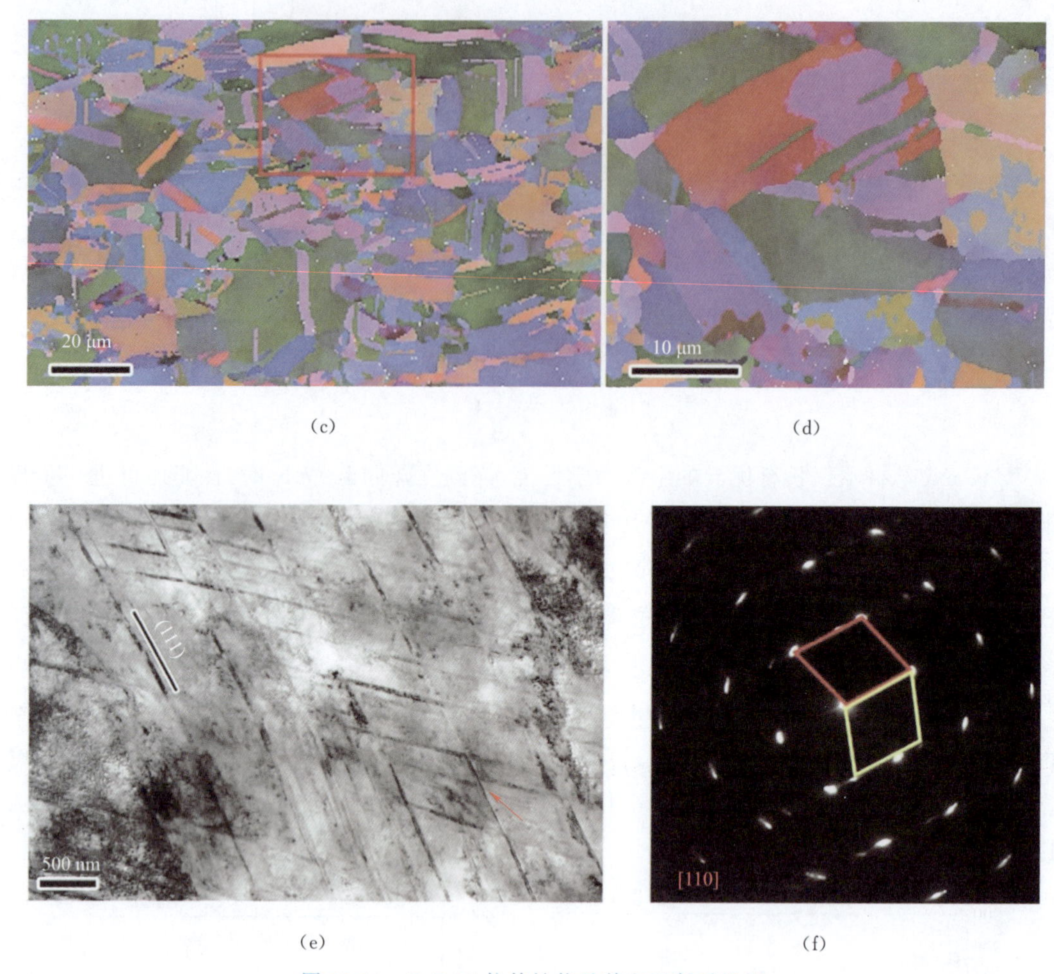

(c) (d)

(e) (f)

图 10-14 CoCrNi 拉伸性能及其室温断后组织

低温(77 K)断后组织显示,该丝材生成了更高密度的菱形块组织、纳米孪晶(明、暗场均表征出)和层错(图 10-15),能够有效提高加工硬化能力,进一步提升在该温度下的力学性能。

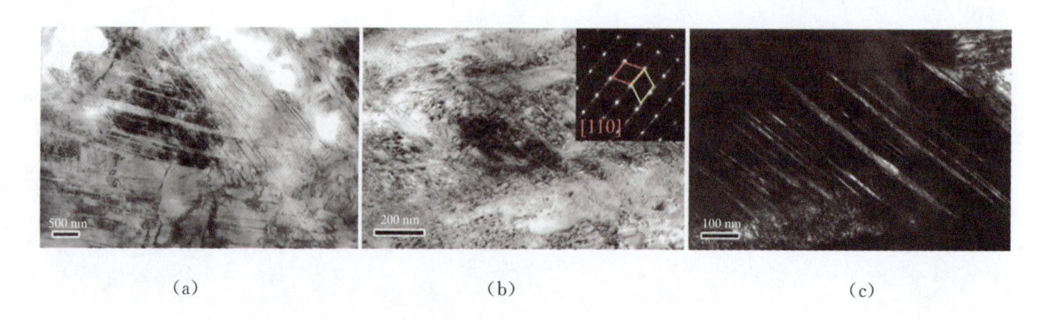

(a) (b) (c)

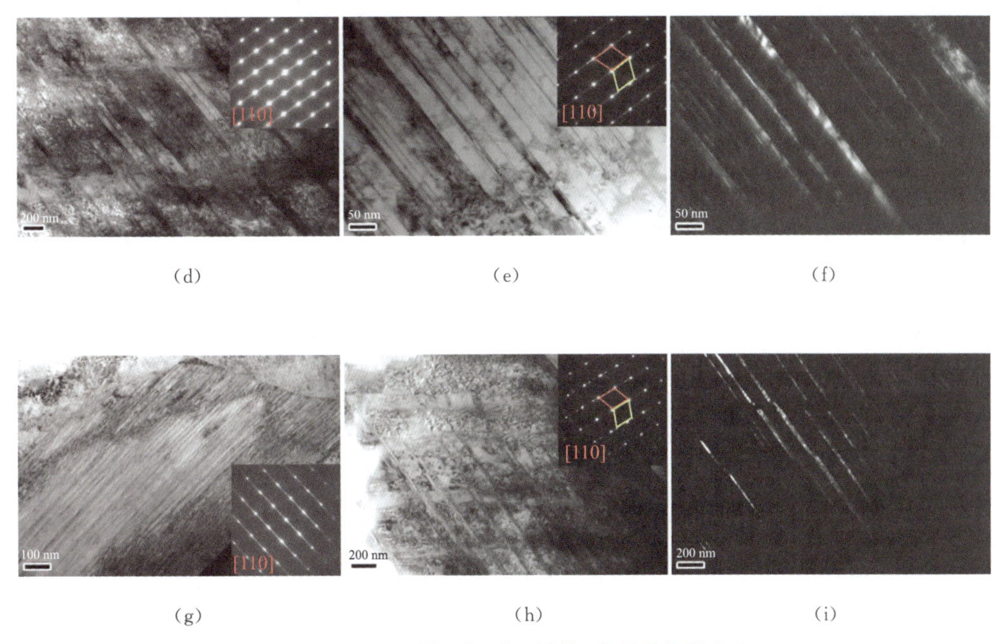

(d)　(e)　(f)

(g)　(h)　(i)

图 10-15　77 K 时断后组织(层错、孪晶及块状组织)

与室温变形不同,在低温(77 K)下,还发生了 FCC→HCP 马氏体相变(图 10-16),相变的发生进一步提高了加工硬化能力。综上所述,高密度层错、纳米孪晶和马氏体相变的发生使其加工硬化能力和力学性能进一步提高。因此,与传统的珠光体钢丝相比,这种先进的 CoCrNi 合金丝容易制备,具有很强的工程应用潜力,特别是在低温环境下。

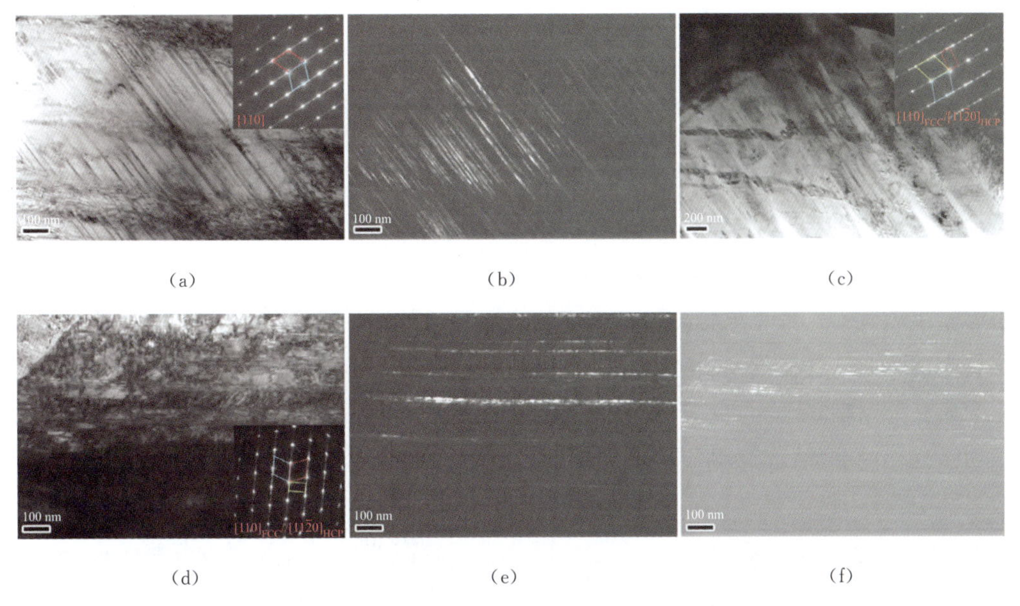

(a)　(b)　(c)

(d)　(e)　(f)

图 10-16　77 K 下断后组织(孪晶及 HCP 相)

10.2 冷拔工艺制备高熵合金纤维

与上述采用热拔工艺制备高熵合金纤维不同，冷拔也是一种高效、便捷地制备纤维、丝材的方法。Huo 等[4]等采用冷拔工艺（室温）成功制备了单相 FCC 结构的 CoCrFeNi 高熵合金纤维（直径～7 mm）。由于该合金具有较低出层错能（31.7 mJ/m^2），冷拔态变有大量的纳米形变孪晶产生，孪晶厚度约几十纳米，如图 10-17(a)所示。该纤维还表现出强烈的＜111＞ 和少量＜100＞丝织构，如图 10-17(b)所示。强烈的＜111＞织构大大促进了变形孪晶的产生。高密度纳米孪晶的形成大大降低了实际晶粒尺寸，根据霍尔佩奇（Hall-Petch）关系，由此产生的晶粒细化在很大程度上能够提高合金的屈服强度。

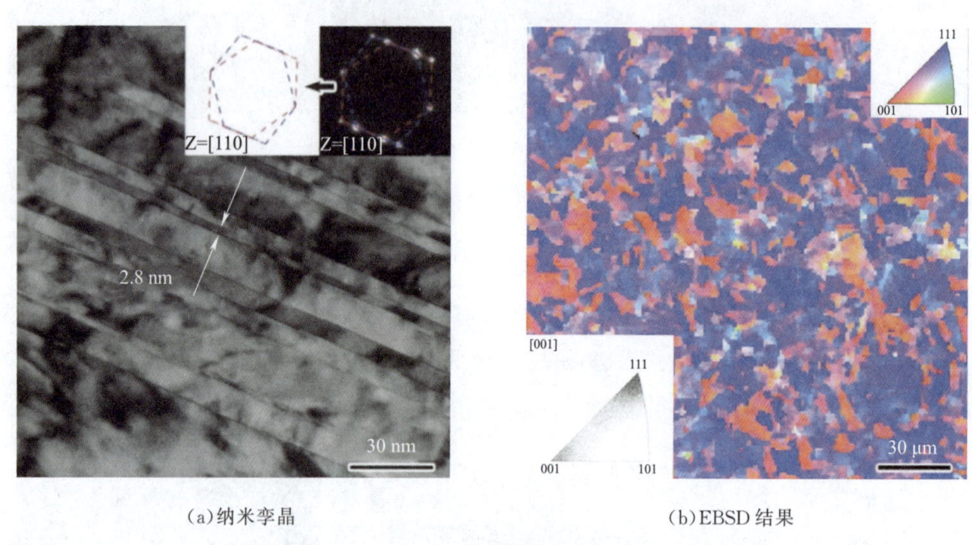

(a)纳米孪晶　　(b)EBSD 结果

图 10-17　CoCrFeNi 高熵合金纤维组织

该合金线材在 223 K 时具有较高的抗拉屈服强度（1.2 GPa）和高延伸率（13.6%），室温时拉伸屈服强度 1 107 MPa，延伸率为 12.6%。当温度升高到 923 K 时，其强度仍保持在较高水平，如图 10-18 所示。值得注意的是，应力-应变曲线中没有应变硬化现象，即合金达到屈服后发生软化。这种现象是由于高密度的孪晶界抑制了位错滑移所致。也可以说低温和室温具有优异力学性能的主要原因是一级和二级纳米级孪晶界对位错滑移的阻碍所致。

一般认为，材料强度与抗氢脆能力成反比，即很难达到强度和抗氢脆性能的平衡。这是由于细晶强化的晶界、孪晶界和加工硬化产生的位错等强化手段（同时也是缺陷）提供了大量的氢捕获位点，提高了材料的吸氢能力。同时，这类缺陷在材料变形过程中易形成裂纹的形核源，进一步容易引发吸氢、氢脆问题。因此强度较高的材料容易引发氢脆。Kwon 等[5]成功制备出了高强度和抗氢脆性能的高熵合金纤维。其采用深冷拔工艺（冷拔温度为 77 K）制备了 CoCrFeMnNi 等原子比高熵合金纤维，研究发现该纤维不仅具有优异的力学性能，还有

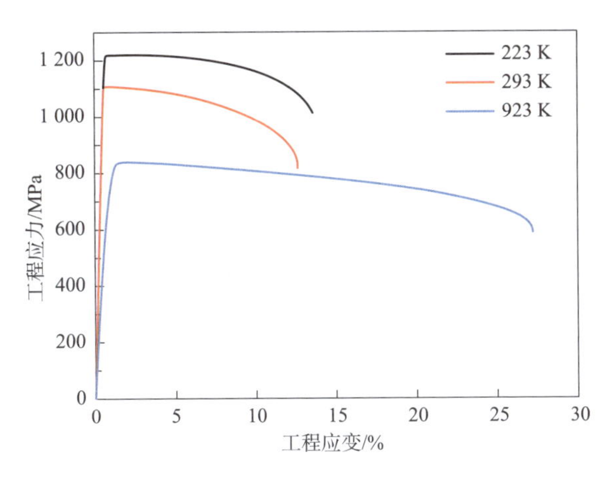

图 10-18　CoCrFeNi 高熵合金纤维拉伸曲线

较好的抗氢脆能力。CoCrFeMnNi 高熵合金纤维微观组织如图 10-19 所示，图 10-19(a)带图中高密度黑线表示有大量的变形孪晶，这是由于合金体系的层错能较低及深冷拔(77 K)的加工条件所致。图 10-19(b)KAM 图(平均取向差)显示该材料具有较大的取向差，暗示了该状态下靠近晶界区域便有大量位错出现。透射电镜图片[图 10-19(c)]及其对应的衍射斑点证实了大量细小孪晶的生成。

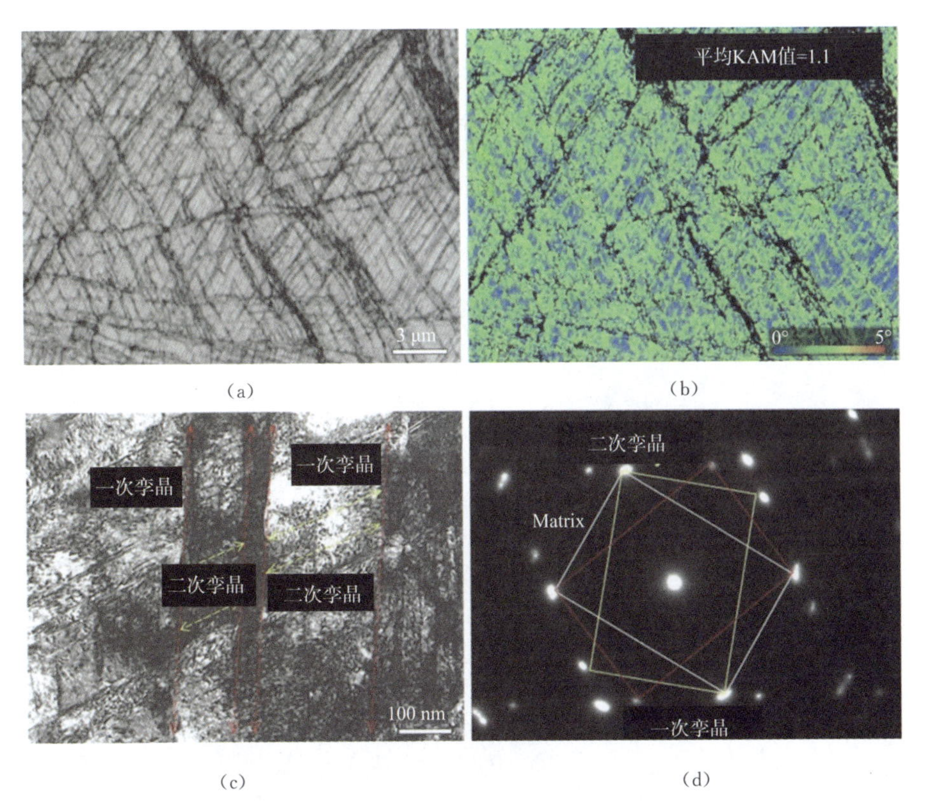

图 10-19　CoCrFeMnNi 高熵合金纤维微观组织

该高熵合金纤维中有大量纳米孪晶(包括一次孪晶和二次孪晶),进而细化晶粒,由霍尔佩奇关系可知强度会大幅度提升,如图 10-20 所示。与拉拔前的初始态高熵合金锭子相比,拉拔后的纤维态屈服强度提升～4.7 倍,由 0.328 GPa 提升至～1.54 GPa,抗拉强度提升～2.3 倍,由 0.745 GPa 提升至～1.71 GPa。当前力学性能优于目前常用的珠光体钢和回火马氏体钢。

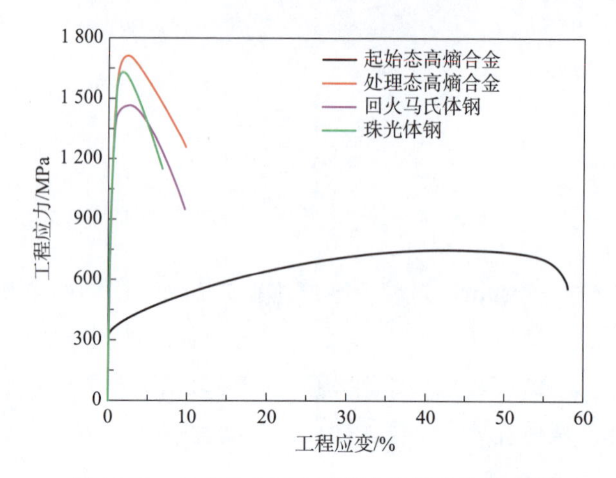

图 10-20　CoCrFeMnNi 高熵合金纤维拉伸曲线

对该高熵合金填充不同含量的氢以测试其抗氢脆能力,同时也做了珠光体钢和回火马氏体钢的参照试验,结果如图 10-21 所示。当氢增加到 1.8 μg/mL 时,回火马氏体钢断裂应力迅速降低(与为充氢试样相比降低 85%)。相比之下,CoCrFeMnNi 高熵合金的断裂应力几乎没有降低,仅～6.6%(在氢含量 8 μg/mL 范围内)。还与具有相似抗拉强度水平的珠光体钢的相应结果进行了比较。珠光体钢之所以具有高的抗氢脆性能,是因为珠光体铁素体渗碳体间相起着不扩散捕氢位点的作用。研究发现,CoCrFeMnNi 高熵合金比珠光体钢具有更好的抗氢脆性能。

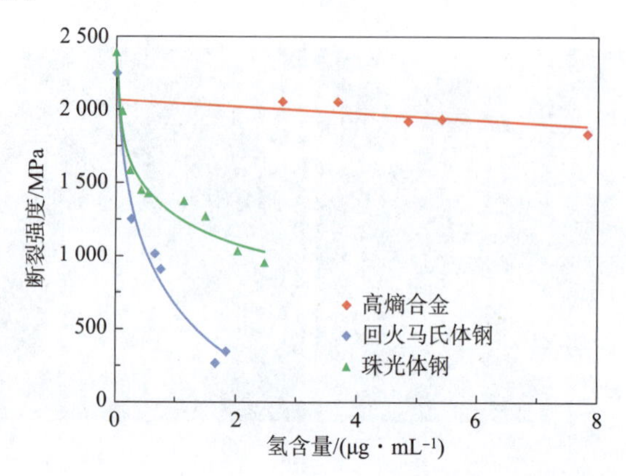

图 10-21　CoCrFeMnNi 高熵合金抗氢脆性能比较图

CoCrFeMnNi 高熵合金具有优异抗氢脆性能的原因主要为：该合金为面心立方结构，通常来说，和体心立方材料相比，氢在面心立方材料的扩散速率明显降低，使之不能深入穿透材料内部，仅填充在表面；高熵合金的较大晶格畸变导致缓慢扩散效应进一步抑制氢的扩散等因素。图 10-22 中氢在表面和芯部的扩散速率对比证实了氢几乎仅渗透在材料表面，进而表面 CoCrFeMnNi 高熵合金纤维适用于要求高强度和优异抗氢脆性能的螺栓紧固件。

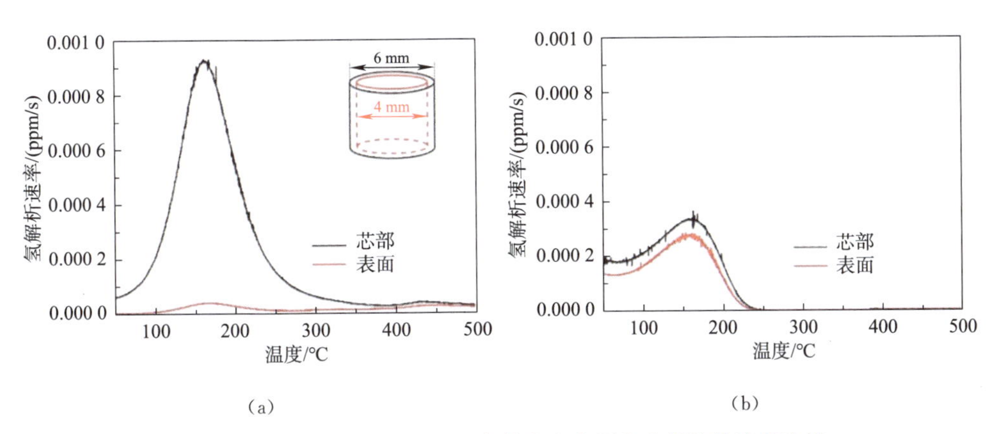

图 10-22　氢在 CoCrFeMnNi 高熵合金表面和芯部扩散速率比较

Ma 等[6] 详细研究了冷拔态 CoCrFeMnNi 高熵合金的织构演化和变形行为。CoCrFeMnNi 高熵合金的初始组织如图 10-23 所示，主要由晶粒尺寸约为 62 μm 的等轴晶组成，且晶粒取向随机分布，由于该合金层错能较低(约 18.3～27.3 mJ/m^2)，还有大量退火孪晶生成，图 10-23(b)中也能看出晶粒的微取向差呈双峰分布，在 60°左右出现了孪晶(孪晶界两侧的取向关系为 60°)。

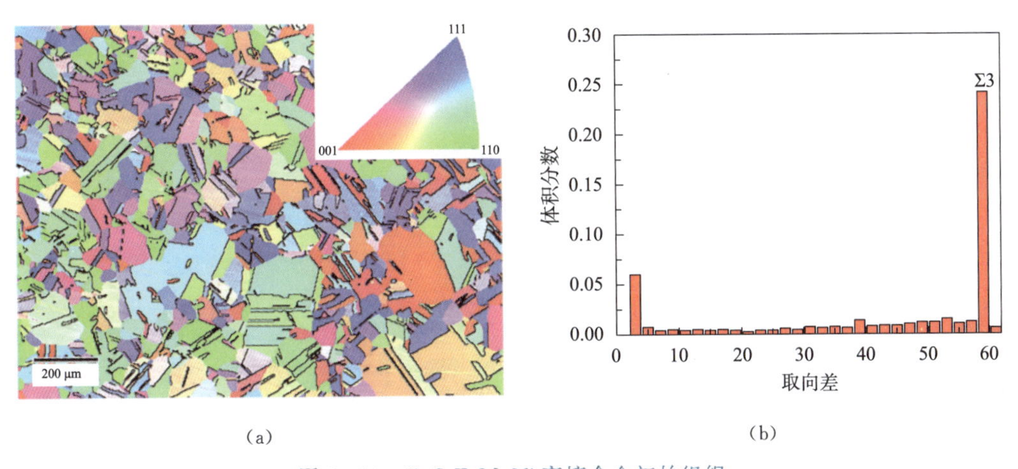

图 10-23　CoCrFeMnNi 高熵合金初始组织

XRD 结果表明，CoCrFeMnNi 高熵合金在不同应变下均为单相面心立方结构，相结构相对稳定，只是随着变形量的增加，峰宽也逐渐增大（这与晶粒在变形过程中逐渐细化相关，这种现象与其他大变形处理相吻合）；同时伴随着织构的变化（图 10-24）。

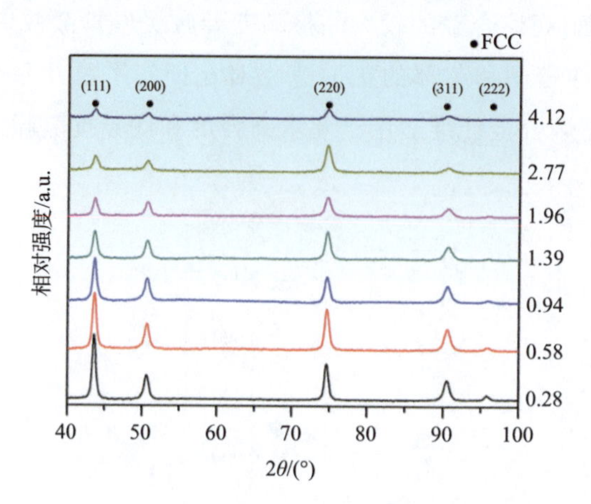

图 10-24　不同应变的 CoCrFeMnNi 高熵合金 XRD 结果

不同应变下的 CoCrFeMnNi 高熵合金样品反极图如图 10-25 所示，研究发现，由于表面和芯部变形梯度的影响，样品表面晶粒尺寸更加细小；随着应变逐渐的增大，晶粒取向由随机分布向＜111＞和＜100＞丝织构转变，在高应变下，可形成＜100＞和＜111＞纤维织构组分交替分布；且晶粒由等轴晶向沿拉拔方向生长的纤维组织过渡。不同应变下的织构统计表明，随着应变的增大，复杂织构所占分数逐渐减小，＜111＞和＜100＞织构大致呈逐渐增大的趋势，当应变增加到 1.96 时，各织构组分的体积分数保持不变。＜111＞、＜100＞和复杂织构的体积分数分别为 57.4％、30.7％和 11.9％，如图 10-26 所示。

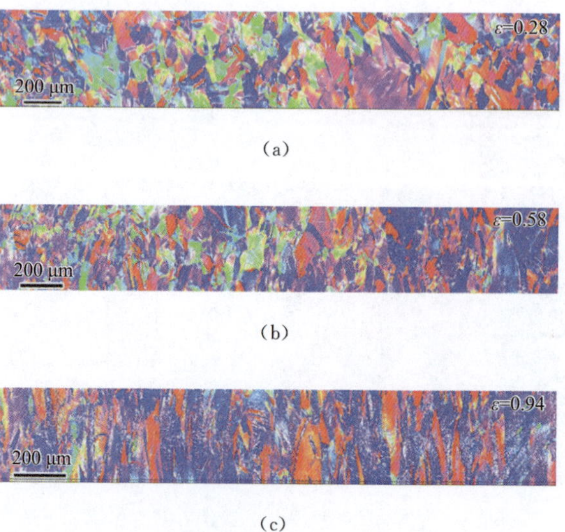

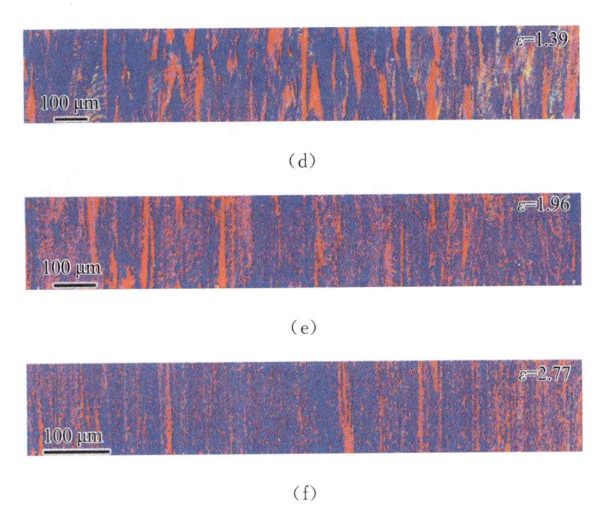

(d)

(e)

(f)

图 10-25　冷拔态 CoCrFeMnNi 高熵合金不同应变下的反极图(纵截面)

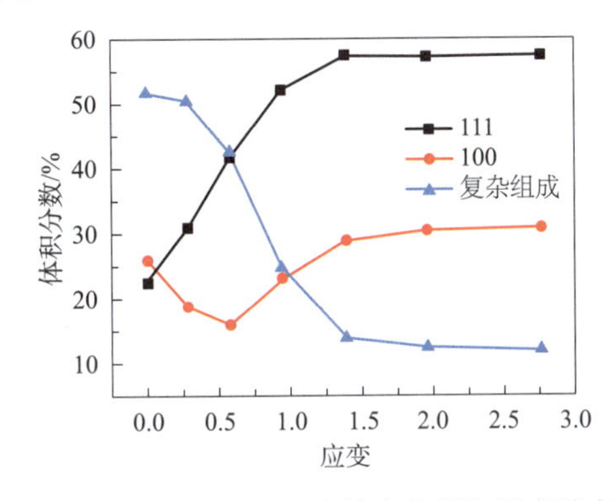

图 10-26　冷拔态 CoCrFeMnNi 高熵合金织构组成随应变的变化

不同应变下的变形机制不同,在低应变时(0.1),平面滑移被激活,在{111}滑移面形成了低密度位错的滑移带,随后 Lomer-Cottrell(L-C)位错锁形成;应变增加到 0.28 时,大量位错沿主滑移系堆积,形成滑移带,同时还有少量变形孪晶和泰勒点阵,如图 10-27 所示。

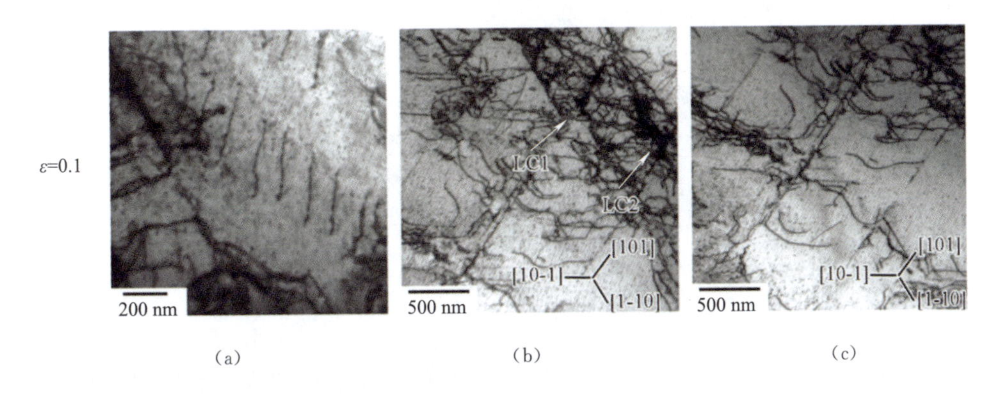

(a)　(b)　(c)

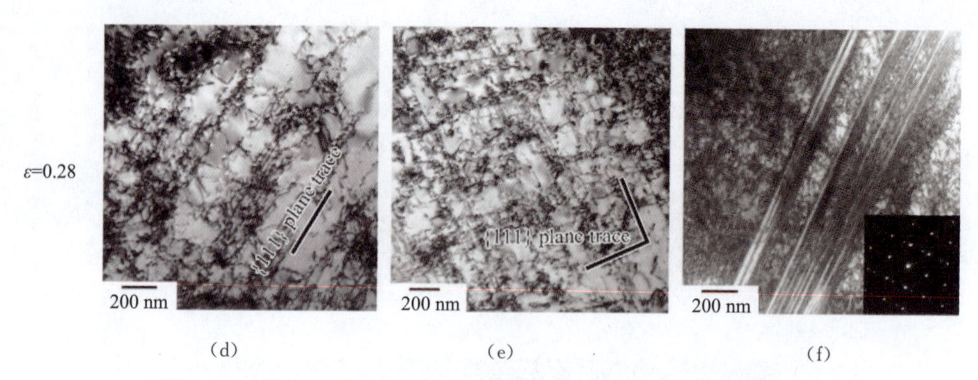

图 10-27 低应变下冷拉态 CoCrFeMnNi 高熵合金的 TEM 明场图

在中等应变时(0.58),位错胞形成,滑移方式由平面滑移向波浪滑移转变,同时孪晶密度增加而厚度逐渐减小。当应变由 0.58 增加到 0.94 时,孪晶厚度由 50 nm 降低至 30 nm,如图 10-28 所示。

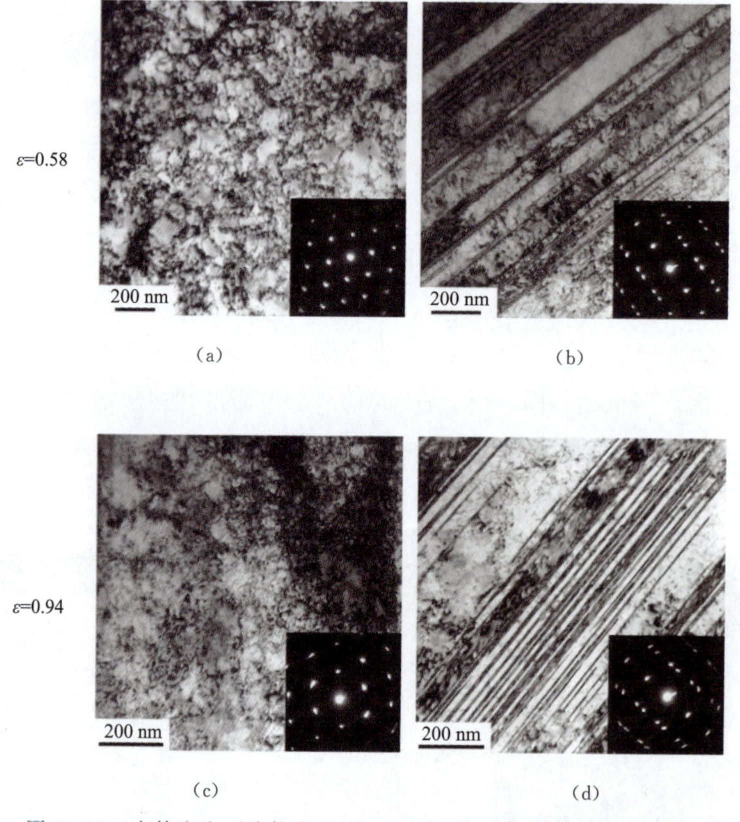

图 10-28 中等应变下冷拉态 CoCrFeMnNi 高熵合金的 TEM 明场图

当高应变时(1.39),大量变形孪晶形成,构成基体和孪晶交互生长的层状结构,同时更加细小二的次孪晶生成,与一次孪晶夹角约 50°,如图 10-29 所示。根据 Hall-Petch 关系,当晶粒尺寸小于微米尺寸时，孪晶应力变得非常高。

图 10-29　高应变下冷拉态 CoCrFeMnNi 高熵合金的 TEM 明场图

不同应变下冷拔态高熵合金表现出不同的力学性能。在硬度方面，0 应变时显微硬度值为 136 HV，随着应变的增加，硬度也随之增加，当应变为 2.77 时，硬度达到最高值，约 450 HV，如图 10-30 所示。

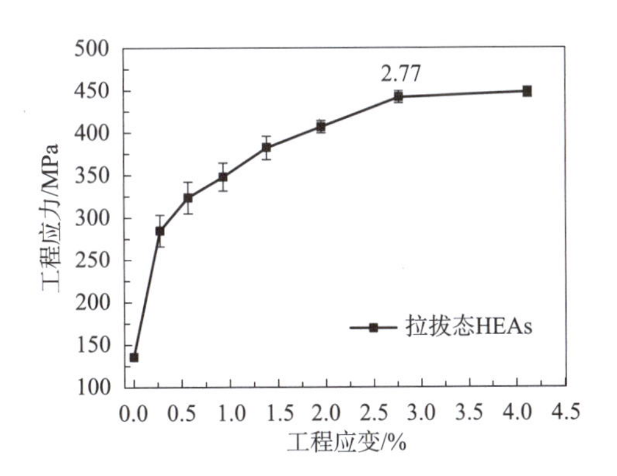

图 10-30　不同应变下冷拉态 CoCrFeMnNi 高熵合金显微硬度

在拉伸性能方面，不同应变下冷拉态 CoCrFeMnNi 高熵合金拉伸性能曲线如图 10-31 所示，0 应变时屈服强度和断裂延伸率分别为～250 MPa 和～50%，随着预应变的增加，其屈服强度逐渐升高而延伸率逐渐降低。当预应变高于 0.94 时，其屈服强度超过 850 MPa 而几乎没有拉伸塑性。强度的增加源于位错的增殖、位错锁和泰勒点阵的形成，还有孪晶和<111>织构强化。

Cho 等[7]制备了 FCC 结构的 CoCrFeMnNiV 高熵合金丝材，并对其不同变形量下的组织演化和力学性能进行了探究。研究结果表明，该纤维的抗拉强度最高可达 1.6 GPa，高强度来源于纳米变形孪晶。初始组织由近乎随机取向分布的粗大晶粒组成，晶粒尺寸约 55.6 μm。随着冷拔变形量的增大，丝材直径逐渐减小，晶粒逐渐细化，出现了越来越多的

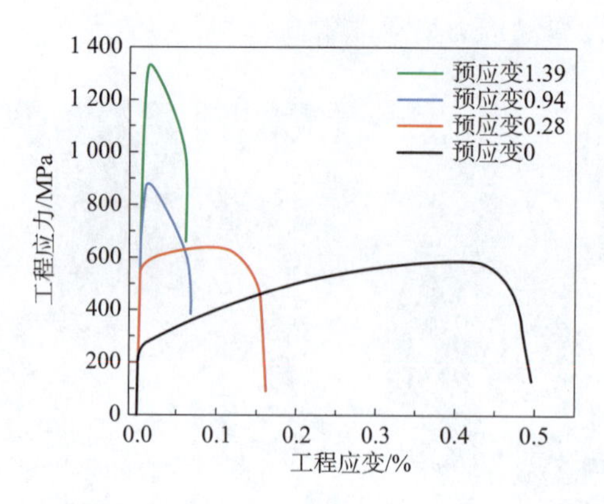

图 10-31 不同应变下冷拉态 CoCrFeMnNi 高熵合金拉伸曲线

形变孪晶。由于丝材表面和芯部沿径向的应力、应变梯度有差异，导致其取向分布不同，芯部组织随变形量的增大，主要出现了<111>、<100>特定织构；而表面组织随变形量的增大，由于具有沿径向的不均匀应力、应变梯度，导致随机织构的出现，如图 10-32 所示。值得注意的是，与上文中观察纵截面的织构不同，该作者对不同应变丝材的横截面组织、织构进行了表征。

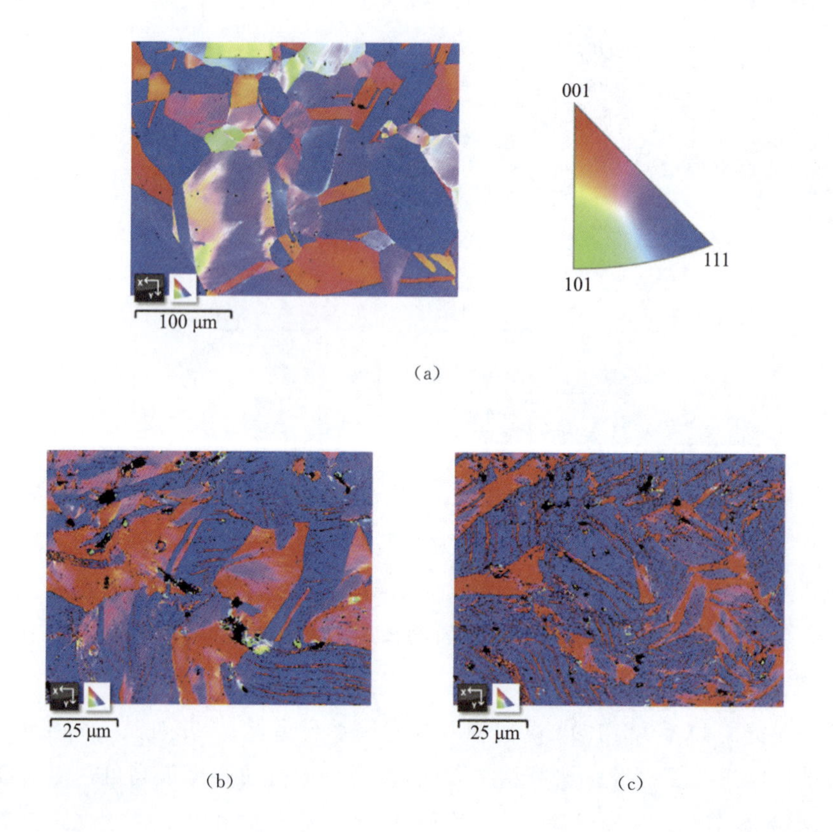

(a)

(b) (c)

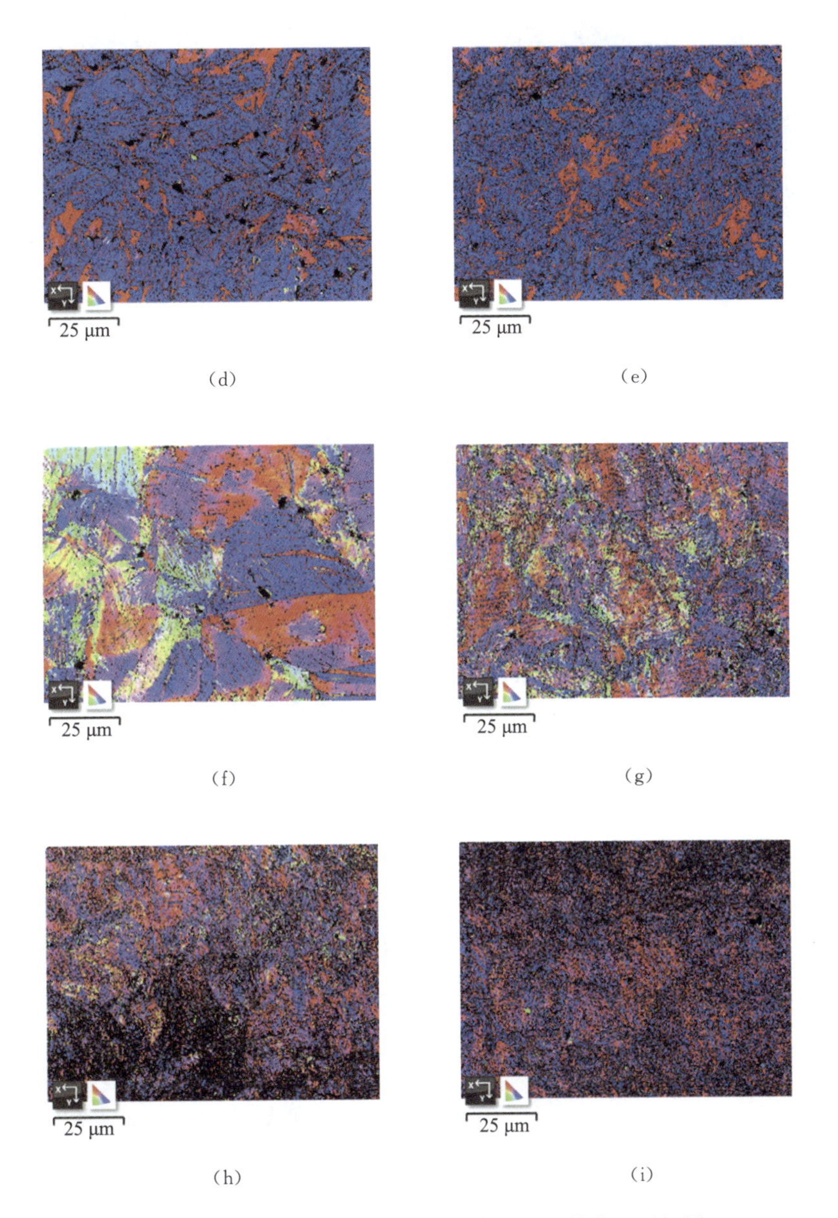

(d)　(e)　(f)　(g)　(h)　(i)

图 10-32　CoCrFeMnNiV 高熵合金纤维横截面反极图

TEM 表征结果显示，高变形量下具有大量的变形孪晶区域，甚至出现了二次孪晶、纳米晶（100 nm 以下）；随着变形量的进一步增大，大量纳米变形孪晶形成，还观察到由孪晶组成的沿拉拔方向生长的层片组织的生成，如图 10-33、图 10-34 所示。

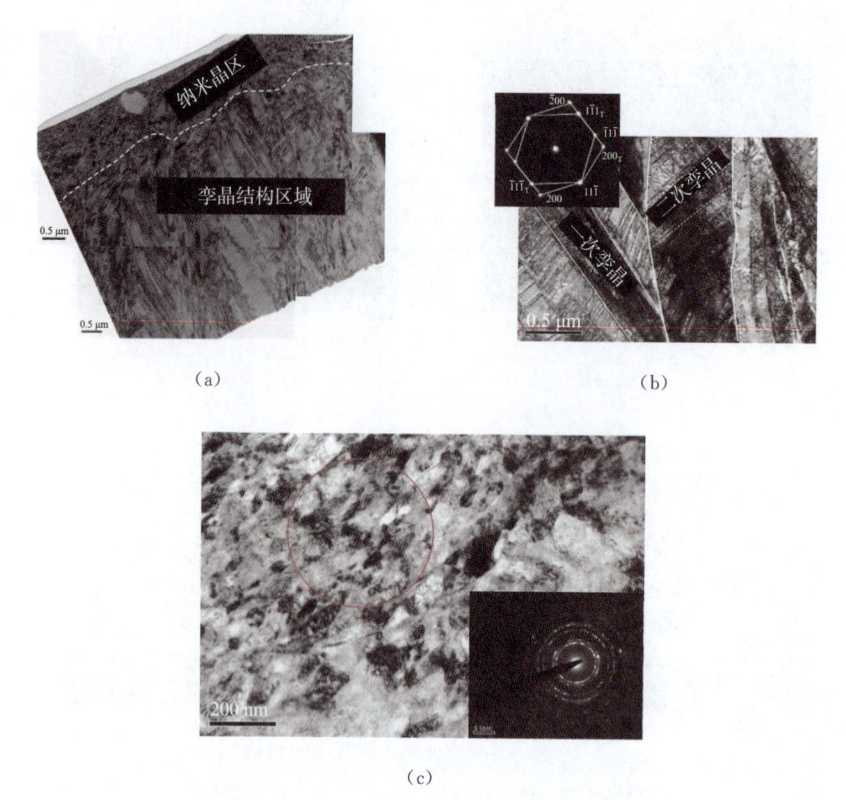

(a) (b) (c)

图 10-33 变形量 80%时 TEM 结果

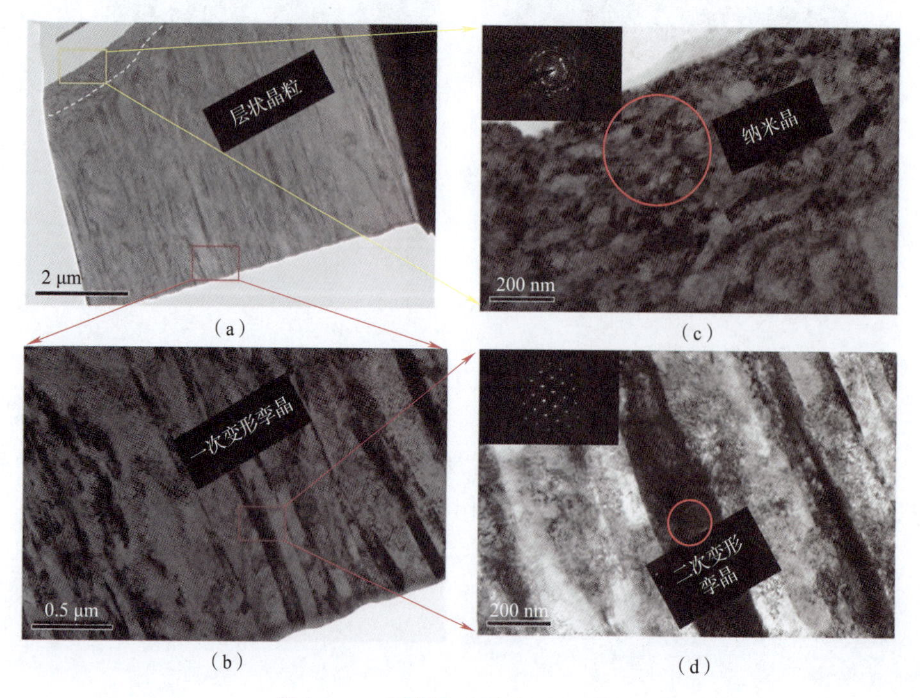

(a) (c) (b) (d)

图 10-34 变形量 96%时 TEM 结果

在不同的截面位置对其维氏硬度值进行了测试，测试位置：中间部分（红虚线内）和外部部分（蓝虚线外），如图 10-35(a)所示。随着变形量的增加，芯部和表面处的硬度值也相应增加。在相同变形量的冷拉试样中，表面处的硬度始终高于中心处的硬度，如图 10-35(b)所示。这种硬度分布可能是由于冷拉过程中表面的变形量更大，导致晶粒细化、更多的纳米变形孪晶出现。

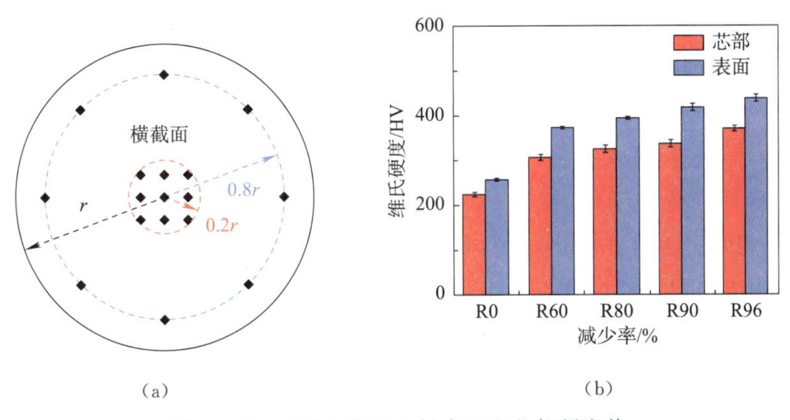

图 10-35　不同应变下丝材表面和芯部硬度值

与硬度值变化趋势类似，拉伸屈服强度随形变量的增加而增大，当变形量达 96%时，屈服强度超过 1.6 GPa，如图 10-36 所示。这种高强度与晶粒细化、纳米变形孪晶有关，晶界、孪晶界能够有效降低位错的自由程，显著阻碍位错运动，进而提高强度。冷拔态丝材在拉伸过程中，到达屈服点后发生了加工软化现象，这可能与冷拔态在拉伸测试前具有大量初始位错有关。

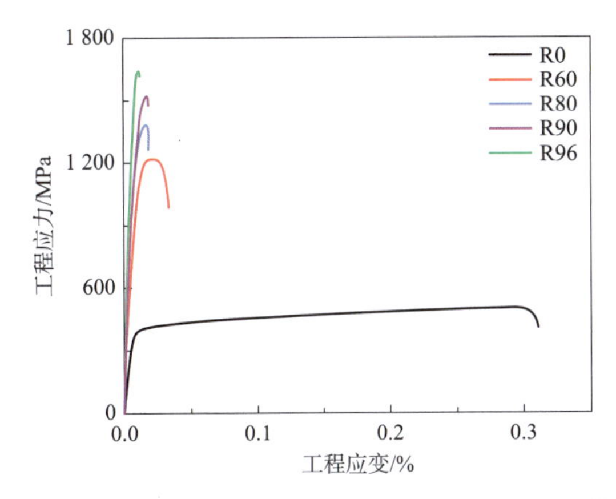

图 10-36　不同应变下 CoCrFeMnNiV 高熵合金丝材拉伸曲线

10.3 Taylor-Ulitovsky(玻璃包覆拉丝)工艺制备中熵合金纤维

传统的单主元合金纤维、形状记忆合金丝材、非晶合金纤维等线材在精密仪器和先进制造技术领域发挥着不可替代的作用。为了实现更高的精度和可靠性,小直径、高强度同时保持一定的延展性的线材是迫切需要的。然而,研究发现大多数传统合金线材是高强度与低延性相结合,如典型的珠光体钢丝通常以大大牺牲延展性来达到提高强度的目的。因此,探索如何制备小直径、高性能的线材是一个具有挑战性的问题。Chen 等[8] 采用 Taylor-Ulitovsky(玻璃包覆拉丝)技术成功制备了直径分别为 100 μm 和 40 μm 的 CoCrNi 中熵合金纤维。与前文冷拔态纤维初始组织不同,Taylor-Ulitovsky 法制备纤维的初始态均由随机取向的等轴晶组成(伴有少量孪晶),随直径的减小,平均晶粒尺寸由 7.5 μm 降低至 5.1 μm;变形态组织均由沿拉伸方向生长的拉长晶粒组成,如图 10-37 所示。

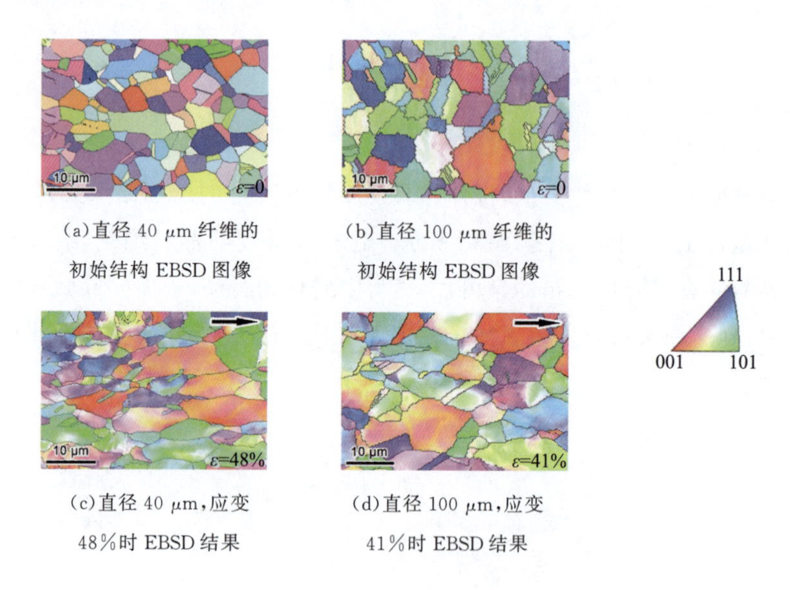

(a)直径 40 μm 纤维的初始结构 EBSD 图像

(b)直径 100 μm 纤维的初始结构 EBSD 图像

(c)直径 40 μm,应变 48%时 EBSD 结果

(d)直径 100 μm,应变 41%时 EBSD 结果

图 10-37　不同条件下 EBSD 结果

力学性能方面,与铸态的块体样品相比,采用玻璃包覆拉丝技术制备的纤维仅在少量牺牲延展性的情况下,便可大幅提高屈服强和抗拉强度,并且随着直径的减小,抗拉强度和延展性都进一步得到了改善。当纤维的直径从 100 μm 减小到 40 μm 时,屈服强度从 450 MPa 增加到 638 MPa,极限抗拉强度从 950 MPa 增加到 1 188 MPa,拉伸延展性也从 41%增加到 48%,两种样品均显示出较好的加工硬化能力,如图 10-38 所示。上述优异的力学性能源于 Lomer-Cottrell (L-C)位错锁、变形纳米孪晶、马氏体相变和 HCP 层错等。

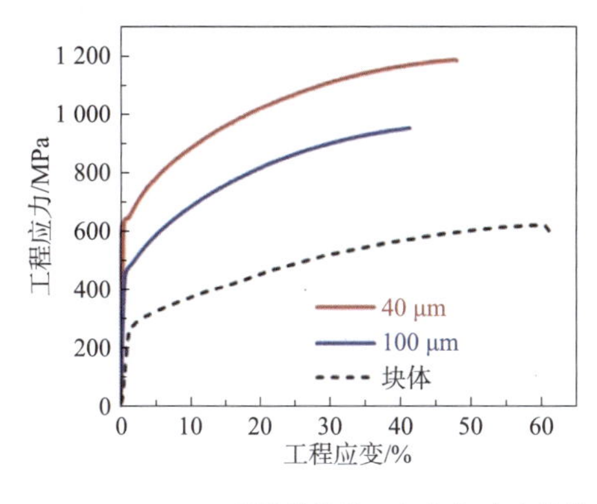

(a)CoCrNi 纤维的拉伸工程应力-应变曲线

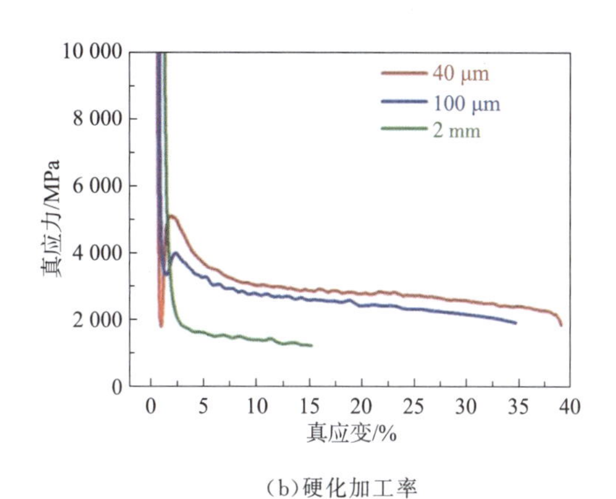

(b)硬化加工率

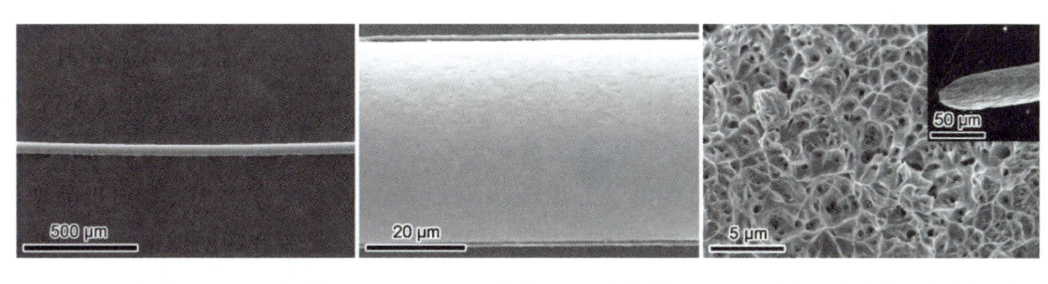

(c)CoCrNi 纤维 500 μm 宏观形貌　(d)CoCrNi 纤维 20 μm 宏观形貌　(e)断后韧窝和明显的颈缩现象

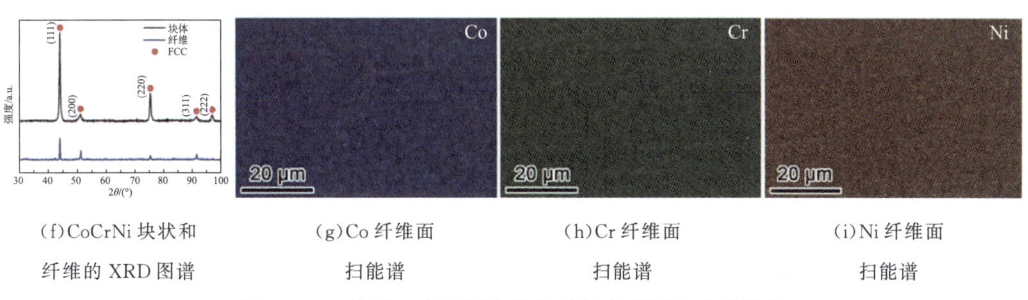

(f)CoCrNi 块状和纤维的 XRD 图谱　(g)Co 纤维面扫能谱　(h)Cr 纤维面扫能谱　(i)Ni 纤维面扫能谱

图 10-38　采用玻璃包覆拉丝技术制备的纤维力学性能

和传统单一组元合金相比，CoCrNi 中熵合金丝材具有较大的尺寸效应，即与直径 100 μm 纤维相比，直径 40 μm 纤维的强度、塑性有明显提高。KAM 结果显示，同为 40%应变条件下，直径 100 μm 纤维中几何必要位错密度为 $7.1\times10^{14}/m^2$，而 40 μm 纤维中几何必要位错密度高达 $12.3\times10^{14}/m^2$，如图 10-39 所示。更高密度的几何必要位错(GND)导致了较高的应变梯度，而应变梯度又与多个变形孪晶相连，从而在 40 μm 纤维中产生了高强度和延展性。同时，该纤维中位错分布更加均匀，限制了局部变形，塑性流动能力均匀，使加工硬化程度提高。

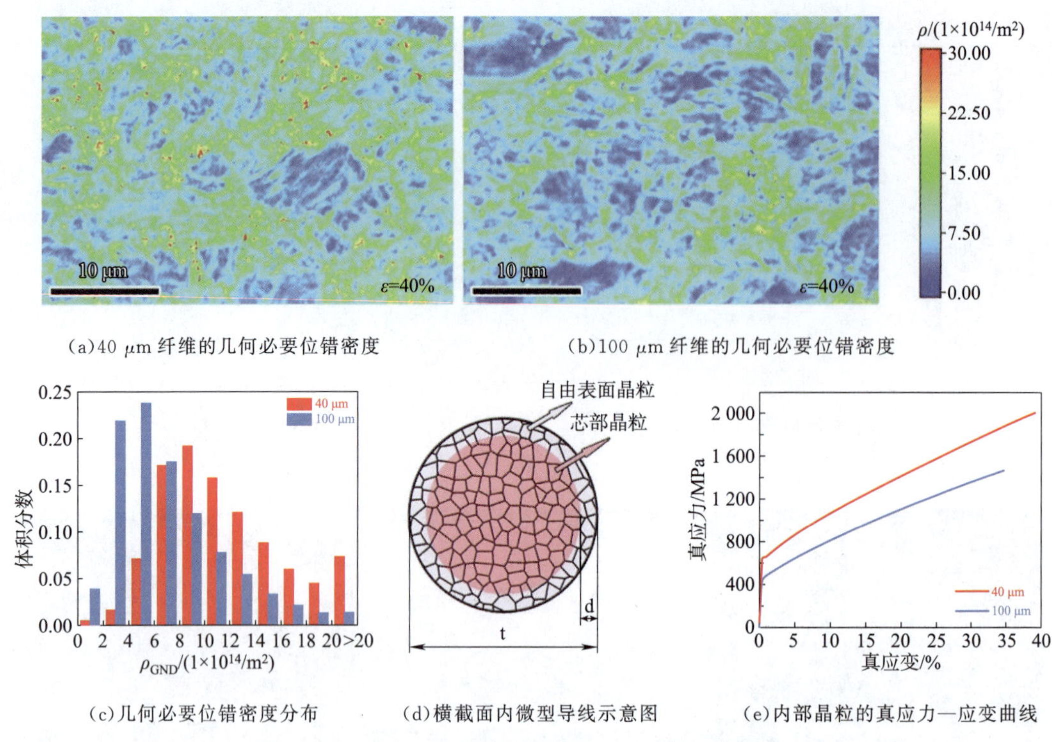

(a)40 μm 纤维的几何必要位错密度　　(b)100 μm 纤维的几何必要位错密度

(c)几何必要位错密度分布　　(d)横截面内微型导线示意图　　(e)内部晶粒的真应力—应变曲线

图 10-39　采用 KAM 法计算应变为 40%时的尺寸效应

北京科技大学李冬月[9]在毫米级 $Al_{0.3}CoCrFeNi$ 高熵合金纤维的基础上进一步采用多次冷拔制备了直径为 60 μm 的高熵合金纤维，如图 10-40 所示。该纤维晶粒细小，甚至还有纳米晶结构，其室温抗拉强度达 2.8 GPa，延伸率约为 2.4%，超过目前研究的大多数面心立方高熵合金的抗拉强度极限。当环境温度降至 133 K，二者分别提高至 3.3 GPa 和 3.5%。高强高熵合金纤维有望在缆绳、阻拦索等领域应用。

图 10-40　直径 60 μm 的 $Al_{0.3}CoCrFeNi$ 高熵合金纤维实物

图 10-41 为直径 60 μm 的 $Al_{0.3}CoCrFeNi$ 高熵合金纤维的扫描电镜图像，该纤维圆形度较高、柔韧性较好、直径均匀、表面缺陷少。

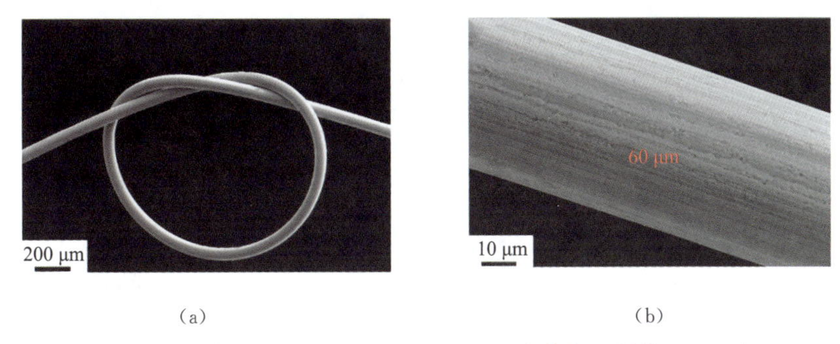

(a)　　(b)

图 10-41　直径 60 μm 的 $Al_{0.3}CoCrFeNi$ 高熵合金纤维 SEM 图

该直径 60 μm 的 $Al_{0.3}CoCrFeNi$ 高熵合金纤维的 XRD 结果如图 10-42 所示。与 $Al_{0.3}CoCrFeNi$ 铸态高熵合金的相结构类似，基体主要相结构仍保持为简单的面心立方结构(FCC)。但是，在 XRD 图谱中，20°～30°处出现非晶衍射峰，这可能是受到了玻璃基片的干扰，因此在衍射过程中出现了玻璃基片的衍射峰，即在 20°～30°出现的非晶衍射峰。

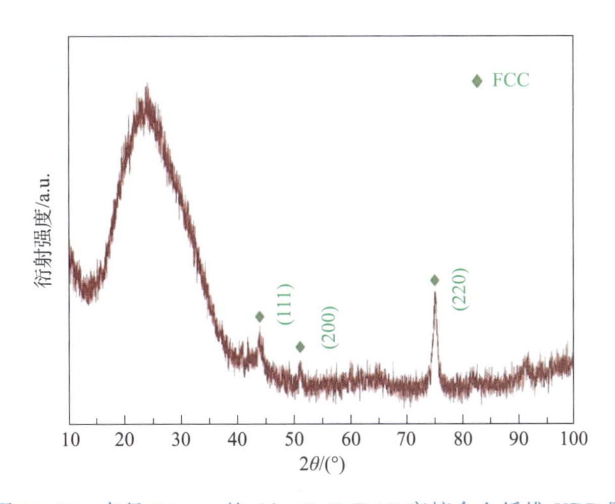

图 10-42　直径 60 μm 的 $Al_{0.3}CoCrFeNi$ 高熵合金纤维 XRD 图

随后采用透射电镜(TEM)对该纤维进行微观组织表征。研究发现，该纤维的微观组织分为 2 种类型，即大量纳米晶结构和拉拔导致的纤维状晶粒。如图 10-43(a)所示，纳米晶尺寸约 10 nm；图 10-43(b)为相应区域的电子衍射图像，可以看出纳米晶环的形成。在制备过程中，高熵合金微米纤维中的晶粒逐渐细分，即随拉拔变形应变量增加，纤维中不断进行位错增殖，从而形成位错墙和亚晶界，进一步实现纤维的晶粒细化，最终获得具有纳米晶的高熵纤维。此外，冷拉拔过程中导致高熵合金微米纤维内部产生大量位错塞积的剪切带，当晶粒内的位错密度达到临界值时，很小的能量起伏就可以诱发动态再结晶，导致大量细小的纳米晶形成。图 10-43(c)和图 10-43(d)显示了纳米晶的高分辨图像。图 10-43(e)显示了纤维状晶粒的形貌,且晶粒沿拉拔方向被拉长,图 10-43(f)为相应的电子衍射图,可以看出仍为 FCC 结构。

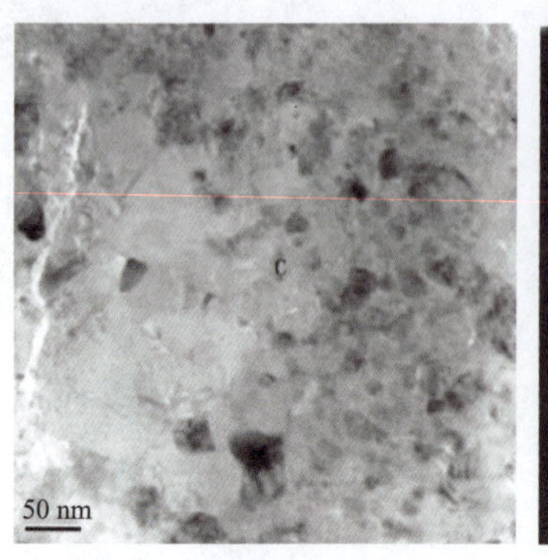

(a)纤维中纳米晶形貌

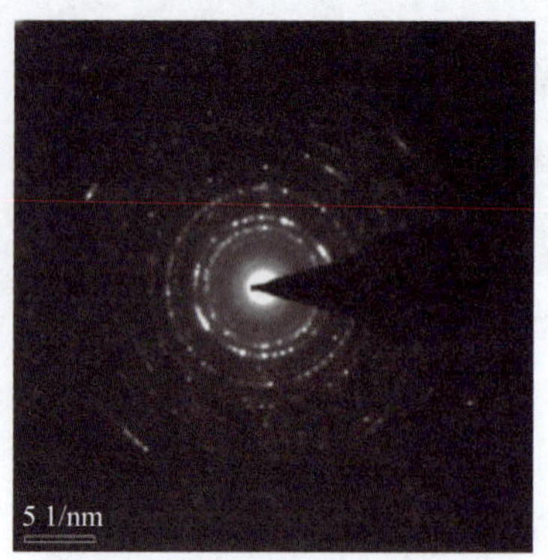

(b)纳米晶区域电子衍射图

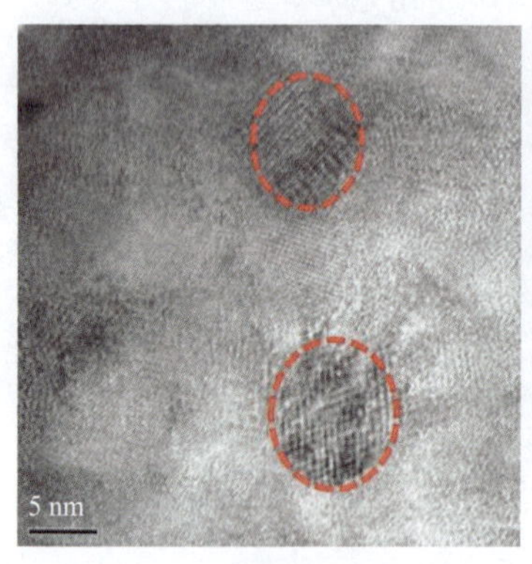

(c)高分辨图 1

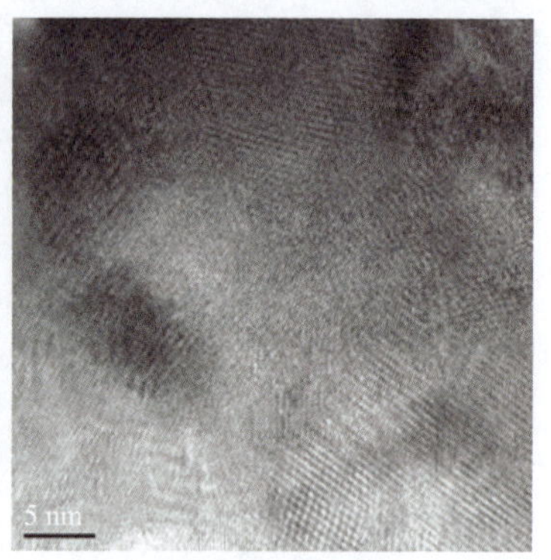

(d)高分辨图 2

(e)纤维中纤维状晶粒的形貌

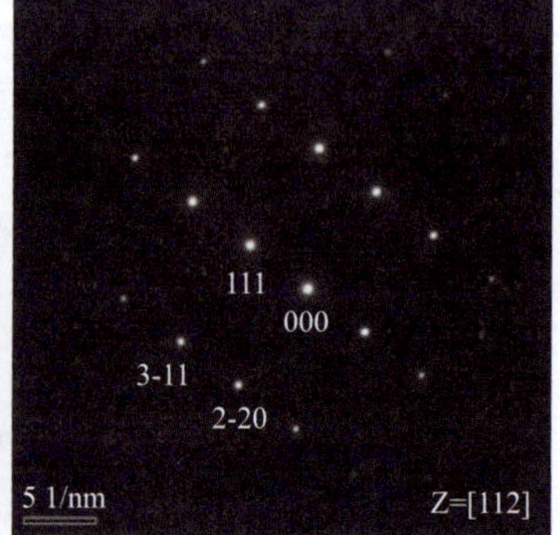

(f)纤维状晶粒区域电子衍射图

图 10-43 $Al_{0.3}CoCrFeNi$ 高熵合金柔性纤维的 TEM 图

三维原子探针能够有效对 $Al_{0.3}CoCrFeNi$ 高熵合金柔性纤维的组织进一步精确表征。如图 10-44 所示，三维重构图分别显示了 Al、Co、Cr、Fe 和 Ni 五种，由此可知基体元素分布均匀，但同时有纳米颗粒形成。

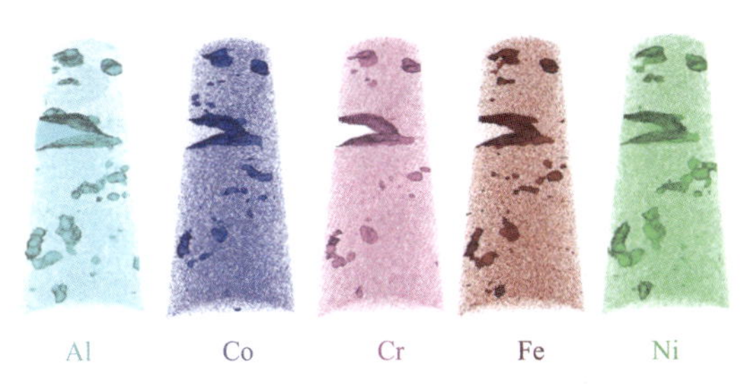

图 10-44　$Al_{0.3}CoCrFeNi$ 高熵合金纤维三维重构图

上述主要对该纤维的组织进行了介绍、分析，后续主要对其力学性能进行讨论。在室温下对该纤维进行不同拉伸应变速率（应变速率分别为 1×10^{-3}/s、1×10^{-4}/s、1×10^{-5}/s）的研究，发现不同应变速率下强度、塑性差异较小，抗拉强度均约为 2.7 GPa，塑性 2.3%左右。因此可以得出结论，其对拉伸应变速率不敏感，如图 10-45 所示。

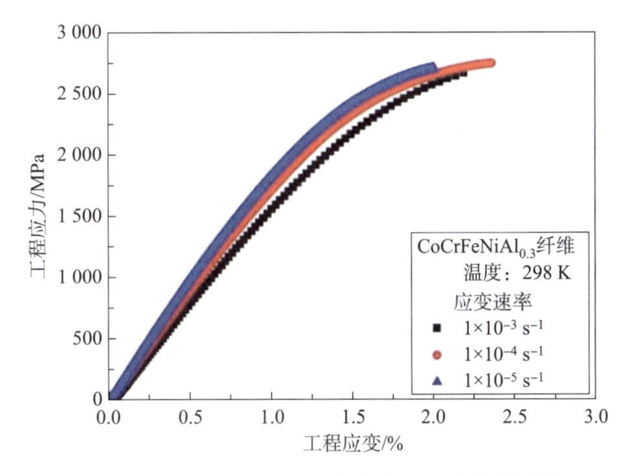

图 10-45　$Al_{0.3}CoCrFeNi$ 高熵合金纤维拉伸曲线

金属材料力学性能的强化通常可以采用四种强化机制：(1)固溶强化；(2)第二相强化；(3)位错强化；(4)细晶强化。这四种强化机制作用过程互不干涉，具有可叠加性。

(1)固溶强化：由于高熵合金多主元的特点，从其设计理念便可看出显著固溶强化的特点。

(2)第二相强化：该纤维富含大量的 Ni-Al 型纳米 B2 相，能够有效抑制位错的滑移，促进位错的增殖，从而提高其强度。

(3)位错强化：高熵纤维内部包含着高密度的位错，变形过程中，纤维的晶粒细小，晶界较多，高密度位错之间和位错与晶界之间的相互作用非常大，互相制约，因此，位错在运动过程中被阻滞，开动位错所需要的能量更多，抗拉强度大幅增加。

(4)细晶强化：减小晶粒尺寸，提高晶界数量，可有效地阻碍位错运动，提高强度。

原位透射电镜能够有效表征拉伸过程中的变形机理。$Al_{0.3}CoCrFeNi$ 高熵合金纤维原位透射电镜拉伸组织演变如图 10-46 所示，图 10-46(a)为变形前组织，该纤维形变前便有大量初始位错，可能是由于多次拉拔导致；随着变形量的增加，位错密度进一步提高，如图 10-46(b)所示；进一步变形使位错达到饱和状态，如图 10-46(c)所示。高密度的位错形成大量位错缠结，抑制了位错的进一步滑移，从而导致该纤维强度的提高。

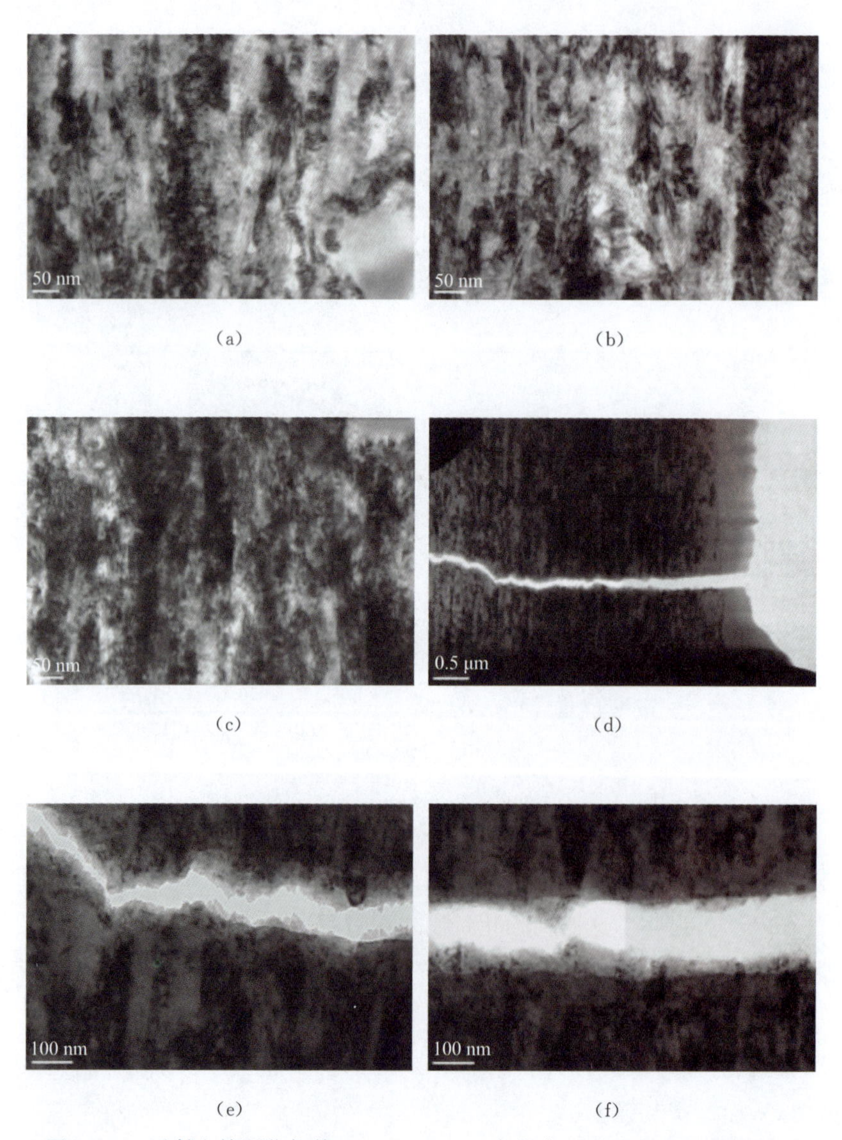

图 10-46　透射电镜原位拉伸 $Al_{0.3}CoCrFeNi$ 高熵合金纤维微观组织演变图

为了进一步探究该纤维力学性能与温度的依赖关系，分别在 133 K、173 K、223 K、298 K、433 K 和 633 K 对其进行拉伸性能测试，拉伸结果如图 10-47 所示。研究发现，随着温度的降低，其抗拉强度逐渐升高，在 133 K 时达到最大值，3 300 MPa；其室温塑性最差，在此基础上，随温度的升高或降低，其塑性均有改善，但塑性最大值仍不足 6%。

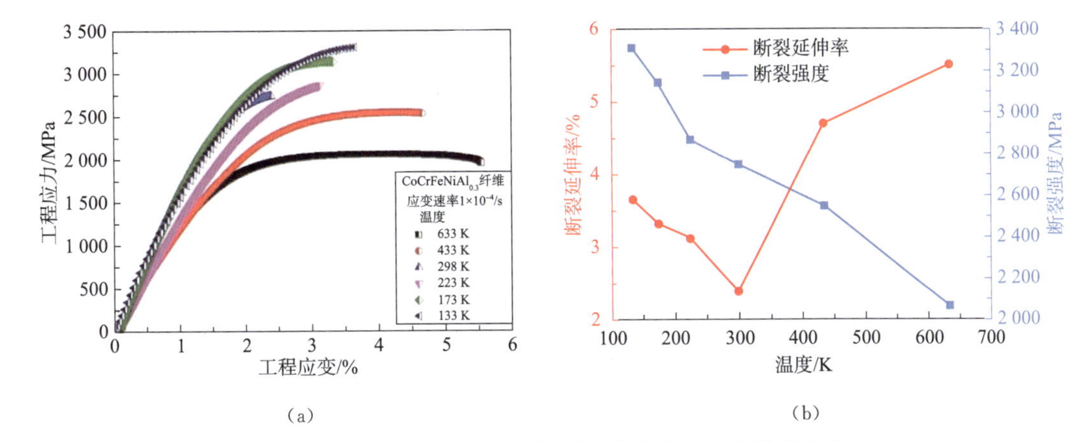

(a)　　(b)

图 10-47　$Al_{0.3}$CoCrFeNi 纤维力学性能与温度的依赖关系

随后对不同温度拉伸测试的纤维断口进行表征，如图 10-48 所示。观察发现纤维在拉伸过程中，产生了大量密集的纳米韧窝，这些韧窝在柔性纤维发生断裂之前，可以抵消一部分的塑性应变能，从而可以延缓高熵纤维的断裂。同时，在不同温度进行拉伸的高熵合金纤维的韧窝特点也不一样，在 298 K 条件下拉伸产生的韧窝大小较为均匀，但韧窝的深度较浅，平均尺寸较小。而在 133 K 进行拉伸后的高熵合金纤维断口韧窝更深，平均尺寸较大。因此，在变形过程中，深而大的韧窝也将消耗更多的塑性应变能，延缓纤维断裂的发生，在低温条件下强度和塑性表现也更为优异。

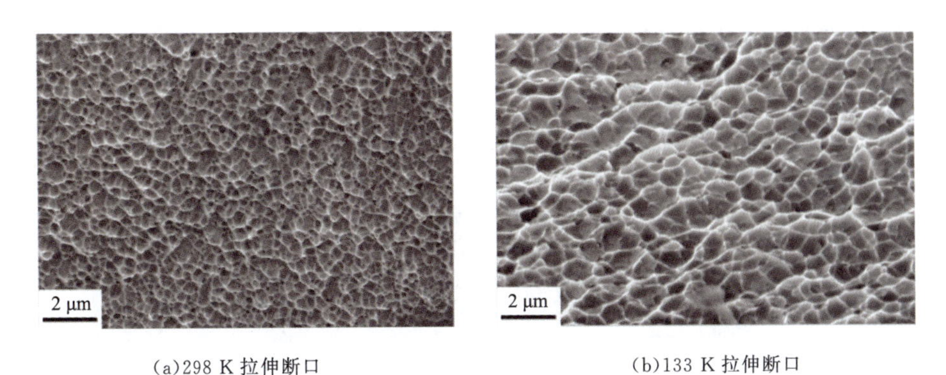

(a)298 K 拉伸断口　　(b)133 K 拉伸断口

图 10-48　$Al_{0.3}$CoCrFeNi 纤维断口形貌

上述对冷拔态高熵合金纤维的研究发现，该纤维强度高但塑性有限，这主要是由于冷拔过程中产生的高密度位错及较大的残余应力导致。因此，如何改善其塑性是亟待解决的问题。热处理能够有效释放内应力，促进恢复甚至再结晶，降低位错密度，因此是常用的改善金属材料塑性的方法。在 500～1 200 ℃进行不同时长的热处理发现，随着温度的升高，该纤维抗拉强度呈逐渐降低趋势，塑性大致逐渐增加。但 1 200 ℃时由于过烧现象导致强度、塑性的同时下降。随着温度的提高，该纤维的抗拉强度与屈服强度大幅降低，断裂伸长率明显提高，在 900 ℃热处理 1 h 后塑性达到最高，约 33%，如图 10-49 所示。

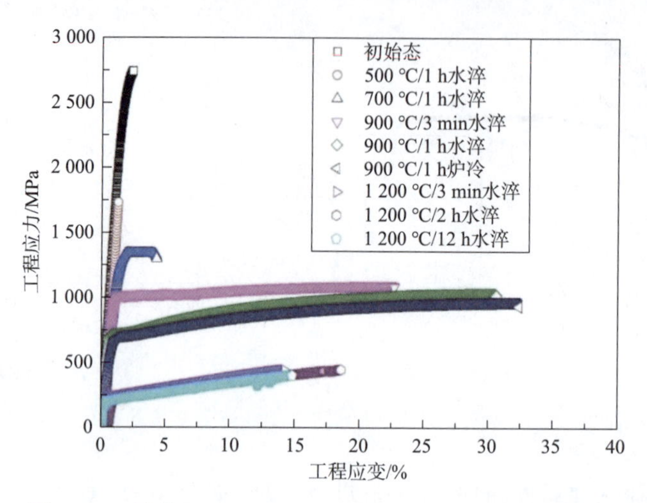

图 10-49　热处理对 $Al_{0.3}CoCrFeNi$ 高熵纤维拉伸性能影响

不同热处理工艺下拉伸的断口形貌如图 10-50 所示。图 10-50(a)～图 10-50(c)分别为纤维在 500 ℃、700 ℃和 900 ℃保温 1 h 后淬火样品的断口形貌，随着热处理温度的提高，断口处韧窝的形貌从浅而小变为深而大，这与纤维塑性的逐渐增大趋势相对应。当在 1 200 ℃保温 3 min 并淬火处理后，由图 10-50(d)可知，纤维发生了明显的颈缩，韧窝尺寸比在 900 ℃ 热处理的纤维断口韧窝稍小[图 10-50(e)]，同时，断口处呈现出高密度条纹[图 10-50(f)]，这可能是由于大量的滑移带聚集所致。

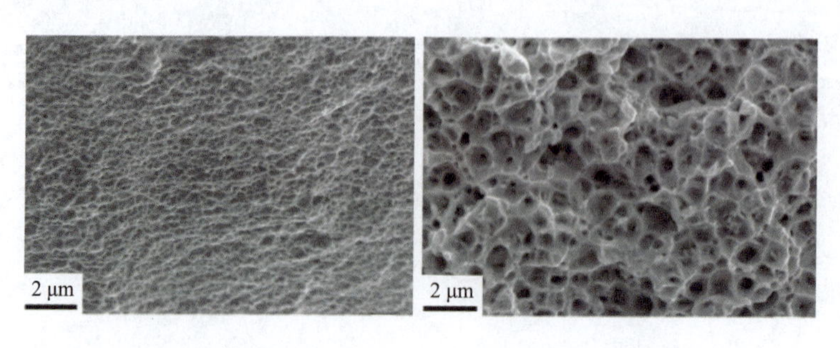

(a)500 ℃保温 1 h　　(b)700 ℃保温 1 h

(c)900 ℃保温 1 h　　(d)1 200 ℃保温 3 min,宏观形貌图

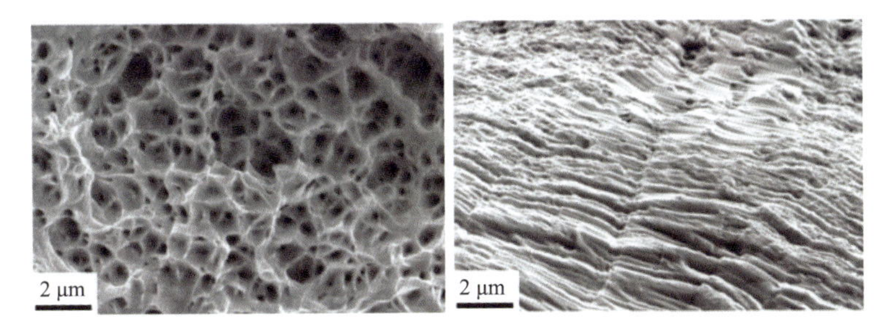

(e)1 200 ℃保温 3 min,断口中心放大图　　(f)1 200 ℃保温 3 min,断口周边放大图

图 10-50　热处理态 $Al_{0.3}CoCrFeNi$ 高熵纤维拉伸断口形貌图

参考文献

[1] LI D Y,LI C X,FENG T,et al. High-entropy $Al_{0.3}CoCrFeNi$ alloy fibers with high tensile strength and ductility at ambient and cryogenic temperatures[J]. Acta Materialia,2017,123:285-294.

[2] LI D Y,GAO M C,HAWK J A,et al. Annealing effect for the $Al_{0.3}CoCrFeNi$ high-entropy alloy fibers[J]. Journal of Alloys and Compounds,2019,778:23-29.

[3] LIU J P,CHEN J X,LIU T W,et al. Superior strength-ductility CoCrNi medium-entropy alloy wire [J]. Scripta Materialia,2020,181:19-24.

[4] HUO W Y,FANG F,ZHOU H,et al. Remarkable strength of CoCrFeNi high-entropy alloy wires at cryogenic and elevated temperatures[J]. Scripta Materialia,2017,141:125-128.

[5] KWON Y J,WON J W,PARK S H,et al. Ultrahigh-strength CoCrFeMnNi high-entropy alloy wire rod with excellent resistance to hydrogen embrittlement[J]. Materials Science and Engineering: A, 2018,732:105-111.

[6] MA X G,CHEN J,WANG X H,et al. Microstructure and mechanical properties of cold drawing CoCrFeMnNi high entropy alloy[J],Journal of Alloys and Compounds,2019,795:45-53.

[7] CHO H S,BAE S J,NA Y S,et al. Influence of reduction ratio on the microstructural evolution and subsequent mechanical properties of cold-drawn $Co_{10}Cr_{15}Fe_{25}Mn_{10}Ni_{30}V_{10}$ high entropy alloy wires [J]. Journal of Alloys and Compounds,2020,821:153526.

［8］ CHEN J X, CHEN Y, LIU J P, et al. Anomalous size effect in micron-scale CoCrNi medium-entropy alloy wire[J]. Scripta Materialia, 2021, 199: 113897.

［9］ 李冬月. 熵调控对 CoCrFe 系高熵合金柔性纤维与薄板的影响[D]. 北京:北京科技大学, 2019.

第 11 章　高熵合金的应用前景及展望

高熵合金由于其多主元的特征，导致其具有高的混合熵、严重的晶格畸变、缓慢地扩散效应，以及性能上的“鸡尾酒”效应。作为一类颠覆性的新材料，将在下一阶段的我国制造业发展中发挥举足轻重的作用。正如前文所述，与传统合金相比，高熵合金具有高强度和硬度、优异的耐腐蚀性、热稳定性、疲劳、断裂和耐辐照性等优异性能，因此在相应领域具有广阔的应用、发展前景。本章将对高熵合金的应用及潜在应用进行介绍。

通常，商用合金为了更好地应用，常用牌号表示其成分，例如 GH4169 高温合金、316 不锈钢等。同样，高熵合金也需要相应的牌号以促进其进一步发展、应用。以课题组近期开发的高熵合金为例，详细表述见表 11-1。

表 11-1　高熵合金分类及牌号[1]

编号	合金成分	相组成
GS101	$Al_{0.3}CoCrFeNi$	FCC
GS102	$Fe_{28.5}Co_{47.5}Ni_{19}Al_{1.6}Si_{3.4}$	FCC
GS201	$AlCoCrFeNiTi_{0.2}$	BCC+B_2
GS202	$W_{0.2}Ta_{0.2}FeCrV$	BCC
GS203	$Zr_{45}Ti_{31.5}Nb_{13.5}Al_{10}$	BCC
GS301	$AlCo_{0.4}CrFeNi_{2.7}$	FCC+B_2

注：GS 为高熵合金的中文首字母；第一个数字定义合金的相结构，例如，1 为 FCC，2 为 BCC，3 为双相或多相组成；最后两位数字反映了合金的发展顺序，例如最初发现的 GS101 合金为 FCC 结构。

11.1　高熵合金块体的应用

轻质高熵合金。节能减排、绿色环保是时代的主题，轻质、高强也是材料领域一直追求的目标之一。轻量化不仅可以减小能耗，对于交通工具来说还可以提速，因此轻质高熵合金领域是重点研究方向之一。目前开发的轻质高熵合金多包含 Al、Mg 等轻质元素，保证合金的低密度，对于航空航天领域来说，还可以添加适量的 Li 元素，进一步降低材料的密度。Li 等[2]采用超重力的方法制备了具有梯度微观组织的 $AlZn_{0.4}Li_{0.2}Mg_{0.2}Cu_{0.2}$ 轻质高熵合金，其在保温过程中施加超重力场，改变了各相的比例，且 $MgZn_2$ 的形貌沿超重力方向发生了明显的变化，由大块金属间质向共晶转变，该轻质高熵合金具有较好的硬度(大于 200 HV)。Li 等[3]采用超声锤振动法制备了 $Al_{80}Li_5Mg_5Zn_5Cu_5$ 轻质高熵合金，由于超声锤的作用，大大改善了合金的组织,使晶粒明显细化,进而使其显微硬度和模量大幅提高,为轻质高熵合金的强韧化提供了借鉴意义,也可促进轻质高熵合金的应用。Youssef[4]等设计了低密度 $Al_{20}Li_{20}Mg_{10}Sc_{20}Ti_{30}$ HEAs,并通过机械合金化法制备,使其形成纳米晶结构(平均粒径约为 12 nm),显微硬度达 606 HV,具有较好的力学性能。Sanchez 等[5]通过 CALPHAD(相场)法开发设计了 $Al_{65}Cu_5Mg_5Si_{15}Zn_5X_5$ 和 $Al_{70}Cu_5Mg_5Si_{10}Zn_5X_5$(X=Fe、Ni、Cr、Mn、Zr)两类轻质高熵合金,密度约为 3 g/cm^3。由于 Al_4MnSi 第二相强化的影响,导致其显微维氏硬度值与其他轻质材料相比较高,达 260 HV,为商用铝合金硬度的 2~3 倍。

难熔高熵合金。航空材料要求具有较高的强度、较低的密度、优良的耐腐蚀及抗疲劳等性能,发动机材料更需要耐高温性能。难熔高熵合金具有较高的强度、硬度及高温性能,是极具发展潜力的航空发动机材料,但其塑性差的缺点限制了在该领域的应用。Senkov[6]等设计了 BCC 结构的 TaNbHfZrTi 难熔高熵合金,其真空电弧熔炼后进行热等静压处理 3 h 后,压缩屈服强度为 929 MPa,延伸率大于 50%,是少有的具有较好塑性的 BCC 结构 HEAs,为难熔高熵合金的应用提供了更多的可能。与传统高温合金相比,难熔高熵合金在 800 ℃以上时具有一定的竞争优势,在 1 000 ℃~1 200 ℃下优势更加明显,例如 MoNbTaVW 和 MoNbTaW 难熔高熵合金。

核材料的应用。核电在现有能源体系中扮演着十分重要的角色,是当今世界急需的清洁能源中的重要组成部分。在核电系统中,核能结构材料是保证其可靠性和安全性最重要的因素之一。在下一代反应堆中,核能结构材料需处在高温、强化学腐蚀以及强中子辐照等恶劣环境中。这样极端恶劣的应用环境对反应堆的结构材料提出了更为苛刻的要求。Egami 等[7]通过分子动力学计算发现,多组元合金由于各原子尺寸差异导致原子级别的应力存在,这些应力会引起部分非晶化,同时辐照会积累热量,使合金局部熔化、再结晶,整个过程会使高熵合金产生的位错缺陷减少,这就是"自修复"功能。Nagase 等[8]采用实验的方法进一步对"自修复"机制作了解释。其采用电子辐照对 CoCrCuFeNi 高熵合金进行辐照实验,研究发现,高熵合金在受到来自粒子辐照之后,合金内部会产生一定的点缺陷(空位和间隙原子),这些空位和间隙原子在传统单一主元金属中能够聚集成环或者空洞,进而导致较显著的辐照损伤,使纯金属容易在辐照环境下失效。但对于高熵合金,由于多基元合金晶格畸变程度高,空位和间隙原子很难在合金中形成,且空位和间隙原子也很难迁移形成环或者空洞。在辐照条件下,高熵合金中的部分区域发生部分有序化,类似于金属间化合物,进一步辐照,有序化区域则发生非晶化转变,非晶态属不稳定状态,会自发晶化,从而完成整个"自修复"过程,使高熵合金具有较高的抗辐照性能。Zhang 等[9]采用第一性原理的方法对比了 Ni、NiCo、NiFe、CoCrFeNi 等不同体系合金的电子结构,研究发现,合金主元越多、成分越复杂,其电子平均自由程越短,电导率和热导率越小,进而减小能量耗散,延长热峰时间,为点缺陷的复合提供了更长的时间,进而抑制了缺陷的聚集、长大,使高熵合金表现出优异的抗辐照损伤能力。分子动力学计算和相应的实验结果也表明,随着合金成分复杂程度的提高,其内部缺陷(层错四面体和位错环)尺寸逐渐减小。从实验和计算模拟角度揭示了上述合金体系中,随成分复杂性的提高,合金抗辐照性能越明显的机理。部分高熵合金在抗辐照肿胀、抑制氦泡、抑制空洞、位错及微观结构稳定性等方面具有显著优势,有望成为下一代核反应的包层材料[10]。

低温领域。Gludovatz 等[11]发现 CoCrFeMnNi 高熵合金在低温时具有更加优异的力学性能:随着温度的降低,屈服强度、抗拉强度、断裂延伸率均提高,在 77 K 时表现出抗拉强度达到 1 280 MPa,拉伸塑性大于 70%的反常力学性能,大大高于室温力学性能,在船舶、水下工程等领域具有巨大应用潜力。

11.2　高熵合金薄膜的应用

虽然多数研究集中于块体材料,但材料制备与应用向低维化、微纳化发展也是一个趋势,例如薄膜、涂层、丝材(纤维)、粉体等。高熵合金具有较高的强度、耐磨性、抗腐蚀等优异性能,但由于所含元素种类多,且还有 Co 等昂贵原材料,其成本问题可能限制了进一步应用。将高熵合金制备为薄膜、涂层等低维材料是降低原材料成本的一种方法。采用激光熔覆、热喷涂、磁控溅射及电化学沉积法可制备高熵合金薄膜、涂层。可以利用高熵合金的高硬度、耐磨损、抗腐蚀等特点应用于刀具等领域。

11.3　高熵合金丝材的应用

与块体高熵合金相比,纤维(丝材)在强度、塑性等方面同样表现良好。李冬月[12]采用拉拔法制备了直径为 60 μm 的 $CoCrFeNiAl_{0.3}$ 高熵合金柔性纤维,该纤维具有纳米晶结构,其室温抗拉强度达 2.8 GPa,延伸率约为 2.4%,超过目前研究的大多数面心立方高熵合金的抗拉强度极限。当环境温度降至 133 K,二者分别提高至 3.3 GPa 和 3.5%。除此之外,直径为 1～3 mm 的 $CoCrFeNiAl_{0.3}$ 高熵合金纤维也被开发出来,在经过不同工艺的热处理后,表现出较宽范围的力学性能,具有较好的可调控性。高熵合金高强纤维有望在缆绳、阻拦索等领域应用。

11.4　高熵合金粉体的应用

高熵合金粉体制备技术相对成熟,气雾化法、机械合金化法等均可以制备高熵合金粉体。涂层、3D 打印(增材制造)及粉末冶金等领域的快速发展也得益于此。除此之外,多元金属纳米颗粒在催化、储能和影像等诸多领域具有广泛的应用前景。但传统湿法合成很难得到三元以上的金属纳米颗粒。熔炼法可以得到五元以上机械性能优异的块体高熵合金,但却非常难以纳米化。2018 年，Yao 等[13]开发出碳热振荡法（carbothermal shock，CTS）制备了多达 8 种不同金属元素组成的高熵合金纳米颗粒。该过程首先制备金属盐混合物，然后将其加载至碳纤维表面，通过改变基体、反应温度、升温和冷却速率等参数获得一系列不同成分且具有理想尺度和生成相的高熵合金纳米颗粒，并具备优异的催化性能。该成果扩展了高熵合金粉体的应用范围。

11.5 总结与展望

高熵合金被认为是最近几十年来合金化理的三大突破之一（另外两项为大块金属玻璃和金属橡胶），具有较好的发展前景，特别是其独特的设计理念具有广泛的应用潜能。目前，已由高熵合金扩展至高熵材料，在高熵陶瓷等其他材料领域发挥重要作用。然而，高熵合金自 2004 年首次报道，至今仅仅 20 年，其中近几年才得到了研究人员的重视而迅速发展，但仍有很多研究要做，例如，高熵合金形成机理仍需进一步研究；高熵合金力学性能、磁学性能、辐照行为等仍然需要不断的研究探索；从工程应用的角度来说，材料性能和成本的比值（性价比）是选择材料重要考虑因素之一，而 Cr、Co、Hf 等应用于高熵合金的元素价格高昂，如何设计、开发、制备低成本高熵合金尤为迫切。发展至今，高熵合金可以通过传统熔炼、锻造、轧制、3D 打印、粉末冶金等制备三维块体材料，还可以采用磁控溅射、激光熔覆、喷涂等制备二维薄膜、涂层材料，还可以通过拉拔等方法制备一维线材，甚至通过雾化法、碳热震荡法制备零维的高熵合金粉体。这些离不开该领域科研人员的共同努力，但是大部分成果仍未应用于实际生产中。一方面是由于高熵合金的制备受成本的限制，相比于具有类似性能的传统合金，其优势不明显；另一方面，高熵合金的形成机理仍处于研究之中，同时由于合金成分的复杂性，相关相图也难以准确绘制，从而导致实验室制备的具有特定功能的高熵合金在实际生产中可能难以复现及批量生产。

除了上述一般的应用，高熵合金可能有希望在极端领域发挥重要价值。随着人类对未知领域探索的不断深入，尤其是外太空、核能、深海等极端环境，对金属材料的服役要求越来越高，具体来说，高熵合金在以下方面都具有广阔的应用前景，例如空间航天器、核裂变堆核包壳管以及压水堆容器等航空材料及抗辐照结构材料。

在理论方面，应加强相形成规律相关研究。与时俱进的更新高熵合金的相形成规律，能够有效促进高熵合金的进一步开发。完善不同类型高熵合金的相形成规律同样迫在眉睫，例如高熵合金薄膜、难熔高熵合金等的相形成规律。高熵合金薄膜作为极具潜力的二维材料，在薄膜和涂层领域有望发挥重要作用，然而目前仍缺乏其相形成规律的相关研究。难熔高熵合金具有较高的强度和高温性能，作为高熵合金的一门分类，针对其难熔元素的原子半径、化合价和电负性等物理化学特性，开展相关的相形成规律的研究，完善难熔高熵合金成分设计规则是一个重要的研究方向。

参考文献

[1] WU Y Q,LIAW P K,ZHANG Y. Preparation of Bulk TiZrNbMoV and NbTiAlTaV High-Entropy Alloys by Powder Sintering [J]. Metals,2021,11(11):1748.

[2] LI R X,WANG Z,GUO Z C,et al. Graded microstructures of Al-Li-Mg-Zn-Cu entropic alloys under supergravity[J]. Science China Materials,2018,62(5):736-744.

[3] LI R X,LI X,MA J,et al. Sub-grain formation in Al-Li-Mg-Zn-Cu lightweight entropic alloy by ultrasonic hammering[J]. Intermetallics,2020,121:106780.

[4] YOUSSEF K M,ZADDACH A J,NIU C N,et al. A novel low-density,high-hardness,high-entropy alloy with close-packed single-phase nanocrystalline structures[J]. Materials Research Letters,2015,3(2):95-99.

[5] SANCHEZ J M,VICARIO I,ALBIZURI J,et al. Design,microstructure and mechanical properties of cast medium entropy aluminium alloys[J]. Scientific Reports,2019,9:6792.

[6] SENKOV O N,SCOTT J M,SENKOVA S V,et al. Microstructure and room temperature properties of a high-entropy TaNbHfZrTi alloy[J]. Journal of Alloys and Compounds,2011,509:6043-6048.

[7] EGAMI T,GUO W,RACK P D,et al. Irradiation Resistance of Multicomponent Alloys[J]. Metallurgical and Materials Transactions:A,2014,45(1):180-183.

[8] NAGASE T,RACK P D,NOH J H,et al. In-situ TEM observation of structural changes in nano-crystalline CoCrCuFeNi multicomponent high-entropy alloy (HEA) under fast electron irradiation by high voltage electron microscopy (HVEM)[J]. Intermetallics,2015,59:32-42.

[9] ZHANG Y,STOCKS G M,JIN K,et al. Influence of chemical disorder on energy dissipation and defect evolution in concentrated solid solution alloys[J]. Nature Communications,2015,6:8736.

[10] 靳柯,卢晨阳,豆艳坤,等. 高熵合金辐照损伤的实验研究进展[J]. 材料导报,2020,34(17):13.

[11] GLUDOVATZ B,HOHENWARTER A,CATOOR D,et al. A fracture-resistant high-entropy alloy for cryogenic applications[J]. Science,2014,345(6201):1153-1158.

[12] 李冬月. 熵调控对 CoCrFe 系高熵合金柔性纤维与薄板的影响[D]. 北京:北京科技大学,2019.

[13] YAO Y,HUANG Z,XIE P,et al. Carbothermal shock synthesis of high-entropy-alloy nanoparticles[J]. Science,2018,359(6383):1489-1494.